海砂土力学特性及其在路基工程中应用

金明东　李淑娥　徐永福　著

U0351682

中国建筑工业出版社

图书在版编目（CIP）数据

海砂土力学特性及其在路基工程中应用/金明东，李淑娥，
徐永福著. —北京：中国建筑工业出版社，2016.12
ISBN 978-7-112-20096-2

Ⅰ.①海… Ⅱ.①金… ②李… ③徐… Ⅲ.①海域-砂-岩
土力学-研究 Ⅳ.①TU4

中国版本图书馆 CIP 数据核字(2016)第 277298 号

　　本书是作者多年的科研和教学研究总结，书中既有作者的研究成果，也有作者对于研究对象所提出的疑问和相应的解决方法，为研究对象在工程中的实际应用提出了坚强的理论支撑。

　　全书共有 10 章内容，分别是：海砂利用的意义和问题、海砂的土力学特性、海砂的动力学特性、海砂的溶陷性、固化海砂的强度特性、海砂路基的填筑技术、海砂路基的液化病害及其防治措施、海砂路基冲刷病害及其防治措施、海砂中盐离子迁移过程模拟、海砂中混凝土的防腐措施。

　　本书适合广大岩土专业的工程技术人员、科研人员和相关专业的师（生）阅读参考。

责任编辑：张伯熙
责任设计：李志立
责任校对：焦　乐　王雪竹

海砂土力学特性及其在路基工程中应用

金明东　李淑娥　徐永福　著

*

中国建筑工业出版社出版、发行（北京海淀三里河路 9 号）

各地新华书店、建筑书店经销

北京科地亚盟排版公司制版

北京建筑工业印刷厂印刷

*

开本：787×1092 毫米　1/16　印张：16¼　字数：372 千字
2018 年 9 月第一版　　2019 年 2 月第二次印刷
定价：**62.00** 元
ISBN 978-7-112-20096-2
(29559)

前　言

　　海砂，顾名思义，是从海中取出的砂，无论是吹填海砂，还是围堰抽干水后开挖的海砂。本书中如东海砂是吹填而成，启东海砂是围堰开挖而成。由于海洋沉积环境复杂和海洋沉积物来源丰富，海砂虽然名为砂，实际成分很复杂。海砂的颗粒组成符合砂的定义，液塑限指标接近粉土，黏土矿物成分多样，不是纯净的砂，用作建筑材料需要经过有针对性的处理。海砂是滨海地区的丰富资源，若能够加以利用，社会意义和经济价值是无法估量的。

　　海砂用于路基填筑是最直观、最简单的变废为宝措施。海砂不是好的路基填料，不符合路基填料要求。海砂用作路基填料，既具有砂的缺点，又具有滨海相盐渍土的缺陷。砂用作路基填料，不易压实，易被冲刷；滨海相盐渍土用作路基填料，可能产生湿陷变形，滨海地区易产生次生盐渍化，对埋设在其中的钢筋混凝土构筑物存在腐蚀作用。由于海砂用于路基填筑具有以上不足，在道路建设中都弃之不用，避而远之。江苏公路经过二十多年高速发展，取得了举世瞩目的成就。伴随着成就，也带来了问题。由于土地资源的缺乏，路基填料越来越紧张，取土坑费用越来越高。在滨海地区，即使有土地供取土坑之用，土质也很难满足路基填料要求。鉴于取土坑用地紧张和海砂应用的社会经济价值，海砂用作路基填料势在必行。本书在南通市公路管理处直接参与和支持下，集成了江苏省交通运输厅科技课题的研究成果，依托临海高等级公路南通段的海砂路基工程，系统地研究了海砂的土力学特性，归纳总结了海砂作为路基填料存在的问题，并提出问题的解决方法，为海砂在路基填筑中应用提供了坚强的理论支撑。

　　本书共分 10 章。第 1 章对海砂名称进行界定，总结了海砂用于路基工程中存在的问题，提出海砂的土力学特性的研究方向和关键内容。第 2 章研究了海砂的基本土力学特性，包括颗粒分布特性、含盐性状及按盐渍土类型进行分类、渗透（溶质）吸力和基质吸力、毛细水上升机理和上升高度、强度特性及强度机理。第 3 章研究了海砂的动力特性，主要包括动弹模量和阻尼比，以及含盐量对海砂动力特性的影响。第 4 章研究了海砂的溶陷性，系统地研究了海砂的击实性状对溶陷性的影响及海砂的溶陷等级、水泥固化海砂和石灰固化海砂的溶陷特性、含盐量对海砂溶陷性的影响。第 5 章研究了海砂的固化方法及固化海砂的强度特性，包括水泥固化海砂和石灰固化海砂的应力—应变关系、无侧限抗压强度、三轴剪切强度、固化海砂的延迟击实特性和水稳性。第 6 章研究了海砂路基的填筑技术，包括海砂的路用性能、海砂填筑沟塘和路基的施工方法及质量检测方法、海砂路基碾压工艺、路基包边措施设计和施工方法、海砂路基均匀性评价方法。第 7 章研究了海砂路基液化病害成因机理和防治措施，包括海砂路基在行车动荷载下的超孔隙水压力形成机理及其影响因素。第 8 章研究了海砂路基冲刷特性及其防治措施，包括海砂路基冲刷的现场调查和分类、冲刷机理、冲刷模型、冲刷数值模拟和防治措施。第 9 章研究了海砂路基中氯盐在钢筋混凝土构件的迁移模型和数值模拟，比较了海砂环境和海水环境中氯离子迁移机理，分析了干湿循环、温度周期性变化、裂隙等因素对氯盐迁移的影响。第 10 章研究了海砂路基中钢筋混凝土构件的防腐蚀措施，通过数值分析方法系统地分析了不同措施的防腐蚀效果，为海砂路基中钢筋混凝土构件的防腐蚀措施提供理论依据。本书不是泛泛的工程实例的介绍，而是对海砂路基填筑技术和海砂路基病害防治措施作了深入浅出的分析，学术价值十分突出。

本专著各章节著写分工：徐永福负责著写前言、第 1 章和第 2 章，金明东负责著写第 3 章、第 4 章、第 6 章和第 7 章，李淑娥负责著写第 5 章，陈志明负责著写第 8 章和第 9 章，江来荣负责著写第 10 章。在本书相关内容的研究过程中，得到了南通公路管理处陈宁、吉加兵、柏平、康忻峰，江苏省公路管理局宋国森、朱蕾蕾，江苏省交通工程建设局夏文俊、赵阳、周欣，启东市交通运输局瞿键、龚英、龚耀辉，如东县交通运输局胡伟、楼家建，上海交通大学车爱兰、宋晓冰等的帮助和支持，在此一并致以诚挚的谢意！书中部分内容取自上海交通大学研究生乔顿、喻国轩、王培中和高子瑞的学位论文，另外，上海交通大学研究生王驰、项国圣、姜昊、蒋顺强等参与了书中部分内容的研究，感谢他们的辛勤劳动！

在本书相关内容的研究过程中，得到了江苏省交通运输厅科技处、南通市公路管理处、启东市交通运输局、江苏省公路局和江苏省交通工程建设局的帮助和支持，在此深表谢意！

上海大学孙德安教授审阅部分书稿，部分室内试验是孙德安教授的研究生协助完成的，在此表示衷心的感谢！

本书得到了国家自然科学基金重点项目（41630633）的资助！

为了保持研究内容的完整性，书中引用许多学者的研究成果，对书中被引用成果的学者致以深深的敬意！著者尽全力将引用成果的作者作了明确的引用注释，对个别没有能够标注原始成果的出处，请谅解。

由于笔者才疏学浅，书中不当之处肯定存在，恳请读者不吝赐教！

徐永福

2018 年 6 月

目 录

第1章 海砂利用的意义和问题 ·· 1

1.1 海砂的界定 ··· 1
1.2 海砂用于路基填筑的意义 ·· 1
  1.2.1 海砂利用的社会意义 ·· 1
  1.2.2 海砂利用的经济分析 ·· 2
1.3 海砂路基存在的问题 ··· 3
  1.3.1 海砂用于路基填筑的可行性 ·· 3
  1.3.2 海砂填料的不足 ··· 3
  1.3.3 海砂的腐蚀性 ··· 4

第2章 海砂的土力学性质 ··· 5

2.1 海砂的基本性质 ··· 5
  2.1.1 颗粒分析 ··· 5
  2.1.2 稠度界限 ··· 6
2.2 海砂的含盐量 ·· 6
2.3 海砂的毛细作用 ··· 8
2.4 海砂的吸力 ··· 11
  2.4.1 吸力的概念 ·· 11
  2.4.2 海砂的吸力测量 ··· 13
  2.4.3 海砂的土水特征曲线 ·· 17
2.5 海砂的剪切强度 ··· 20
  2.5.1 试样配制 ··· 20
  2.5.2 三轴试验 ··· 21
  2.5.3 直剪试验 ··· 24
2.6 海砂的强度机理 ··· 26
  2.6.1 非饱和土的强度理论 ·· 28
  2.6.2 双电层理论 ·· 30

第3章 海砂的动力特性 ··· 33

3.1 动三轴试验 ··· 33

3.1.1 动三轴试验应力状态 ·· 33

3.1.2 非饱和土的动三轴仪 ·· 34

3.1.3 试验方法 ·· 34

3.2 海砂的动应变 ·· 36

3.2.1 动应力—应变关系 ··· 37

3.2.2 动弹模量 ·· 41

3.2.3 阻尼比 ··· 43

3.2.4 盐对海砂动力特性的影响 ··· 45

第4章 海砂的溶陷性 ·· 48

4.1 溶陷试验 ·· 49

4.2 启东海砂的溶陷性 ··· 50

4.3 东台海砂的溶陷性 ··· 53

4.4 不同含盐量的海砂的溶陷性 ······································ 58

第5章 固化海砂的强度特性 ··· 61

5.1 海砂的固化方法 ·· 61

5.2 海砂的固化机理 ·· 62

5.2.1 水泥固化机理 ·· 62

5.2.2 石灰固化机理 ·· 63

5.3 固化海砂的无侧限抗压强度 ······································ 64

5.3.1 水泥固化海砂的无侧限抗压强度特性 ·························· 64

5.3.2 石灰固化海砂的无侧限抗压强度特性 ·························· 67

5.3.3 时间延迟效应 ·· 68

5.4 固化海砂的三轴试验 ·· 71

5.4.1 试样制备 ·· 71

5.4.2 试验条件 ·· 72

5.4.3 试验结果 ·· 72

第6章 海砂路基的填筑技术 ··· 80

6.1 海砂的路用性能 ·· 80

6.1.1 天然海砂的路用性能 ·· 80

6.1.2 水泥固化海砂的路用性能 ··· 81

6.1.3 石灰固化海砂的路用性能 ··· 82

6.2 海砂用于沟塘填筑的技术 ··· 84

6.2.1 设计要求 ·· 84

6.2.2 沟塘填筑 ……………………………………… 84

6.2.3 压实度的控制措施 …………………………… 86

6.2.4 沟塘底填土的压实度验算 ……………………… 86

6.3 海砂路基的填筑技术 …………………………… 88

6.3.1 填筑方法 ……………………………………… 88

6.3.2 填筑质量控制 ………………………………… 90

6.3.3 碾压组合优化 ………………………………… 94

6.4 海砂路基的包边技术 …………………………… 101

6.4.1 包边土的性能要求 …………………………… 101

6.4.2 包边土宽度确定 ……………………………… 104

6.4.3 包边土的施工方法 …………………………… 106

6.4.4 包边土施工监测 ……………………………… 108

6.5 海砂路基均匀性检测 …………………………… 111

6.5.1 表面波勘探的原理 …………………………… 111

6.5.2 表面波勘探方法 ……………………………… 112

6.5.3 现场数据采集 ………………………………… 112

6.5.4 数据分析 ……………………………………… 113

第7章 海砂路基的液化病害及其防治措施 ………… 118

7.1 海砂路基液化病害分类 ………………………… 118

7.1.1 海砂路基开裂病害 …………………………… 118

7.1.2 海砂路基翻浆冒泥病害 ……………………… 119

7.2 路基海砂路基内的孔隙水压力 ………………… 121

7.2.1 控制方程 ……………………………………… 121

7.2.2 非饱和土的水理性质 ………………………… 123

7.2.3 计算模型 ……………………………………… 126

7.2.4 模拟结果 ……………………………………… 128

7.3 海砂路基翻浆冒泥的防治 ……………………… 133

第8章 海砂路基冲刷病害及其防治措施 …………… 134

8.1 海砂路基冲刷病害调查 ………………………… 134

8.1.1 冲刷病害类型 ………………………………… 134

8.1.2 冲刷的影响因素 ……………………………… 136

8.2 海砂的冲刷机理 ………………………………… 138

8.3 海砂的冲刷模型 ………………………………… 142

8.4 海砂的冲刷等级 ………………………………… 144

8.4.1 管涌冲刷等级划分 ·················· 145

8.4.2 坡面径流冲刷等级划分 ·················· 145

8.5 路基边坡冲刷的数值模拟 ·················· 147

8.5.1 计算模型 ·················· 147

8.5.2 模型参数选取 ·················· 148

8.5.3 砂土边坡冲刷模拟结果 ·················· 150

8.5.4 黏土边坡冲刷模拟结果 ·················· 153

8.6 植物防护分析 ·················· 156

8.6.1 植物根系土的力学特性 ·················· 156

8.6.2 植被率的影响 ·················· 160

8.6.3 植物根系对冲刷的影响 ·················· 162

第9章 海砂中盐离子迁移过程模拟 ·················· 164

9.1 离子迁移机理 ·················· 164

9.1.1 氯离子的迁移机理 ·················· 164

9.1.2 硫酸根离子的迁移机理 ·················· 166

9.2 氯离子迁移模型 ·················· 166

9.2.1 考虑结合作用 ·················· 166

9.2.2 考虑电场作用 ·················· 174

9.2.3 考虑毛细作用 ·················· 180

9.2.4 海砂与海洋环境中氯离子迁移对比 ·················· 186

9.3 硫酸根离子的迁移模型 ·················· 189

9.3.1 硫酸根离子的扩散方程 ·················· 189

9.3.2 计算模型 ·················· 191

9.3.3 计算结果 ·················· 191

9.4 氯离子迁移的影响因素 ·················· 194

9.4.1 温度变化的影响 ·················· 194

9.4.2 盐分变化的影响 ·················· 197

9.4.3 裂缝对氯离子迁移的影响 ·················· 202

第10章 海砂中混凝土的防腐措施 ·················· 208

10.1 氯离子的扩散系数 ·················· 208

10.1.1 自然扩散试验 ·················· 208

10.1.2 电加速试验法 ·················· 209

10.1.3 氯离子扩散系数 ·················· 213

10.2 钢筋锈蚀的临界氯离子浓度 ·················· 213

10.3 海砂中氯离子迁移 ⋯⋯⋯⋯⋯⋯⋯⋯⋯⋯⋯⋯⋯ 218

10.4 海砂中混凝土的寿命 ⋯⋯⋯⋯⋯⋯⋯⋯⋯⋯⋯⋯ 222

10.5 混凝土的防腐措施分析 ⋯⋯⋯⋯⋯⋯⋯⋯⋯⋯⋯ 226

    10.5.1 增加保护层厚度 ⋯⋯⋯⋯⋯⋯⋯⋯⋯⋯⋯⋯ 226

    10.5.2 提高混凝土等级 ⋯⋯⋯⋯⋯⋯⋯⋯⋯⋯⋯⋯ 228

    10.5.3 添加粉煤灰 ⋯⋯⋯⋯⋯⋯⋯⋯⋯⋯⋯⋯⋯⋯ 229

    10.5.4 添加炉渣 ⋯⋯⋯⋯⋯⋯⋯⋯⋯⋯⋯⋯⋯⋯⋯ 232

    10.5.5 表面防腐涂层 ⋯⋯⋯⋯⋯⋯⋯⋯⋯⋯⋯⋯⋯ 234

    10.5.6 电化学保护 ⋯⋯⋯⋯⋯⋯⋯⋯⋯⋯⋯⋯⋯⋯ 240

参考文献 ⋯⋯⋯⋯⋯⋯⋯⋯⋯⋯⋯⋯⋯⋯⋯⋯⋯⋯⋯⋯⋯ 243

第1章 海砂利用的意义和问题

1.1 海砂的界定

海砂的现场取样如图 1-1 所示。如东海砂含泥量高，细粒含量高；启东海砂的含砂量高，性质比较好。砂类土是指粒径大于 2mm 的颗粒含量不超过全重 50%，粒径大于 0.075mm 的颗粒含量超过全重 50% 的土。启东海砂在塑性图上落在土和砂混合带上，大于 0.075mm 颗粒含量占总质量的 53%，粒径大于 0.075mm 颗粒超过总重的 50%，但不超过 85%，定义为粉砂。

(a)　　　　　　　　　　　　　(b)

图 1-1　海砂的照片
(a) 如东海砂；(b) 启东海砂

1.2 海砂用于路基填筑的意义

1.2.1 海砂利用的社会意义

路基填料必须满足以下六个条件：①具有足够的强度和刚度；②具有足够的水稳定性和抗冻稳定性；③具有足够的抗冲刷能力；④收缩性小；⑤具有足够的平整度；⑥与面层结合良好。在滨海地区，满足上述六个条件的填土很少。从远地调运满足路用性能的土来填筑路基，极大地增加工程造价，也不符合保护有限耕地的原则。即使不考虑建设成本而从远处取土，不采取防护措施，工程竣工后也同样会因地基毛细水上升、蒸腾，将地基上中的盐分带至路堤填土中、聚集，填土逐渐盐渍土化，产生盐胀、溶陷等病害。沿海地区吹填海砂资源丰富，吹填海砂的力学性质比沿线滨海相盐渍土的力学好。因此，本着"就地取材"的原则，从技术、经济和环保的角度出发，利用改良的吹填海砂作路基填料，解决沿海地区路基填土不足的实际问题。

通过对吹填海砂改良措施的研究，有效地利用当地丰富的吹填海砂，解决沿海路堤填筑材料不足的难题，研究意义深远。不仅解决处理吹填海砂的理论难题，还将吹填海砂改良技术应用于公路路堤填筑中，既有理论创新，又有实用价值；充分利用废弃的吹填海砂，变废为宝，避免远途取材，既保护了当地的生态环境和国土资源，又解决了当地缺乏路基填料的难题，有利于公路建设的可持续发展，具有深远的社会意义、巨大的经济效益和广阔的应用前景。

1.2.2 海砂利用的经济分析

以启东吹填海砂利用的经济效益分析为例，比较海砂利用的经济效益。

1. 吹填海砂利用经济分析

1）水泥改良海砂的成本分析（水泥土干密度 $1.75t/m^3$）

吹砂费用：13 元/m^3（现场调查）。

32.5 级水泥的单价：445 元/t（市场价）。

按 4% 掺入水泥，每方水泥土的水泥费用：31.15 元/m^3（445×1.75×0.04）。

每方拌合、压实费用：18.39 元/m^3（交通定额计算）。

每方水泥吹填的单价：66.44 元/m^3（13×1.3+31.15+18.39）。

2）石灰改良海砂的成本分析（石灰土干密度 $1.7t/m^3$）

吹砂费用：13 元/m^3（现场调查）。

每吨石灰的单价：345 元/t（市场价）。

按 5% 掺入石灰，每方石灰土的石灰费用：29.32 元/m^3（345×1.7×0.05）。

每方拌合、压实费用：18.39 元/m^3（交通定额计算）。

每方石灰吹填海砂的单价：64.64 元/m^3（13×1.3+29.32+18.39）。

2. 取土坑利用经济分析

征地补偿按 14100 元/亩，复垦补助费 10500 元/亩，青苗补助费 1200 元/亩，耕地开垦费 8677 元/亩，耕地占用税 1334 元/亩，勘测定界及地籍测绘费 134 元/亩，取土坑每亩地的总费用：35965 元。

每亩地约合 $1500m^3$ 土，每方土的单价为：23.96 元/m^3。

平均运距按 5km，运输费用：22.66 元/m^3；（运距 30～15km 的汽车运输按照当地交通部门规定的统一运价计算运费）。

按 5% 掺入石灰，每方石灰土的石灰费用：29.32 元/m^3（345×1.7×0.05）。

每方拌合、压实费用：18.39 元/m^3（交通定额计算）。

取土坑每方石灰土的单价：101.52 元/m^3（23.96×1.3+22.66+29.32+18.39）。

以临海高等级公路启东北段路基填筑为例，路面底 80cm 以下路基填方量按 200 万 m³ 计算，水泥固化节省费用为：7016 万元 ［（101.52－66.44）×2000000］。石灰固化海砂节省费用为：7376 万元 ［（101.52－64.64）×2000000］。节省耕地 1500 余亩。

1.3　海砂路基存在的问题

1.3.1　海砂用于路基填筑的可行性

海砂作为路基填料存在两个问题：①地下水和地表水作用引起盐的淋滤，路基产生溶陷变形；②毛细水上升引起盐的积聚，产生盐胀变形，引起路面结构破坏。滨海地区的地下水位埋藏较浅，约为 1.5m；海砂颗粒细小，毛细水上升高度大；春季蒸发作用使盐分随毛细水不断向表层积聚，腐蚀作用增强。海砂中盐的腐蚀作用有限，但盐分随毛细水上升富集是腐蚀性增强的重要原因。

启东海砂的含盐量均小于 1％，$[Cl^-]/[SO_4^{2-}]$ 大于 2。按盐渍土类型分类，为弱氯盐盐渍土。启东海砂的击实曲线有两个峰值，符合砂的击实特性，最大干密度为 1.61g/cm³，最优含水量为 14.4％，能被压实，CBR 值满足路床以下路堤填料的要求。海砂的溶陷系数为 0.6％，具有不溶陷性。毛细水上升是路基中水分的主要补给来源，滨海地下水含有盐分，在毛细力作用下含盐水溶液上升，地表蒸发导致盐分析出积聚，对路面结构层产生破坏作用。因此，毛细水上升高度决定盐分积聚高度。启东海砂在 95％压实度条件下，毛细水上升高度在 70～90cm，地下水位的埋深大于毛细水上升高度，盐分不可能在路面结构中积聚，对路面结构层不产生腐蚀作用，路面结构层下不需要设置毛细水隔断层。可见，启东海砂用于路基填筑是可行的，且不需要设置毛细水隔断层。

1.3.2　海砂填料的不足

吹填海砂用于路基填筑国内外很少见到，吹填海砂填筑路基存在两个技术难题：①吹填海砂含盐，与滨海相盐渍土类似。盐渍土存在的缺陷，吹填海砂同样存在。②砂的黏聚力小，填砂路基稳定性和抗冲刷性差，所以砂不是良好的路基填料。鉴于此，吹填海砂填筑路基有如下困难：

1. 盐渍土填料的不足

盐渍土特殊的工程性质会严重影响道路的安全性、稳定性和耐久性。盐渍土道路经常出现路面翻浆、盐胀、溶陷、网裂等现象，以及路基次生盐渍化等病害。国外研究资料表明：高含盐量地区，特别在地下水位浅的地区，基层材料中盐分聚集使路面强度降低，封层作用减弱，导致天然路面的不规则变形，沥青面层会出现起皮、脱落、网裂和坑洼。盐渍土路基常见的主要病害有：

（1）溶陷与潜蚀。盐渍土中盐类与水溶解后将会影响填土的物理力学性质，降低土的

3

强度，路基产生溶陷。溶陷程度较大的盐渍土（Δ＞15mm）作路基时，必须采取预防沉降的措施。另外，盐渍土在太阳光照射下，易失去水分，表面呈龟裂状，具有较好的硬度，但其内部相对松软，承载力较低，不容易达到指定的压实度。

（2）盐胀。不同类型的盐渍土的盐胀机理不同，硫酸盐渍土的盐胀是由 Na_2SO_4 结晶体积膨胀引起的，碳酸盐和氯盐盐渍土中含有大量的吸附性阳离子，具有强亲水性，遇水后与胶体颗粒相互作用，形成稳固的结合水薄膜，引起膨胀。

（3）腐蚀性。盐渍土的腐蚀是盐与建筑材料发生化学反应引起的破坏作用。盐溶液在毛细作用下从路基潮湿一侧进入路基，由暴露在大气中的另一端蒸发，路基土孔隙中的盐溶液浓缩后结晶膨胀造成对构筑物内部应力增大，引起破坏。随着人类活动的加剧，如灌溉等，产生干湿交替，导致填土次生盐渍化。由于道路的修建，在一定程度上阻塞地下水补给和排泄的通道，将地下水位抬升，使路基产生次生盐渍化。盐渍土中有害毛细水的上升、蒸腾、积盐，会使路堤填土产生盐渍化，引起路基中构筑物的腐蚀。

2. 砂土填料的不足

砂是一种工程性质差的路基填筑材料，压实难，水稳性差。雨水对路基边坡冲刷严重，在边坡上形成许多冲沟，对填砂路基来说，填筑材料的不稳定性致使工程病害频出。我国现行路基施工技术规范中规定砂砾不宜用作路基填料，国内外大面积采用砂砾填筑路基的工程实例尚不多见，只有在个别工程中的个别路段进行过应用，没有成熟的施工技术规范和质量检验评定标准。

1.3.3　海砂的腐蚀性

混凝土的水泥水化产物中，20％是氢氧化钙，为强碱性，十分容易与其他物质如软水、氯离子、弱酸等发生化学反应引起混凝土结构物的破坏。交通部第四航务局对华南地区使用7～27年的18座海港码头的调查资料表明，混凝土梁、板底部钢筋严重腐蚀，破坏率达89％；东南沿海使用年限为8～32年的22个港口中有55.6％存在明显的腐蚀现象；北部沿海14个港口的使用年限为2～57年的66个码头均出现腐蚀现象，其中部分由于冻融和腐蚀的双重影响已完全破坏。混凝土的腐蚀是内因、外因综合作用的结果，内因是混凝土结构中的化学成分和结构形式，外因主要是环境中侵蚀性介质和水。混凝土劣化的外部原因分为物理因素、化学因素和物化因素。物理因素包括冻融、热膨胀、干缩、火灾等，化学因素包括软水、海水、氯离子、酸、硫酸盐、二次钙矾石形成、碱骨料反应等，物化因素包括钢筋锈蚀、电解反应等。现有研究认为，SO_4^{2+}、Cl^- 在对混凝土结构物的腐蚀破坏起主要作用。其中，SO_4^{2+} 主要表现为盐胀性，即失水状态下，发生体积膨胀，造成结构物开裂；Cl^- 是导致钢筋发生腐蚀的重要因素。

第2章 海砂的土力学性质

2.1 海砂的基本性质

2.1.1 颗粒分析

海砂颗粒成分是岩石、矿物和非结晶体化合物的零散碎屑,颗粒组成指不同粒径的颗粒所占含量的百分数。由于海砂含盐,土中的微粒胶结成小集粒。因此,颗粒分析试验前,先除去其中的盐,保证颗粒分析结果准确。对砂样先洗盐,洗完盐后烘干,对于粒径大于0.074mm的试样用筛分法,粒径小于0.074mm用比重计分析。启东和如东海砂的颗粒分析结果如图2-1所示。海砂洗盐前后的颗粒粒径分配曲线明显不同。在浸水洗盐前,由于盐的胶结作用和结晶盐的存在,细颗粒含量较少;浸水洗盐后,易溶盐溶解,盐胶结成的集粒解体、结晶盐颗粒被溶解、流失,土颗粒分散度高,细颗粒含量明显增大。因此,海砂的颗粒分析前应先洗盐,保证得到真实的颗粒分析结果。

海砂颗粒粒径分布曲线的不均匀系数(C_u)反映粒径分布曲线上的土粒分布范围:

$$C_u = \frac{d_{60}}{d_{10}} \tag{2-1}$$

式中,d_{10}和d_{60}分别对应粒径分配曲线上通过率为10%和60%的颗粒粒径。颗粒粒径分配曲线的曲率系数C_c反映粒径分布曲线上的土粒分布形状:

$$C_c = \frac{d_{30}^2}{d_{10}d_{60}} \tag{2-2}$$

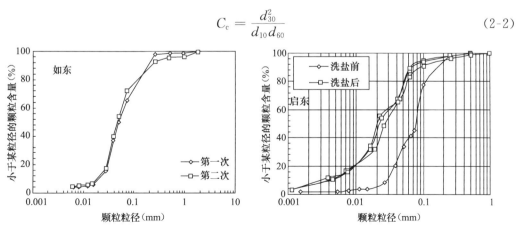

图 2-1 盐渍土粒径分配曲线

式中，d_{30}对应粒径分配曲线上通过率为30％的颗粒粒径。同时满足：$C_u>5$，$C_c=1\sim3$时，砂类土为良好级配砂。因此，启东和如东海砂属良好级配的细砂。

2.1.2 稠度界限

采用液、塑限联合测定仪对启东和如东海砂进行液、塑限试验，液限为26％～37％，塑限为17％～27％，塑性指数为10左右。如东海砂的塑性指数大，与其中细颗粒含量多有关。启东海砂和如东海砂在塑性图上的分布如图2-2所示。

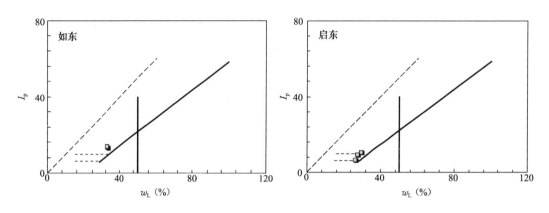

图2-2　海砂在塑性图上的分布

2.2　海砂的含盐量

易溶盐总量测定采用质量法（T0152—1993）、易溶盐氯根测定采用硝酸盐滴定法（T0155—1993）、易溶盐硫酸根测定采用质量法（T0158—1993）。启东海砂含盐的化学成分主要是氯化物，总盐含量都小于2％；氯离子与硫酸根离子含量之比大于2，一般为5～8。试验装置和试验结晶盐如图2-3所示。

海砂含盐，属于盐渍土。按总含盐量分为弱盐渍土、中盐渍土、强盐渍土和过盐渍土四类。总盐含量小于0.5％对砂的物理力学性质没有影响；含盐量大于0.5％，对砂的物理力学性质开始产生影响；含盐量大于3.0％，砂的性质开始取决于盐分和含盐的种类，砂本身的颗粒组成将居于次要地位。按含盐性质分为氯盐渍土、亚氯盐渍土、亚硫酸盐渍土、硫酸盐渍土和碳酸盐渍土。氯盐类盐渍土溶解度大，有明显的吸湿性；从溶液中结晶时，体积不发生变化；能使冰点显著降低。硫酸盐类盐渍土没有吸湿性，但在结晶时可以吸收一定数量的水分子。硫酸钠和硫酸镁重结晶时，分别带有10个和7个水分子，体积增大，脱水时，体积明显减小。碳酸盐类盐渍土，水溶液中有很大的碱性反应；能使黏土颗粒发生分散；对土的崩解速度影响大。启东海砂按照盐渍土类型分类如图2-4所示。根据易溶盐总量和氯离子与硫酸根离子含量之比，启东吹填海砂属于弱盐渍土。

(a)　　　　　　　　　　　　　　(b)

(c)　　　　　　　　　　　　　　(d)

图 2-3　含盐量测定过程

(a) 抽滤装置；(b) 待滴定液；(c) 总易溶盐；(d) 烤干的硫酸钡

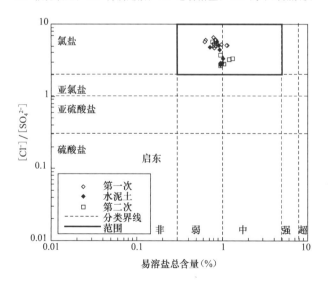

图 2-4　临海高等级公路盐渍土分类图

海砂中氯离子含量与含盐总量的相关关系如图 2-5 所示，氯离子含量与含盐总量呈线性正相关关系，相关公式为 $[Cl^-]=0.53C$，式中 C 是含盐总量。海砂的含盐特性，就是氯离子含量与含盐总量呈线性正相关关系。

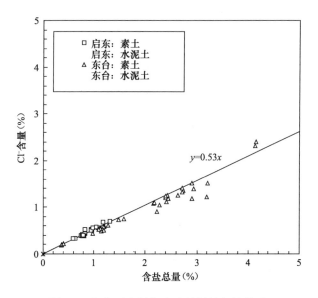

图 2-5　氯离子含量与含盐总量的相关关系

2.3　海砂的毛细作用

毛细水上升是地基中水分的主要补给来源，毛细水破坏路基填土的结构，引起填土强度降低，产生冻胀、盐胀和溶陷，是路基填土浸湿软化的重要原因。地基中结晶盐溶解，地下水含有盐分，在毛细力作用下含盐水溶液上升，地表蒸发导致盐分析出生成次生盐渍土。地下水位埋深达到一定深度，不会形成盐渍土，此深度称为盐渍化临界深度，临界深度与毛细水上升高度密切相关。不同土质盐渍土的临界深度随地下水含盐量变化（表 2-1）。

海砂中地下水向上运移的主要形式有：①毛细作用和地下水压力梯度引起的毛细水上升；②不同浓度溶液的渗透压力梯度引起的矿化水渗透运动；③土粒表面带电颗粒的吸附力梯度引起的薄膜水双电层作用；④由盐离子浓度梯度引起的离子和水的扩散运动。

临界深度（方生和陈秀玲，1990）　　　　　　　　　　　　表 2-1

地下水矿化度（g/L）	粉土（m）	粉质黏土（m）	黏土（m）
1～3	1.8～2.1	1.5～1.8	1.0～1.2
3～5	2.1～2.3	1.8～2.0	1.0～1.2
5～8	2.3～2.6	2.0～2.2	1.2～1.4
8～10	2.6～2.8	2.2～2.4	1.2～1.4

毛细作用产生的物理原因是由于水与空气分界面上存在着表面张力，水溶液总是力图使表面能变得最小，而另一方面，毛细管壁的分子与水分子之间有引力作用，引力作用与

管壁接触的水面呈向上弯曲状。当水溶液与空气的界面是弯曲的（凹的或者凸的），在两者之间出现压力差。毛细管内的水柱由于湿润现象使弯液面内凹时，水柱的表面积就增加了，这时由于管壁与水分子之间的吸力很大，促使管内的水柱升高，改变弯液面形状，缩小表面积，降低表面自由能。当水柱升高改变弯液面的形状时，管壁与水之间的湿润现象使水柱面恢复为内凹的弯液面状，使毛细管内的水柱上升，直到水柱重力和管壁与水分子间的引力达到平衡。

$$h_c = \frac{2T_s \cos\alpha}{\rho_w g r}$$
(2-3)

式中，T_s 是水与空气间的表面张力，α 是接触角，r 是毛细管的半径，ρ_w 是水的密度，g 是重力加速度。实践中常用的 Hazen 经验公式为：

$$h_c = \frac{c}{e \cdot d_0}$$
(2-4)

式中，h_c 是毛细水上升高度（m），e 是孔隙比，d_0 是有效粒径（m），c 是系数，与砂粒形状和表面特征有关，$c=1\sim5$（10^{-5} m^2）。不同土质的毛细水上升高度列于表 2-2 中。

　　毛细水上升高度与塑性指数的相关关系如图 2-6 所示。随着含盐浓度增加，无机盐溶液表面张力逐渐增大，毛细水上升高度增加；含盐浓度增加，伴随着溶液密度增大，使毛细水上升高度降低。毛细水上升高度取决于表面张力和密度的增加程度。

毛细水上升高度（尉庆丰和王益权，1989）　　　　　　　　　　　表 2-2

土质	黏土	粉质黏土	粉土	粉砂	细砂	中砂	粗砂
h_c（m）	3.0	2.9~3.7	3~4	1.9	1.2	0.8	0.4

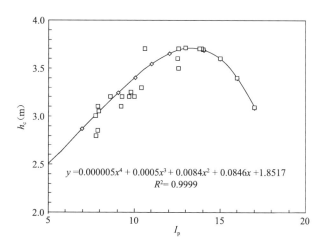

图 2-6　毛细水上升高度与塑性指数的关系（尉庆丰和王益权，1989）

　　毛细水上升高度与含盐浓度的关系如图 2-7 所示，随着含盐浓度增加，毛细水上升高度减小，两者的相关关系为：

$$\log h_c = 18.92 e^{-0.0002C}$$
(2-5)

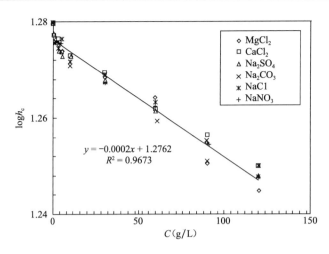

图 2-7　毛细水上升高度与含盐浓度的关系（尉庆丰和王益权，1989）

尉庆丰和王益权（1989）给出了盐溶液的表面张力和密度与盐离子浓度的关系，如图 2-8 所示。毛细水高度随含盐量是增加还是减小要视含盐量对表面张力和密度的影响程

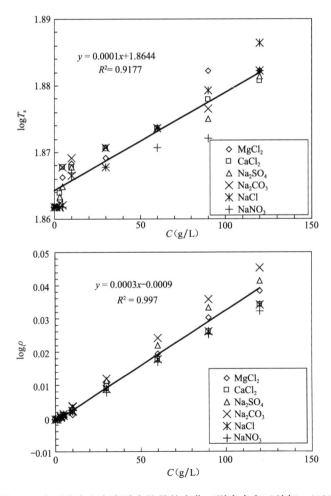

图 2-8　表面张力和密度随含盐量的变化（尉庆丰和王益权，1989）

度而定。随着氯盐含量增加，盐渍土毛细水上升高度减小。盐分对毛细水上升的影响有两个方面：一是盐分溶解后的渗透势，增加表面张力，加快毛细水上升。水溶性无机盐一般都是强电解质，与水分子的亲和力强，在气、液界面发生负吸附，属表面非活性物质，能够增大水的表面张力。根据 Laplace 公式，提高毛细水的上升高度。二是浓度增加，伴随着水溶液密度增大，使得毛细水上升高度降低。

2.4　海砂的吸力

2.4.1　吸力的概念

在非饱和土力学问题中，吸力被公认为是不可缺少的应力状态量。吸力由基质吸力和渗透吸力（或称溶质吸力）两部分组成，二者之和称为总吸力（Fredlund 和 Rahardjo，1993；Mitchell 和 Soga，2005；Xu et al.，2014）。

热力学理论中，水的能量状态可由水势（Water Potential）反映（Lang，1967）：

$$\psi = \frac{1000RT}{w}\ln\left(\frac{p}{p_0}\right) \tag{2-6}$$

式中，ψ 为水势（J/kg），R 为气体常数 8.314462J/(mol·K)，T 为绝对温度，w 为水蒸气的摩尔质量 18.016g/mol，p 为系统中水蒸气压力；p_0 为纯净水在水面为水平时，其上方的饱和蒸汽压力；p/p_0 称为相对湿度。从上式可以看出，纯净水平面上方有 $p = p_0$，水势最高，为零。当水处于砂中时，p 一般小于 p_0，水势 ψ 为负值。水总是从水势高的地方向水势低的地方流动。系统中 p 越小，则相对湿度越小，水势也就越低，系统吸收水的能力也就越强。

对于砂中水的能量状态，除了水势外，还习惯用吸力来描述：

$$s = \frac{\rho_w RT}{w}\ln\left(\frac{p}{p_0}\right) \tag{2-7}$$

式中，s 为吸力（kPa），ρ_w 为水的密度（kg/m^3）。砂的相对湿度越小，吸水能力越强。由于式（2-7）中包含负号，使得吸力为正值，于是，吸力值越高，砂的吸水能力越强。

吸力分为基质吸力和渗透吸力。基质吸力与砂粒的物理性质、排列方式有关，如毛细作用、砂粒表面的吸附作用等。由毛细作用产生的吸力也叫毛细吸力，表示为：

$$s = p_a - u_w = \frac{2\sigma\cos\theta}{r} \tag{2-8}$$

式中，s 为毛细吸力，p_a 为大气压力，u_w 为由毛细管引起的水压，r 为毛细管半径，θ 为张力方向与法线的夹角。实际上，毛细吸力只是基质吸力的一部分。若从式（2-7）来解释毛细吸力，由于毛细管中溶液的蒸汽压力 p 要小于该溶液液面水平时液面上方的蒸汽压力 p_0，因而存在毛细吸力。

渗透吸力 π 又称为溶质吸力，主要与水中溶质类型和浓度有关。采用式（2-7）来解释渗透吸力，当不具挥发性的溶质加入水中后，由于溶液表面的一些位置被溶质占据，因此单位时间逸出液面的溶剂分子数相应减少，蒸汽压下降，即溶液平面上方的蒸汽压力 p 小于纯净水面上方的饱和蒸汽压力 p_0，溶液存在渗透吸力。由于上述假设为不具挥发性的溶质，因此，p 是水蒸气的压力，不包括溶质的蒸汽压力，溶质的作用只是让水蒸气压力减小了。渗透吸力主要与溶质有关，无论是在饱和土还是非饱和土中，或仅在溶液中，只要有溶质的存在，渗透吸力都是存在的。

对于同一种溶液，溶液浓度越高，溶液上方的蒸汽压比纯水平面上方的蒸汽压越小，即相对湿度越小，水从浓度的高梯度向低梯度的渗透作用越强，渗透吸力越大。

渗透吸力与溶液浓度的关系表示为：

$$\pi = \nu R T m \phi \tag{2-9}$$

式中，π 为溶液的渗透吸力，ν 为盐分子所包含的离子数（如 NaCl 的 $\nu = 2$），m 为摩尔浓度，即 1kg 溶剂中所含溶质的摩尔数，ϕ 是渗透吸力系数，ϕ 表示为（Bulut，2001）：

$$\phi = \frac{\rho_w}{\nu m w} \ln \left(\frac{p}{p_0} \right) \tag{2-10}$$

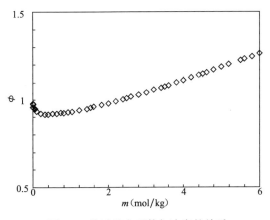

图 2-9　渗透吸力系数与浓度的关系

Colin 等（1985）给出氯化钠溶液在 20℃时不同浓度对应的渗透吸力系数，如图 2-9 所示。根据渗透吸力系数 ϕ，由式 (2-9) 可计算任意浓度氯化钠溶液的渗透吸力，如图 2-10 所示。根据渗透吸力系数算出渗透吸力与摩尔浓度的关系，表示为：

$$\pi = 355.6 m^2 + 3997.4 m \tag{2-11}$$

式 (2-11) 表明：渗透吸力与溶液浓度呈非线性关系，原因是式 (2-9) 中的渗透吸力系数是溶液浓度的非线性函数（图 2-9）。

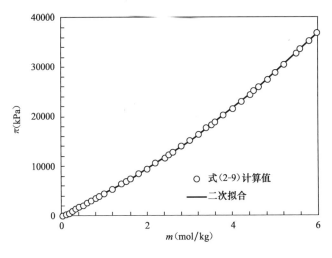

图 2-10　渗透吸力与浓度的关系

2.4.2　海砂的吸力测量

总吸力的量测方法主要有湿度计法和非接触滤纸法。基质吸力的量测方法可分为直接测量与间接测量。直接测量中有张力计法、轴平移法和吸力探针法，间接测量中有接触滤纸法、热传导传感器法和时域反射计法。渗透吸力常用的量测方法为挤液法。

Aitchison 和 Richards（1965）从热动力学角度定义吸力，总吸力为土中水的全部自由能，等于渗透吸力与基质吸力之和。吸力量测方法如图 2-11 所示，这些吸力量测方法具有各自的测量范围和优缺点。

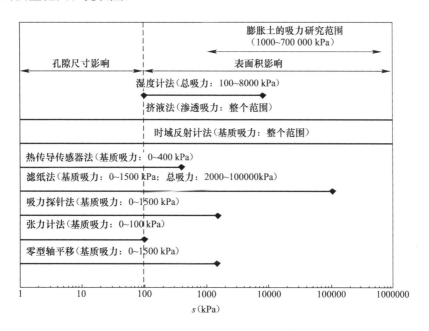

图 2-11　吸力量测方法及其测量范围

1. 压力板法

压力板法是测量低吸力常用的方法，是基于轴平移技术量测或控制吸力。非饱和土中的孔隙气压一般为大气压力，孔隙水压一般为负值。在实验室，通过轴平移技术（Hilf，1956）提升孔隙气压，使负孔隙水压变大至正值，避免测量负孔隙水压。压力板法测量吸力主要采用非饱和土固结仪，通过陶瓷板控制或测量孔隙水压和孔隙气压，达到控制吸力的目的。受陶瓷板进气值的限制，最大孔隙气压为 1500kPa。

GCTS 非饱和土固结仪由测试装置和加载系统两部分组成，如图 2-12（a）所示，测试装置由压力控制板和压力室组成。压力控制板上左右两个体变管通过细软管与压力室相连，用来量测试验过程中试样的含水量在变化，试样竖向位移通过安装在试样顶部的位移计测量。加载系统主要由气缸、压力表和调压器组成，调压器用来控制施加压力的大小。GCTS 非饱和土固结仪中试样通过排水管与外界相连，试样的孔隙水压力为零，孔隙气压为施加于压力室的气压，基质吸力即为施加于压力室的气压。试验之前，陶瓷板要充分饱和，保证试验过程中水能够自由通过陶瓷板。

　　UPC 巴塞罗那气动固结仪如图 2-12（b）所示，工作原理是轴平移技术。仪器除底座及上、中、下三部分主体外，还有一个带有顶帽的橡皮膜和精度为 0.001mm 的位移计，底座和顶帽中均有一个防腐的金属透气板，试样直径为 50mm。固结仪共有两个进气口，上进气口用来施加竖向压力，中间进气口用来施加试样的孔隙气压力（即基质吸力）。UPC 巴塞罗那气动固结仪与 GCTS 非饱和土固结仪最大的区别在于前者在做非饱和土的压缩试验时，无需另外的加载系统，主要靠仪器内部接触面积的不同来控制气动竖向压力大小，如图 2-12（b）所示，加载帽使气动竖向压力增大 1 倍，因为加载帽与橡皮膜的接触面积是其与试样接触面积的 2 倍。

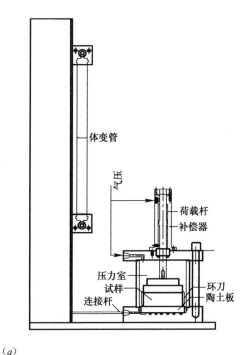

（a）

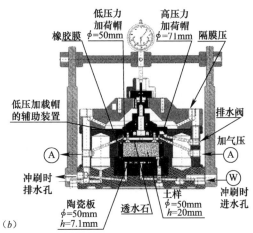

（b）

图 2-12　用于压力板法测量吸力的非饱和土固结仪

（a）GCTS 非饱和土固结仪；（b）UPC 非饱和土固结仪

2. 滤纸法

滤纸法是一种简单、快捷、方便的吸力量测方法，是测量高吸力的方法。滤纸法量测吸力，最早由 Gardner（1937）提出，滤纸法是建立在滤纸与土中水分在相同吸力条件下达到平衡不出现水分迁移的基础上。滤纸可视为一个传感器，将滤纸与试样直接贴放在一起，水分会在试样和滤纸间迁移，直到平衡为止；同样，把滤纸放置在试样上方，不与试样直接接触，二者也会通过水蒸气的迁移达到平衡。平衡时，通过量测滤纸的含水量，反算基质吸力和总吸力。与试样直接贴放在一起的滤纸测得的吸力为基质吸力；不与试样直接接触的滤纸所测得的吸力为总吸力。

滤纸法采用的滤纸必须是Ⅱ类无灰定量滤纸（ASTM D5298—10，2010），国外常用滤纸为 Whatman 42 号滤纸和 Scheicher & Schuell 589 号滤纸，国内常见的为双圈牌滤纸。海砂吸力测量采用 Whatman 42 号滤纸，如图 2-13 所示。

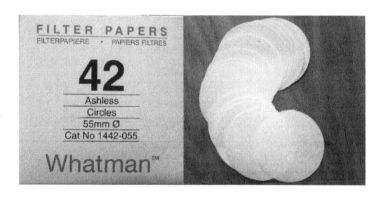

图 2-13　Whatman 42 号滤纸

滤纸率定是建立滤纸的含水量与吸力间的关系，主要有两种方法：一种是利用已知渗透吸力的盐溶液与滤纸达到平衡时的含水量建立吸力—含水量关系；另一种方法则是借助压力板吸力仪、密封容器和高精度天平等设备来确定吸力—含水量关系。滤纸法作为一种间接的吸力测量方法，精度受到测量的各个环节的影响：滤纸率定时环境温度、滤纸与试样接触程度、滤纸规格及其摆放方式、平衡时间等。同一种滤纸的率定曲线是相同的，在应用滤纸法测量吸力时，必须知道吸力与滤纸含水量的率定关系曲线。Fawcett 和 Collis-George（1967）发表了 Whatman No. 42 型号滤纸的吸力—含水量关系的率定曲线，如图 2-14 所示。

（1）Leong 等（2002）提出，Whatman No. 42 滤纸的基质吸力率定曲线方程为：

$$\log \psi = 2.909 - 0.0229 w_f \quad w_f \geqslant 47 \tag{2-12}$$

$$\log \psi = 4.945 - 0.0673 w_f \quad w_f < 47 \tag{2-13}$$

总吸力率定曲线方程为：

$$\log \psi = 8.778 - 0.222 w_f \quad w_f \geqslant 26 \tag{2-14}$$

$$\log \psi = 5.31 - 0.0879 w_f \quad w_f < 26 \tag{2-15}$$

（2）Van Genuchten（1980）提出 Whatman No. 42 滤纸的基质吸力率定方程为：

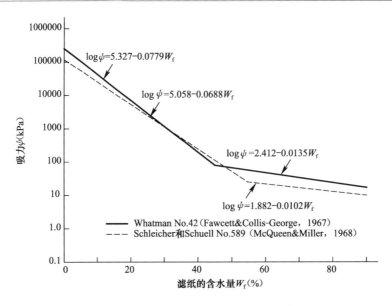

图 2-14　滤纸的吸力—含水量关系率定曲线

$$\psi = 0.051 \left[\left(\frac{248}{w_f} \right)^{9.615} - 1 \right]^{0.473} \tag{2-16}$$

总吸力率定曲线方程为：

$$\psi = 56180 \left[\left(\frac{37}{w_f} \right)^{0.44} - 1 \right]^{2.361} \tag{2-17}$$

（3）Fredlund 和 Xing（1994）提出 Whatman No.42 滤纸的基质吸力率定方程为：

$$\psi = 0.23 \left[e^{(268/w_f)^{0.629}} - e \right]^{2.101} \tag{2-18}$$

总吸力率定曲线方程为：

$$\psi = 18500 \left[e^{(37/w_f)^{0.242}} - e \right]^{2.248} \tag{2-19}$$

对于击实样，将三张烘干后的滤纸直接紧贴在试样的底端面，通常中间一张滤纸是用于量测试样的基质吸力，外面两张滤纸主要是用于保护中间那张滤纸，放入密封容器（即 Lock 和 Lock 盒）中；然后在试样的顶面依次放入一层纱网和一张滤纸，这张滤纸是用于量测试样的总吸力，如图 2-15 所示。

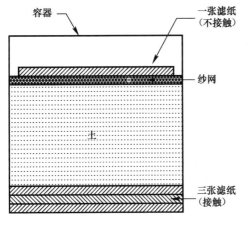

图 2-15　滤纸法示意图

对于散状样，滤纸的位置和前面所述相同，将一定含水量的散状土均匀地铺在底部三层滤纸上。将装好试样的 Lock 和 Lock 盒放入恒温室里，放置 7~14d 左右。水分达到平衡后，用镊子将滤纸从 Lock 和 Lock 盒中取出，迅速测量滤纸的湿质量。为了避免滤纸水分变化，滤纸必须在很短的时间内转移到电子天平隔离箱中。将滤纸放入铝盒中在 105℃烘箱里烘干，测滤纸的干质量，根据滤纸干质量与湿质量计算滤纸的重力含水量，根据率定曲线求出基质吸力和总吸力。量测试样的质量和尺寸，在 105℃烘箱里烘干，测干质量，算出含水量和饱和度。

2.4.3　海砂的土水特征曲线

非饱和土的水分特征曲线（Soil-water characteristic curve，SWCC），也叫土水特征曲线。土水特征曲线是含水量与吸力之间的关系曲线，反映了吸力作用下土的持水性能（Chandler 和 Gutierrez，1986）。含水量可以是重力含水量、体积含水量，也可以是饱和度。吸力可以是基质吸力、渗透吸力，也可以是总的吸力。土水特征曲线有两个特征点：一个对应于土的进气值，是指空气开始进入最大孔隙时对应的基质吸力值；另一个对应于残余饱和度，当吸力大于残余饱和点后，饱和度随吸力增大而减小的速度明显变小。过曲线的拐点作一条切线，高吸力范围内的曲线也可以表示为另一条直线，两条直线的交点所对应的纵坐标即为残余饱和度。

用基质吸力表示的土水曲线分为两种：脱湿曲线和吸湿曲线。脱湿曲线是在吸力逐步增大（或含水量逐步减少）过程中形成的土水特征曲线；吸湿曲线是在吸力逐步减小（或含水量逐步增大）过程中形成的土水特征曲线。对于一个特定的含水量，脱水段的吸力要高于吸水段的吸力，这个现象称为土水特征曲线的滞后现象。

启东海砂试样的初始干密度 $\rho_d = 1.48 \sim 1.56 \text{g/cm}^3$，含水量 $w = 4.4\% \sim 23.6\%$，吸力测量采用压力板法和滤纸法。

图 2-16 为滤纸法和压力板法测得的用基质吸力表示的土水特征曲线，其中压力板法包括吸湿曲线和脱湿曲线。不同含盐量土的吸湿曲线基本重合，说明含盐量对基质吸力的影响不大。吸湿曲线与脱湿曲线显示了明显的滞回效应。当吸力高于 500kPa 后脱湿曲线与吸湿曲线基本重合。值得指出的是，滤纸法的试样不存在吸湿或脱湿过程，由滤纸法测到的土水特征曲线位于吸湿曲线和脱湿曲线的滞回圈内。

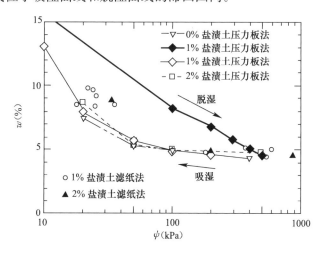

图 2-16　压力板法和滤纸法测得的基质吸力与含水量的关系

图 2-17 表示用滤纸法测得的不同含盐量土的总吸力 ψ 与基质吸力 s 的土水特征曲线。图 2-17 （a）为含水量 w 与吸力 ψ 的关系，图 2-17 （b）为饱和度 S_r 与吸力 ψ 之间的关系。海砂的含水量大于 5% 时，基质吸力很小；海砂的含水量低于 5% 后，基质吸力随含水量的变化十分敏感。尽管用滤纸法测得的结果有一定离散性，不同含盐量的海砂与同一含水量对应的基质吸力在数量级上没有明显的变化。含盐量对基质吸力的作用不大，但对总吸力有明显的影响。总吸力的土水特征曲线随着含盐量的增加整体向右移动，但最终不超过 10^5 kPa。另一方面，在相同含水量时，海砂的基质吸力与总吸力相差很大，在含水量较高阶段，基质吸力与总吸力相比很小可忽略不计，这体现了海砂特有的强吸湿性。

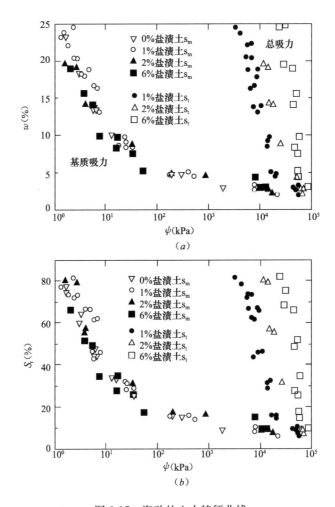

图 2-17　海砂的土水特征曲线
（a）含水量 w 与吸力 ψ 的关系；（b）饱和度 S_r 与吸力 ψ 的关系

含盐量对总吸力影响主要是对渗透吸力的影响。Miller 和 Nelson（2006）以及 Leong 等（2002）认为，渗透吸力等于上层滤纸所测得的总吸力与下层滤纸所测得的基质吸力之差。用渗透吸力表示的土水特征曲线如图 2-18 所示，随着含盐量的增加，土水特征曲线向右方移动，且该吸力存在着极值，当盐溶液达到饱和后，吸力不再增大，土水特征曲线呈垂直于坐标横轴的直线，而不再向右发展，如图 2-18 中的虚线所示。启东海砂在最优含水量时，溶质吸力为 5000kPa。图 2-18 中需要指出的是，氯化钠溶液在 20℃ 的饱和浓度约为 6.15mol/kg。因此，图 2-18 中大于 6.15mol/kg 的摩尔浓度只是计算得出的名义浓度，实际上是不存在的。

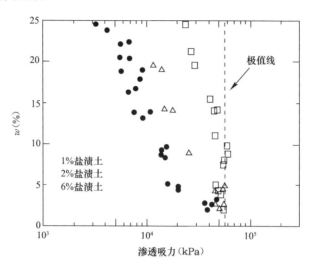

图 2-18　渗透吸力土水特征曲线

海砂的渗透吸力与氯化钠溶液摩尔浓度的关系如图 2-19 所示。图中实曲线为氯化钠溶液的摩尔浓度与渗透吸力的关系曲线，是根据式（2-9）和图 2-10 得到的。海砂渗透吸力的测试结果与根据氯化钠溶液浓度的计算结果（图中实线）不一致，渗透吸力的测试数据点基本都在计算曲线的上方，也就是说，用接触滤纸与非接触滤纸相减得出的吸力总是大于盐溶液的渗透吸力。产生上述现象的原因是，在颗粒表面的吸附作用以及颗粒的阻挡作用下，溶液蒸发到气相的水分子减少，使得蒸汽压进一步下降，吸力测试数据大于盐溶液的渗透吸力。

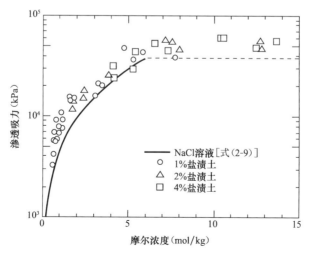

图 2-19　渗透吸力的计算值与试验值的比较

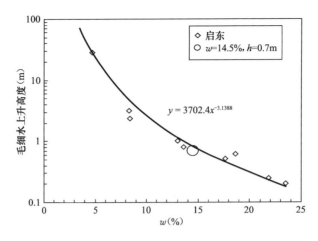

图 2-20 毛细水上升高度与含水量的关系

海砂的基质吸力反映毛细作用的大小，毛细作用与土的颗粒粒径、含水量和密实度密切相关。启东海砂的毛细水上升高度与含水量的关系如图 2-20 所示，随着含水量增加，毛细水上升高度减小。启东海砂在最优含水量时，毛细水上升高度为 80cm，对应的基质吸力大约为 80kPa。

2.5 海砂的剪切强度

2.5.1 试样配制

海砂中的可溶盐随含水量变化在固相和液相之间转变。定义海砂的含盐量为氯化钠质量与砂粒质量的百分比；海砂的含水量为水的质量与干土（不含盐）质量的百分比，干密度为砂粒质量与试样体积之比，即不包含可溶盐的质量，海砂的孔隙比是砂粒的孔隙比，不考虑盐分影响。

海砂试样是在试验室内按照一定的含盐量配置而成，海砂直剪试验的试样配置步骤为：

（1）按照比例称取一定量的 NaCl 分析纯试剂，充分溶解于一定量的蒸馏水中，制成不饱和盐溶液。

（2）将试样放置于 105℃ 烘箱内 24h 烘干，取出后置于密封盒内冷却。

（3）将一定量的原土与盐溶液充分混合成泥浆状（图 2-21），含水量一般在液限附近，以利于搅拌和盐分的交换吸附。混合好后，将试样放置最少 7d，使盐在试样中充分交换，充分吸附。

（4）将试样在自然状态下风干后，再放入烘箱内彻底烘干，试样需在托盘内平摊成薄薄一层，并应每间隔一段时间进行一次搅拌，以防析出的氯化钠产生表面积聚，确保盐在试样内均匀结晶与胶结。

（5）将风干后的试样研磨并拌合均匀，配置到指定的含水量，放置于密封盒内约 1 周左右，让水分与砂粒、盐分充分交换吸附。

图 2-21　海砂试样

2.5.2　三轴试验

采用常规三轴试验探讨氯化钠溶液对海砂强度的影响。试验仪器为 SJ-1AG 型常规三轴仪。三轴仪的主要组成部分有：压力室、施加围压系统、施加轴向荷载系统、孔隙水压力量测系统、反压加载系统、体积变形量测系统、数据采集系统等。

三轴固结排水剪切试验，共做了 A、B 两组试样。两组试样的区别在于使用的溶液不同，A 组试样是添加纯水制作而成，B 组试样是添加浓度为 30% 的 NaCl 溶液制成。为了保证试验过程中 B 组试样溶液浓度稳定，三轴仪的排水管中使用的都是浓度 30% 的 NaCl 溶液，而非纯水。试验围压分别为 100kPa、200kPa、400kPa，具体步骤如下：

1. 制样

将海砂烘干后，A 组试样用纯水调配，B 试样用浓度为 30% 的 NaCl 溶液调配。两组试样的初始含水量均控制在 15% 左右。调好后把试样在密封容器内静止 24h 以上后再使用，以保证水分、盐分与土颗粒充分混合吸附均匀。

试样在三轴击实器内分三层击实而成，控制两组试样的干密度相同，均为 $1.47g/cm^3$ 左右。制成试样的高度为 80mm，底面直径为 39.1mm。

2. 装样

（1）打开下排水阀，对压力室底座充水排气后，关闭孔隙水压力阀和量管阀。压力室底座上依次放上透水板、湿滤纸、试样、湿滤纸、透水板，试样周围贴浸水的滤纸条 7～9 条。用承膜筒将橡皮膜套在试样外面，并用橡皮圈将橡皮膜下端与底座扎紧。打开上排水阀，使上方试样帽中充水排气后关闭上排水阀，放在透水板上，用橡皮圈将橡皮膜上端与试样帽扎紧。试样与透水板之间放置滤纸。

（2）将三轴压力室罩顶部活塞提高，放下压力室罩，将活塞对准试样中心，均匀地拧紧底座连接螺母。向压力室内注满纯水，待压力室顶部排气孔有水溢出时，拧紧排气孔，将活塞对准测力计和试样顶部。

（3）将离合器调至粗位，转动粗调手轮，当试样帽与活塞及测力计接近时，将离合器调至细位，改用细调手轮，使试样帽与活塞和测力计接触，装上变形指示计，将测力计和变形指示计调至零位。

3. 试样饱和

试样饱和方法没有采用抽气饱和法，海砂试样抽气饱和后试样过软无法安装。试验中是把未饱和试样安装在三轴仪后按以下方法进行饱和：

（1）打开上下排水阀，再施加 20kPa 围压，以防止试样在饱和过程中破坏。

（2）调节上排水管使管内水头最高，拆下下排水管，使上排水管中溶液（A 组为纯水，B 组为 30％NaCl 溶液）流进试样，从下排水口排出。测量并记录上排水管降低的溶液量以及下排水口排出的溶液量，并计算溶液量差，判断试样是否饱和。

（3）试样饱和后，再安装好下排水管。

4. 排水固结

（1）调节上下排水管，使两管内液面与试样高度中心齐平，测下排水管液面读数。

（2）施加剪切所需围压，测量并记录上下排水管的读数，待读数稳定超过 2h，认为试样固结完成。

5. 剪切

（1）调节档位，设置剪切应变速率为 0.033mm/min

（2）记录测力计和轴向变形的初始读数。

（3）合上离合器，启动电动机，开始剪切。每间隔一时间段记录测力计、轴向变形的读数。

（4）当轴向应变达 15％时关掉电动机，停止剪切，关闭各阀门。试验结束后，脱开离合器，将离合器调至粗位，转动粗调手轮；减围压至零，将压力室降下，打开排气孔，排除压力室内的水，拆卸压力室罩，拆除试样，称试样质量，测定试样含水量。

6. 试验结果

图 2-22 为三轴剪切试验前后的海砂试样。海砂没有明显的剪切破坏面。图 2-23 在纯水和 30％NaCl 溶液环境下的应力—应变关系试验结果。

图 2-22 三轴剪切前后的试样形态

图 2-23 中，σ_3 为围压，σ_1 为轴压；ε_a 为轴向应变，ε_v 为体变；Water.i 表示在纯水环境中试验的第 i 个试样，NaCl.j 表示在 30% NaCl 溶液环境中试验的第 j 个试样；e_0 表示试样的初始孔隙比。对比 NaCl 溶液和纯水的三轴试验结果发现，NaCl 溶液对饱和海砂的主应力比—应变关系和强度的影响不大，初始孔隙比大致相等的两组试样都有着相近的变形模量和屈服强度。值得注意的是，NaCl 溶液对饱和土体剪胀特性的影响较为明显。图 2-23 （a）中，各试样均发生剪胀，但试样 NaCl.1、NaCl.2 的剪胀量都小于 Water.1 的剪胀量；图 2-23 （b）中，Water.2、Water.3 产生剪胀，NaCl.3 基本为剪缩；图 2-23 （c）中，Water.4、Water.5、NaCl.4 均为剪缩，但 NaCl.4 的剪缩量大于 Water.4、Water.5。与纯水环境溶液相比，NaCl 溶液抑制海砂剪胀，NaCl 溶液中的海砂剪切时更倾向于剪缩。

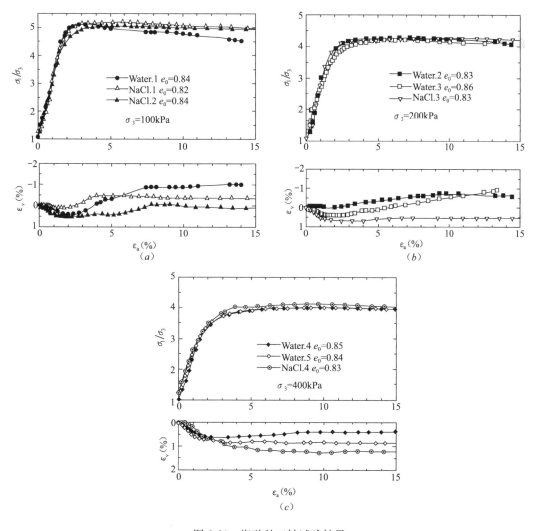

图 2-23　海砂的三轴试验结果

（a）$\sigma_3 = 100$kPa；（b）$\sigma_3 = 200$kPa；（c）$\sigma_3 = 400$kPa

2.5.3 直剪试验

1. 试验方法

直剪仪的型号为 SDJ-Ⅱ型, 为三速电动等应变直剪仪。含盐量分别为 0%、2%、4%、6%、8%和10%, 每组使用 3 个试样, 竖向荷载分别为 100kPa、200kPa、400kPa。每个试样在底面积为 30cm², 高 2cm 的环刀内击实制成, 初始含水量均控制在 $w_0 = 12\%$ 左右, 试样的初始干密度为 1.40g/cm³。

具体的仪器操作步骤如下:

(1) 将制备好的砂样在环刀内击实。

(2) 对准剪切仪容器上下盒, 插入固定销, 在下盒内放透水板和滤纸, 将带有试样的环刀刃口向上, 对准剪切盒口, 在试样上放滤纸和透水板, 将试样小心地推入剪切盒内。

(3) 把直剪仪的档位置为空挡, 再手动移动传动装置, 使上盒前端钢珠刚好与测力计接触, 依次放上传压帽、钢珠、加压框架。

(4) 把直剪仪挡位设置在 0.8mm/min 档位, 施加垂直压力, 拔去固定销, 然后开始剪切, 每15s测记测力计的读数, 直至测力计读数出现峰值, 继续剪切至剪切位移为 4mm 时停机, 记下破坏值; 当剪切过程中测力计读数无峰值时, 应剪切至剪切位移为 6mm 时停机。

(5) 剪切结束, 吸去盒内积水, 退去水平剪切力和垂直压力, 移动加压框架, 取出试样, 测定试样含水量。

2. 试验结果

图 2-24 为直剪试验过程中的剪切应力—剪切位移关系试验结果。图 2-24 比较了不同含盐量试样的抗剪强度。当含盐量小于 4% 时, 抗剪强度随含盐量的变化规律不是很明显: 在垂直压力 $p = 100$kPa 条件下, 抗剪强度随着含盐量的增加, 先略减小后又略有增加; 当 $p = 200$kPa 时, 抗剪强度随着含盐量的增加略有减小; 当 $p = 400$kPa 时, 抗剪强度随着含盐量的增加, 先增大后又略有减小。

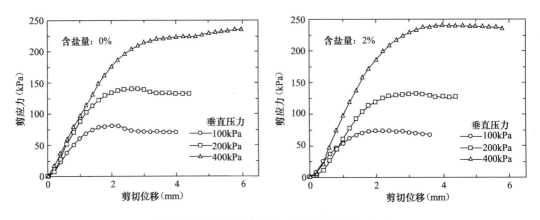

图 2-24 海砂的剪切应力—剪切位移关系 (一)

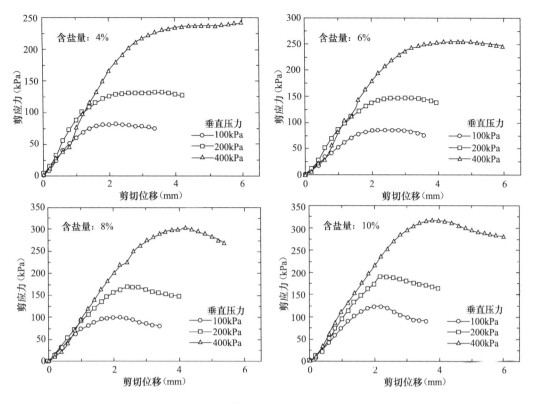

图 2-24　海砂的剪切应力—剪切位移关系（二）

海砂的剪切强度与含盐量的关系如图 2-25 所示。当含盐量大于 4％，抗剪强度随含盐量的增加而增大。当含盐量小于 4％，试样含水量为 12％时，土中氯化钠盐分大部分溶于水中，呈溶液状态，因此对试样抗剪强度的影响不大；当含盐量大于 4％时，氯化钠含量超过盐在水中的溶解度，氯化钠以晶体的形式存在于土中，成为土骨架的一部分，对土颗粒起胶结作用，随含盐量增大，胶结作用越明显，抗剪强度越大。

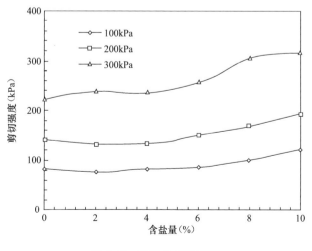

图 2-25　海砂的剪切强度

海砂的剪切强度与正应力之比随含盐量的变化如图 2-26 所示，剪切强度与正应力之比等于内摩擦角的正切值。含盐量小于 4％，海砂的内摩擦角基本不变；含盐量大于 4％，海砂的内摩擦角随含盐量增加而增加。含盐量小于 4％时，盐溶解于孔隙水中，即使有部分盐结晶，但结晶量少，不足以影响海砂的内摩擦角；含盐量大于 4％时，盐结晶成固体颗粒，充填在海砂的孔隙中，增加海砂的密实度，引起内摩擦角增加。

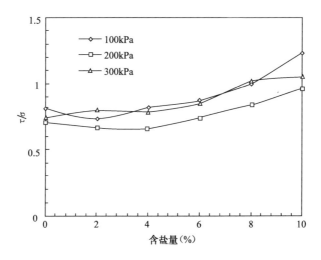

图 2-26　应力比随含盐量的变化

2.6　海砂的强度机理

不同含盐量的海砂的剪切强度与正应力之比随含盐量变化如图 2-27 所示，剪切强度与正应力之比等于内摩擦角的正切值，剪切强度与正应力拟合直线在剪切应力轴上的截距等于黏聚力，由此得到海砂的内摩擦角和黏聚力。图 2-27（a）是人工配制的启东海砂的剪切强度与含盐量的关系，试样的干密度为 1.4g/cm³，含盐量（S）分别为 0、2％、4％、6％、8％和 10％，试样初始含水量为 12％，随着含盐量增加，海砂的剪切强度增加。图 2-27（b）中是人工配制的启东海砂的剪切强度与含水量的关系，试样的干密度为 1.4g/cm³，试样含盐量为 4％，含水量分别为 8.6％、10％、12％、14％和 16％，随着含水量增加，海砂的剪切强度减小。

图 2-28 是由淮安黏土配制的盐渍土，干密度为 1.6g/cm³，含水量为 16％，含盐量分别为 0、2％、4％、6％、8％和 10％。随着含盐量增加，盐渍土的剪切强度增加，剪切强度增加主要反映在黏聚力上，内摩擦角基本不变（图中直线斜率基本不变，表明内摩擦角不变）。

盐渍土的内摩擦角和黏聚力与盐离子浓度的关系如图 2-29 所示，溶液浓度达到 6mol/kg，NaCl 开始结晶，将含盐量转换成盐离子浓度表示。图 2-29（a）是海砂的内摩擦角和黏聚

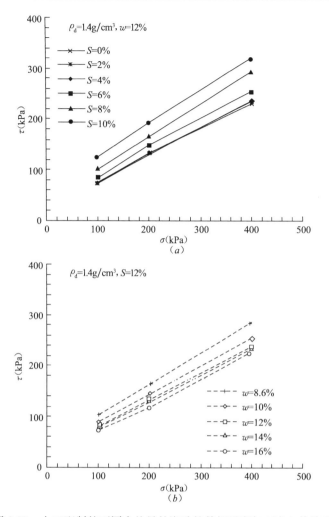

图 2-27　人工配制的不同含盐量的海砂的剪切强度与正应力的关系

（*a*）随含盐量变化；（*b*）随含水量变化

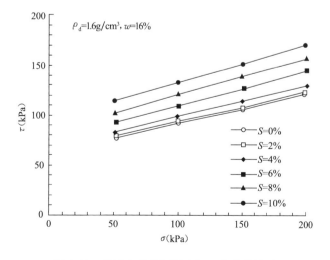

图 2-28　盐渍土的剪切强度与正应力的关系

力与盐离子浓度的关系。含水量为12%的盐渍土，盐离子浓度小于6mol/kg，内摩擦角和黏聚力基本不变；盐离子浓度大于6mol/kg，盐渍土的内摩擦角和黏聚力随含盐量增加而增加。盐离子浓度小于6mol/kg，盐溶解于孔隙水中，即使有部分盐结晶，但结晶量少，不足以影响盐渍土的内摩擦角和黏聚力；盐离子浓度大于6mol/kg时，结晶盐与土粒共混，易溶盐结晶成聚集状态，盐渍土的黏聚力增加，固体盐粒充填在盐渍土的孔隙中，盐渍土的密实度增加，引起内摩擦角增加。含盐量为4%的盐渍土，盐离子浓度小于6mol/kg，内摩擦角基本不变化；盐离子浓度大于6mol/kg，内摩擦角随盐离子浓度增加而增加。盐离子浓度为4%的盐渍土的黏聚力随盐离子浓度增加而增加，由于4%含盐量的盐渍土的含水量是变化的，基质吸力变化，黏聚力变化与基质吸力有关。图2-29（b）是黏土盐渍土，盐离子浓度小于6mol/kg，内摩擦角基本不变化；盐离子浓度大于6mol/kg，内摩擦角随盐离子浓度增加而增加。黏聚力随盐离子浓度而增加，盐离子浓度大于6mol/kg，黏聚力随盐离子浓度增加的幅度增加。海砂和黏土盐渍土的内摩擦角随盐离子浓度的变化规律是相同的，内摩擦角在盐结晶后才开始增加，内摩擦角增加的原因是盐渍土的密实度增加和盐结晶胶结作用。海砂的黏聚力随盐离子浓度的变化规律与黏土盐渍土的不同，盐离子浓度对海砂的黏聚力影响不大，盐结晶后，起到胶结、充填作用，黏聚力增加；黏土盐渍土的黏聚力随盐离子浓度增加而增加，盐结晶后，黏聚力增加幅度大。

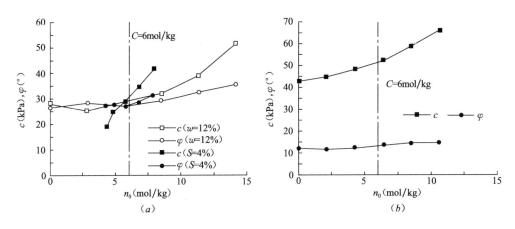

图 2-29　盐渍土的黏聚力和内摩擦角与盐离子浓度的关系
(a) 海砂；(b) 黏土

2.6.1　非饱和土的强度理论

海砂和黏土盐渍土的剪切强度参数与溶质吸力的关系如图2-30所示，图中溶质吸力根据式（2-9）计算。从图2-30中看出，盐渍土的剪切强度参数与溶质吸力没有明显的关系，盐离子浓度达到6mol/kg，溶质吸力不变，但黏聚力仍增加，黏聚力增加的原因是盐结晶与土粒的胶结和充填作用引起的。溶质吸力不能作为表示剪切强度参数的变量。

非饱和土的基质吸力是表示剪切强度的应力状态变量，非饱和土的黏聚力表示为：

$$c = c_0 + s\tan\varphi^{\mathrm{b}} \tag{2-20}$$

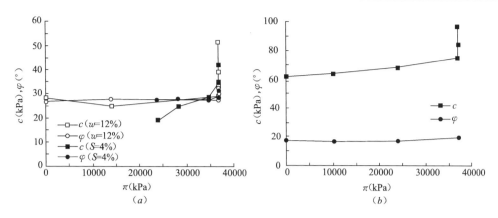

图 2-30　溶质吸力对盐渍土强度的影响

(a) 海砂；(b) 黏土

式中，c_0 是饱和土的黏聚力，s 是基质吸力，φ^b 是反映剪切强度随基质吸力变化幅度的参数，随基质吸力增加而减小，吸力小于进气值时，$\varphi^b = \varphi$。对于海砂，$c_0 = 0$，$\varphi^b = \varphi = 30°$。不同含水量对应的基质吸力由土水特征曲线确定，图 2-31 是海砂和黏土的土水特征曲线，由图 2-31 得到海砂的进气值（s_e）为 2.4kPa。根据图 2-31 可以得到海砂不同含水量对应的吸力值，由此得到黏聚力与吸力的关系，如图 2-32 所示。海砂的黏聚力与吸力的关系与普通非饱和土相同，随基质吸力增加，黏聚力增加。由式（2-20）计算得到的黏聚力表示在图 2-32 中为实线，基质吸力可以用来表示黏聚力，但对于盐结晶状态而言，由基质吸力计算得到的黏聚力在数量上比盐渍土黏聚力的试验结果小。

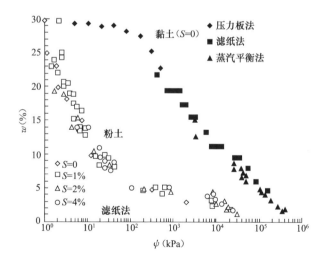

图 2-31　盐渍土的土水特征曲线

溶质吸力是盐溶液与纯水之间的势能差，如图 2-33 所示。盐溶液的溶质吸力在土体内产生应力，称为溶质吸力应力，溶质吸力应力表示为（Xu et al.，2014）：

$$p_\pi = \pi \left(\frac{p}{\pi} \right)^\beta \tag{2-21}$$

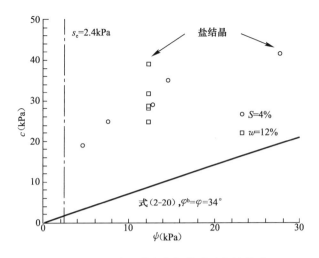

图 2-32 盐渍土黏聚力与基质吸力的关系

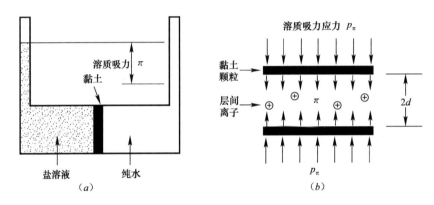

图 2-33 溶质吸力应力示意图

(a) 溶质吸力；(b) 溶质吸力应力

式中，β 是与黏土表面特征有关的参数。因此，盐渍土中基质吸力和溶质吸力产生的有效应力为：

$$\sigma' = \chi s + \zeta \pi \tag{2-22}$$

式中，$\chi = (s/s_e)^\alpha$，$\zeta = (p/\pi)^\beta$。

海砂剪切强度的吸力项根据 Mohr-Coulomb 准则用有效应力表示（Xu，2004）：

$$c = c_0 + (\chi s + \zeta \pi)\tan\varphi \tag{2-23}$$

式中，$(\chi s + \zeta \pi)$ 是有效应力，s_e 是进气值。对于海砂，$\alpha = -0.5$，$\beta = 1.0$。用有效应力表示的黏聚力如图 2-34 所示，图中实线是盐渍土黏聚力的计算结果。根据有效吸力计算的盐渍土黏聚力与试验结果基本一致，溶质吸力对剪切强度的影响相当于增加了黏聚力。

2.6.2 双电层理论

海砂颗粒一般带有负电，异性电荷相吸作用使阳离子集中在胶体表面及附近，形成双电层。离子浓度越大，扩散层厚度越小，双电层越薄，吸力越大。溶解于水中的盐离子与

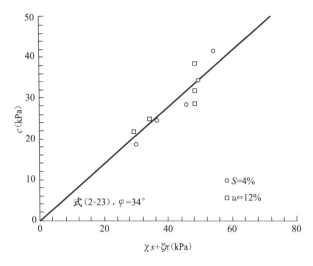

图 2-34　有效应力与黏聚力的关系

水和土粒构成土—水—电解质系统，盐离子发生水化，形成水化膜。含水量和含盐量直接影响砂粒周围的水化膜厚度，即扩散层厚度。扩散层厚度增加削弱土粒间的吸力，降低剪切强度。扩散层厚度与盐离子浓度的关系为（Mitchell 和 Soga，2005）：

$$d = \left(\frac{\varepsilon_0 DkT}{2n_0 e^2 v^2}\right)^{1/2} \quad (2-24)$$

式中，d 为扩散层的厚度，ε_0 是真空介电常数，$8.8542 \times 10^{-12} \mathrm{C}^2/(\mathrm{J \cdot m})$，$n_0$ 为孔隙水溶液的离子浓度，D 为介电常数，k 为 Boltzmoann 常数，T 为温度，e 单位电子电荷，$1.602 \times 10^{-19}\mathrm{C}$，$v$ 为离子价。黏聚力主要来自于土粒间的吸引力，与砂粒间的吸引力成正比。砂粒间的吸引力表示为：

$$F_a \propto \frac{Ak}{d^3} \text{（Casimir—Polder 理论）} \quad (2-25a)$$

$$F_a \propto \frac{Bk'}{d^4} \text{（Lifshitz 理论）} \quad (2-25b)$$

根据 Casimir-Polder 理论和 Lifshitz 理论，黏聚力与离子浓度的相关关系为：

$$c \propto F_a \propto \frac{Ak}{d^3} \propto n_0^{3/2} \text{（Casimir—Polder 理论）} \quad (2-26a)$$

$$c \propto F_a \propto \frac{Ak}{d^3} \propto n_0^2 \text{（Lifshitz 理论）} \quad (2-26b)$$

黏聚力按 Casimir-Polder 理论和 Lifshitz 理论整理，如图 2-35 所示，横坐标用盐离子浓度的函数，即 n_0^2 和 $n_0^{3/2}$，纵坐标为黏聚力。图 2-35（a）中试验数据表明，海砂黏聚力的试验结果与 Casimir-Polder 理论和 Lifshitz 理论结果有差别，说明海砂的剪切强度机理与双电层理论有区别，海砂的剪切强度主要是以盐结晶胶结为主。从图 2-35（b）中看出，含盐黏土的剪切强度的试验结果与 Lifshitz 理论的计算结果一致，说明黏土的剪切强度增加机理以双电层为主。

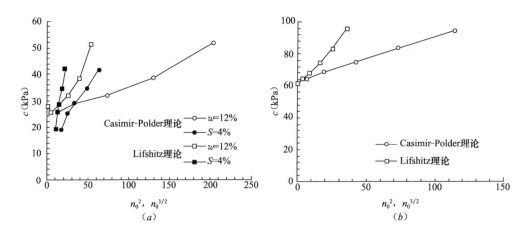

图 2-35　黏聚力与离子浓度的相关关系

（a）粉土；（b）黏土

第3章 海砂的动力特性

路基填土在行车振动荷载作用下，强度和变形都会受到影响，表现出与静荷载作用下不同的特性，振动荷载的速率效应和循环效应引起强度与变形产生显著差异。振动荷载作用下的应力—应变关系是表征动力性质的基本关系，也是分析动力失稳过程的依据。动应力—应变关系表现出非线性、滞后性和变形积累等特征。骨干曲线表示最大剪应力与最大剪应变间的关系，反映了动应力—应变的非线性；滞回曲线表示某一应力循环内各时刻剪应力与剪应变间的关系，反映了应变与应力的滞后性。骨干曲线与滞回曲线共同反映了海砂的应力—应变全过程。

3.1 动三轴试验

3.1.1 动三轴试验应力状态

在振动三轴试验中，常用 σ_1 和 σ_3 及其变化表示：地震前的固结应力为 σ_{1c} 和 σ_{3c}，地震时的应力为 σ_{1e} 和 σ_{3e}。对于水平地面，由于地震作用以水平剪切波的形式向上传播，故在任一深度 z 的水平面上，地震前的应力为 $\sigma_c = \sigma_0 = \gamma z = 0$；地震时，应力为 $\sigma_c = \sigma_0$，$\tau_e = \pm \tau_d$，这种应力状态在动三轴试验中可以通过均等固结时 45° 面上的应力来模拟，即当 $\sigma_{1c} = \sigma_{3c} = \sigma_0$ 时，45° 面上的法向应力 $\sigma_e = \sigma_0$，切向应力 $\tau_e = 0$；地震作用时，$\sigma_{1e} = \sigma_{1c} \pm \sigma_d/2$，$\sigma_{3e} = \sigma_{3c} \mp \sigma_d/2$，45° 面上的法向应力 $\sigma_e = \sigma_0$，切向应力 $\tau_e = \tau_d = \pm \sigma_d/2$。这种应力状态的变化可以直接用双向激振三轴试验模拟，但在研究实际应力和变形问题时，常使用单向激振三轴仪，代之以等效的外加应力状态，即 $\sigma_{1e} = \sigma_{1c} \pm \sigma_d/2$，$\sigma_{3e} = \sigma_{3c}$，和一个均等应力 $\pm \sigma_d/2$。此时，45° 面上的最终应力状态仍为 $\sigma_e = \sigma_0$，$\tau_e = \tau_d \pm \sigma_d/2$。同时，由于未直接施加均等应力 $\pm \sigma_d/2$，不会改变土的强度和变形，与双向激振三轴试验的结果等价。对于倾斜地面，由于地震作用以水平剪切波的形式向上传播，故在任一深度 z 的水平面上，地震前的应力为 $\sigma_c = \sigma_0 = \gamma z$，$\tau_c = \tau_0$；地震时的应力为 $\sigma_c = \sigma_0$，$\tau_c = \tau_0 \pm \tau_d$，这种应力状态在动三轴试验中也可以通过均等固结时 45° 面上的应力模拟，即当 $\sigma_{1c} > \sigma_{3c}$，$\sigma_0 = (\sigma_{1c} + \sigma_{3c})/2$ 时，在 45° 面上法向应力 $\sigma_c = \sigma_0$，切向应力 $\tau_c = \tau_0 = (\sigma_{1c} - \sigma_{3c})/2$；地震作用时，$\sigma_{1e} = \sigma_{1c} \pm \sigma_d/2$，45° 面上的法向应力 $\sigma_c = \sigma_0$，切向应力 $\tau_e = \tau_d \pm \sigma_d/2$。这种应力状态也可以通过双向激振三轴仪实现。同样，类似于水平面情况，可以采用单向激振三轴试验模拟，但需要偏压固结，即当 $\sigma_{1c} > \sigma_{3c}$ 和 $\upsilon_0 =$

$(\sigma_{1c}+\sigma_{3c})/2$。此时，在 45° 面上法向应力 $\sigma_c=\sigma_0$，切向应力 $\tau_c=\tau_0=(\sigma_{1c}-\sigma_{3c})/2$；地震作用时，外加应力为 $\sigma_{3e}=\sigma_{3c}$，施加的均等应力为 $\pm\sigma_d/2$，45° 面上的最终应力仍为 $\sigma_e=\sigma_0$，$\tau_e=\tau_{d=}\pm\sigma_d/2$。对于动三轴试验，直接对试样施加轴向动应力，认为在 45° 面上间接施加动剪应力。当施加轴向动应力 $\pm\sigma_d$ 时，则在 45° 面上产生 $\pm\sigma_d/2$ 的动剪应力，但每一周循环荷载中大主应力方向旋转 90°。

3.1.2 非饱和土的动三轴仪

非饱和土动三轴试验的基本原理与饱和土的动三轴试验一致，特别是振动时试样所受的应力状态是一致的。不同之处在于：在固结和振动过程中保持试样的非饱和状态。与饱和土动三轴试验仪相比，非饱和土动三轴试验仪主要是在试样底座上装有陶土板，取代透水石，在试样帽上增加了向试样施加气压的进气管，控制或量测试样的吸力。陶土板采用高岭土烧制而成，具有许多均匀的小孔。当这些小孔被水饱和后，阻止空气通过，水能通过陶土板，饱和的陶土板起到隔离水和气的作用。

通过试样帽上的进气管，向试样内部加气压，实现轴平移技术。尤其是在非饱和土的吸力很大的情况下，若不向试样内部加气压，试样的负孔隙水压值很大，易发生"气蚀"现象，即试样中空气会通过陶土板进入孔压传感器，导致试样的吸力量测或控制不准。因此，采用轴平移技术，同时提高孔隙气压力 u_a 和孔隙水压力 u_w，保持吸力（$s=u_a-u_w$）不变。

动三轴试验采用美国 GCTS 公司生产的 USTX—2000 非饱和土/饱和土动静三轴试验仪，是气动式振动三轴仪器，分为应力控制和应变控制两种加载方式。试样底座上设置有一块进气值为 300kPa 的陶土板，可使试样的孔隙气压和孔隙水压分别控制或量测。陶土板下面连有测孔隙水压的传感器，孔隙气压通过试样顶帽向试样施加。试验过程中，采用轴平移技术，通过试样帽上的进气管向试样施加气体压力。通过 CATS 软件控制试验过程，并记录数据，采用应力控制的动荷载加载方式。值得一提的是，当压力室充满水，轴向杆上下运动时，有可能导致试样受到额外的循环围压。因此，压力室中加水至淹没试样，不需加满，从压力室顶部施加气体围压，有效减小轴向杆上下运动对围压的影响。

3.1.3 试验方法

1. 制样

采用动三轴试验测定动应力—应变关系、动模量和阻尼比。试样制备、固结完成后，在不排水条件下施加动荷载，记录试样在每一级动荷载作用下动应力与轴向应变的关系，并绘制出每一圈的滞回曲线。《土工试验规程》规定：对于动弹性模量和阻尼比的测量，同一干密度的试样，在同一个固结围压下，应进行 1~3 个不同围压的试验；在每个固结围压下，宜用 3~4 个试样，改变 5~6 级动应力；每级围压下动应力的作用振次不宜大于 5 次。

理论上讲，在动三轴试验中要求采用独立试样在不同固结围压下逐级施加动荷载。采用多个试样单级加载与采用一个试样分级加载试验得到的初始骨干曲线、动剪切模量与阻尼比基本一致。因此，采用一个试样分级加载测定动剪切模量与阻尼比。

动三轴试验的试样均采用直径 $d=50mm$、高度 $h=100mm$ 的圆柱样，含水量分别为 5%、10% 和 20%，孔隙比 $e_0=1.0$。采用不排水固结，在各向等压条件下的振动三轴试验中，固结围压分别为 50kPa、100kPa、200kPa 和 400kPa；固结比分别为 1.0、1.5 和 2.0。试样固结完成后，逐级施加正弦波形的动荷载，在每级动荷载作用下振动 5 次。

2. 装样

试样制备好后，测量、记录其质量、直径和高度。量测直径时，分上、中、下三个位置量测，取平均值；高度量测也是取三个位置的平均值。将橡皮膜套在承膜筒内，用洗耳球将橡皮膜与筒壁间的空气吸出，使橡皮膜与筒壁紧贴。然后用带橡皮膜的承膜筒套住试样，松开洗耳球使空气进入，橡皮膜就会紧紧贴住试样。将带承膜筒的试样移至动三轴仪底座上，对齐底座，慢慢把橡皮膜套在底座上，并用橡皮筋拴住；取出承膜筒，放下试样帽，对齐试样并连接，同样采用橡皮筋进行连接。最后，把轴向活塞杆用螺栓固定，避免轴向活塞杆对试样的预压。

3. 压力室安装

试样装好后，把压力室装上，接着向压力室中注水。将压力室移至正对加载器的下端，使加载器与活塞杆对齐接触，拧紧连接螺栓，施加接触压力 1kPa。

4. 固结

压力室装好后，连接好试验装置，对试样进行排气不排水固结。在变形特性试验中，固结围压分别为 50kPa、100kPa、200kPa 和 400kPa；在动强度特性试验中，固结围压分别为 100kPa、200kPa 和 300kPa。根据《土工试验规程》SL 237—1999 砂土试样等向固结时，关闭排水阀后 5min 内孔隙压力不上升，轴向变形不大于 0.005mm。固结时间一般约 3h。

5. 振动

固结完成后，对试样进行振动试验。先将轴向位移清零，施加动应力 σ_d，设定振次或者应变破坏标准。在动变形试验中，一般对一个试样从小到大设定约 6～8 级振动荷载，每级荷载下振动 5 次，取第三次试验数据进行计算；在动强度试验中，根据剪应力比 $\sigma_d/2\sigma_c$ 和围压来确定加载的动应力，设定破坏动应变 ε_d 为 5%。

6. 数据处理

振动结束后，通过 CATS 软件记录，提取所需的试验数据，例如时间、振次、偏压力、固结围压、气压、轴向应变、孔隙水压、有效平均应力等。画出动应力—应变滞回曲线图、孔压发展图、有效应力途径图等。整个试验过程如图 3-1 所示。

图 3-1　填土动三轴试验过程

(*a*) 制样；(*b*) 套橡皮膜；(*c*) 装样；(*d*) 加围压；(*e*) 加动载；(*f*) 破坏试样

3.2　海砂的动应变

试验材料的粒径曲线如图 3-2 所示。海砂的物理力学指标列于表 3-1。

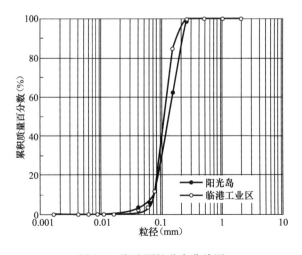

图 3-2　海砂颗粒分布曲线图

取土位置	阳光岛	临港工业区
特征	含草根等杂物	不含草根等杂物
天然含水率（%）	4.04	9.74
比重	2.698	2.672
最大干密度（g/cm³）		1.76
最优含水量（%）		8.3

海砂的物理力学指标　　　　　　　　　　　　　　　　　　　表 3-1

3.2.1　动应力—应变关系

海砂的动应力—应变关系是表征海砂的动力特性的基本关系，也是研究土体失稳过程的重要基础。在周期动荷载作用下的动应力—应变关系有三个基本特点：非线性、滞后性和应变累积特性。

施加周期作用的循环动应力，在动应力较小时，可以得到如图 3-3 所示的曲线，即一个加载、卸载、再加载周期内的动应力—应变关系曲线，是一个以坐标原点为中心、封闭且上下基本对称的滞回圈，称为滞回曲线；将不同动应力周期作用的最大动应力 $\pm\sigma_d$ 和最大剪应变 $\pm\varepsilon_d$，即动应力—应变滞回圈顶点绘出，得到一条增长曲线，称为骨干曲线。骨干曲线反映了动应力—应变关系的非线性，滞回曲线反映了动应变相对于动应力的滞后性。骨干曲线表示了不同动应力循环内最大动应力与最大动应变之间的关系；滞回曲线表示了某个应力循环内各时刻动应力 σ_d 与动应变 ε_d 间的关系。当荷载大于一定程度后，在卸荷时产生残余变形，即荷载为零而变形回不到零，称之为"滞后"现象。经过一个荷载循环，荷载位移曲线就形成了一个环，称为滞回环。滞回曲线的物理意义反映海砂的振动特性，滞回曲线中加荷阶段荷载—位移曲线下所包围的面积反映海砂吸收能量的大小；卸荷曲线与加载曲线所包围的面积即为耗散的能量。当动应力较大时，塑性变形的出现使得滞回曲线不再封闭或者对称，滞回曲线的中心点逐渐向动应变增大的方向移动，显示出应变累积的特性。试验中在每级动荷载下振动 5 次，取第三次的动应力和动应变绘制骨干曲线和滞回曲线。

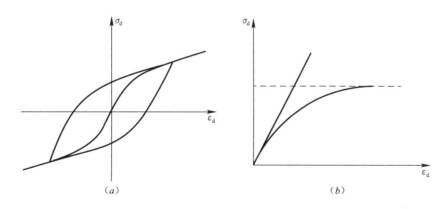

图 3-3　滞回曲线与骨干曲线

（a）滞回曲线；（b）骨干曲线

对一个试样从小到大设定约 7 级振动荷载，25kPa、50kPa、75kPa、100kPa、125kPa、150kPa 和 175kPa；每级荷载下振动 5 次，振动荷载为 100kPa 的滞回环如图 3-4 所示。海砂前两次的滞回环不重合，经过两次循环后，第三次、第四次和第五次滞回环基本重合。所以，以第三次滞回环来确定骨干曲线。

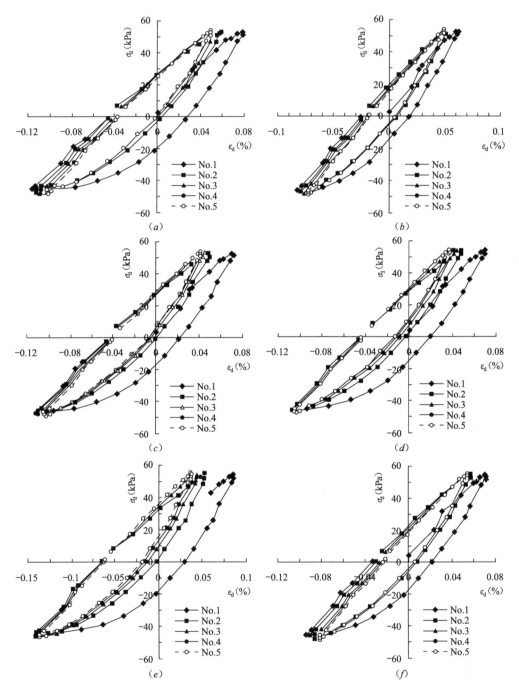

图 3-4　振动荷载 100kPa 下的"滞回环"（一）

（a）$S_r=10\%$；（b）$S_r=20\%$；（c）$S_r=30\%$；（d）$S_r=40\%$；（e）$S_r=50\%$；（f）$S_r=60\%$；

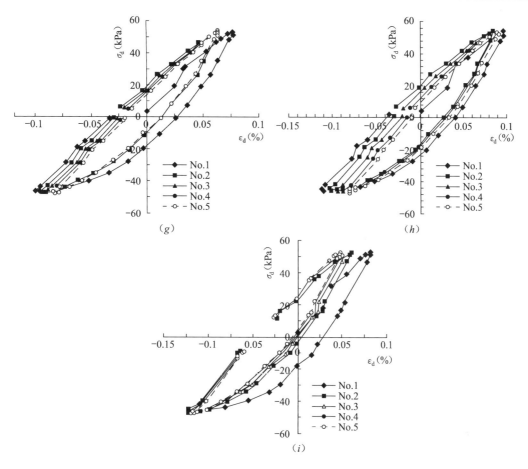

图 3-4　振动荷载 100kPa 下的"滞回环"（二）

（g）$S_r = 70\%$；（h）$S_r = 80\%$；（i）$S_r = 100\%$

不同饱和度海砂的第五次循环的滞回环如图 3-5 所示。随着循环动荷载增加，海砂的塑性动应变增加；随着饱和度增加，海砂的塑性动应变明显变化，如图 3-6 所示。相同动

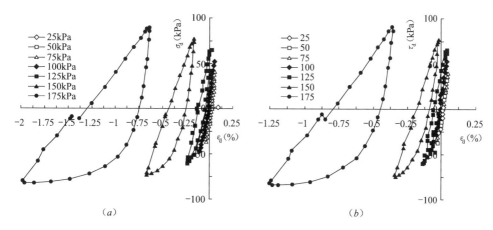

图 3-5　不同饱和度海砂的"滞回环"（一）

（a）$S_r = 10\%$；（b）$S_r = 20\%$；

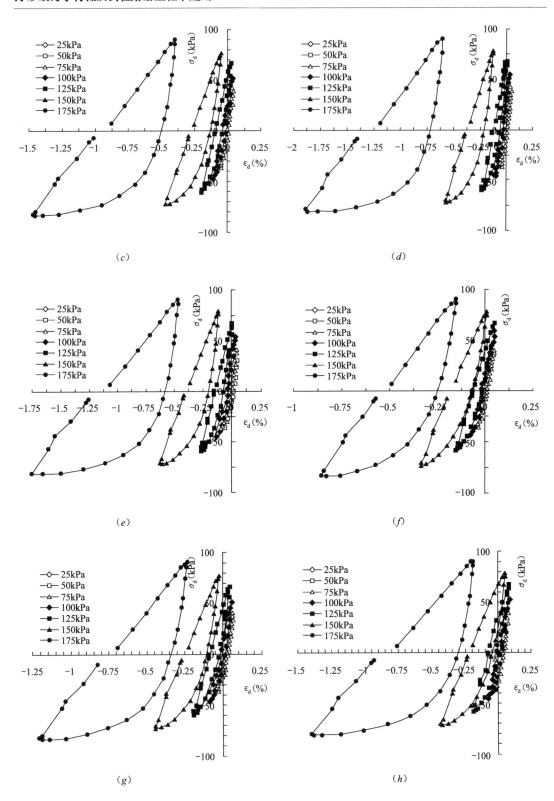

图 3-5 不同饱和度海砂的"滞回环"(二)

(c) $S_r = 30\%$; (d) $S_r = 40\%$; (e) $S_r = 50\%$; (f) $S_r = 60\%$; (g) $S_r = 70\%$; (h) $S_r = 80\%$;

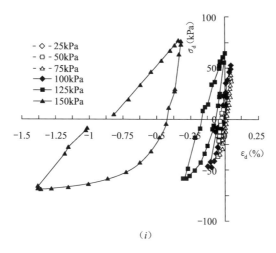

图 3-5　不同饱和度海砂的"滞回环"（三）

(i) $S_r = 100\%$

应力作用下，饱和试样的动应变比非饱和试样的动应变大，相对于高饱和度试样，低饱和度和饱和海砂的动应变大很多，这可能是非饱和土吸力的影响。

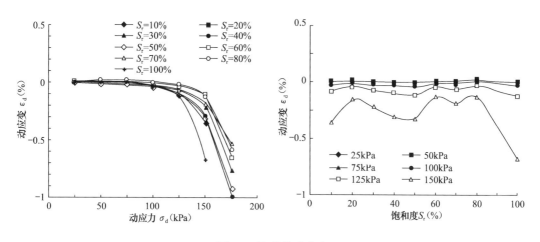

图 3-6　海砂的动应变

图 3-7 为不同饱和度海砂的动应力—动应变关系。饱和度对海砂试样的动应力—应变关系影响很大。同一动应变下的，饱和试样的动应力比非饱和海砂试样的动应力小，而且非饱和试样的动应力相差不大，这可能是由于饱和海砂试样中吸力值 s 为 0，非饱和海砂试样中存在吸力。

3.2.2　动弹模量

在振动三轴试验中，把每一周期的波形按照同一时刻的轴向动应力 σ_d 值和轴向动应变 ε_d 值对应地描绘到 σ_d-ε_d 坐标上，得到动应力—动应变滞回曲线。根据土动力学的定义，动弹性模量 E_d 定义为动应力—动应变滞回曲线的斜率。

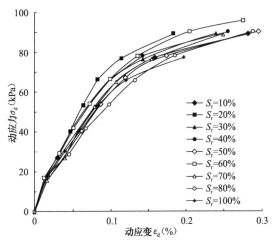

图 3-7 海砂的动应力—动应变关系

$$E_d = \frac{\sigma_{d1} - \sigma_{d2}}{\varepsilon_{d1} - \varepsilon_{d2}} \qquad (3-1)$$

式中，σ_{d1} 和 σ_{d2} 分别为正和负最大动应力；ε_{d1} 和 ε_{d2} 分别为正和负最大动应变，即动弹性模量就是滞回曲线两端点（σ_{d1}，ε_{d1}）、（σ_{d2}，ε_{d2}）间连线的斜率。

图 3-8 为饱和度对海砂动弹性模量的影响。动弹性模量随动应变的增加而减小，随饱和度变化显著。饱和海砂试样的动弹性模量比非饱和海砂试样的要小，且在相同动应变条件下非饱和试样的动弹性模量相差不大。

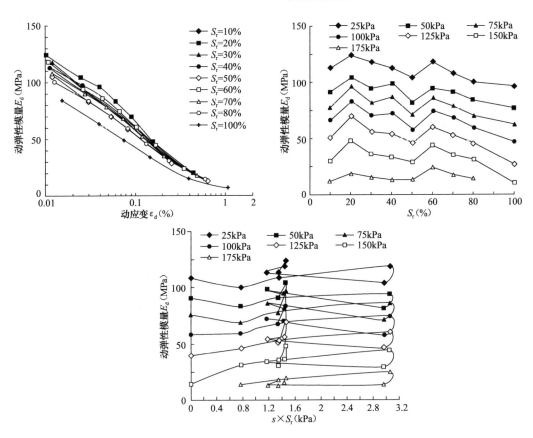

图 3-8 海砂的动弹模量

非饱和土的平均骨架应力能很好地表示非饱和土的强度和变形特性，定义为：

$$\sigma' = \sigma_n + S_r s \qquad (3-2)$$

式中，σ_n 为净应力（即总应力减去孔隙气压），S_r 为饱和度，s 为吸力，即 $s = u_a - u_w$，u_w 为孔隙水压，u_a 为孔隙气压。不同饱和度的海砂，$S_r \times s$ 值接近，即平均骨架应力值接近；

饱和试样的 $S_r \times s$ 值为零，非饱和土样的平均骨架应力值比饱和土的值略大。因此，非饱和海砂的动弹性模量接近，比饱和海砂的动弹性模量略大。

假定海砂的动应力—动应变关系满足 Hardin-Drnevich 双曲线型，$1/E_d$-ε_d 可以用直线关系表示，如图 3-9 所示。最大动弹性模量 E_0 为直线在纵坐标上的截距的倒数。

$$\sigma_d = \frac{\varepsilon_d}{a + b\varepsilon_d} \tag{3-3}$$

$$E_d = \frac{\sigma_d}{\varepsilon_d} = \frac{1}{a + b\varepsilon_d} \tag{3-4}$$

$$1/E_d = a + b\varepsilon_d \tag{3-5}$$

式中，E_d 为动弹性模量，ε_d 为动应变，a 和 b 为试验参数，分别为 $1/E_d$-ε_d 关系直线的截距和斜率，且 $E_0 = 1/a$。

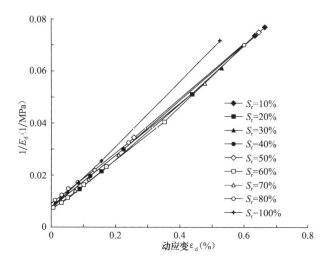

图 3-9 动弹性模与动应变的关系

3.2.3 阻尼比

阻尼比是反映了周期动荷载下的动应力—动应变关系的滞后特点，是由于海砂变形时内摩擦作用消耗能量造成的。通过动应力—动应变滞回曲线图求阻尼比为：

$$D = \frac{A}{\pi A_T} \tag{3-6}$$

式中，D 为阻尼比，A 为图 3-11 中滞回曲线 AECDA 的面积，A_T 为图 3-11 中直角三角形 ABC 的面积。

图 3-10 表示了海砂的阻尼比与动应变的关系。非饱和和饱和海砂的阻尼比随应变增大而增大，这种趋势在较小动应变情况下更明显，随着动应变增大，阻尼比并非是无限增大，而是逐渐趋近某个值，海砂的最大阻尼比为 0.25~0.30。饱和度对阻尼比与动应变的关系的影响没有固结围压的影响大。在相同净围压条件下，非饱和海砂试样的阻尼比数值接近，饱和海砂试样的阻尼比略大。

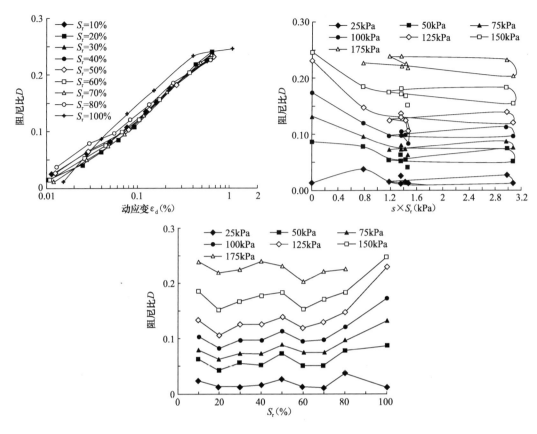

图 3-10 海砂的阻尼比

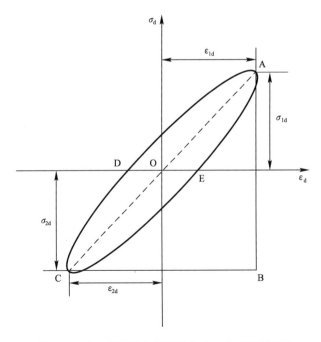

图 3-11 动三轴试验中典型的应力—应变滞回曲线

3.2.4　盐对海砂动力特性的影响

海砂洗盐前后的动应力—动应变关系如图 3-12 所示。洗盐对非饱和海砂的动应力—动应变关系的影响不明显，对饱和海砂的动应力—动应变关系的影响相对明显。

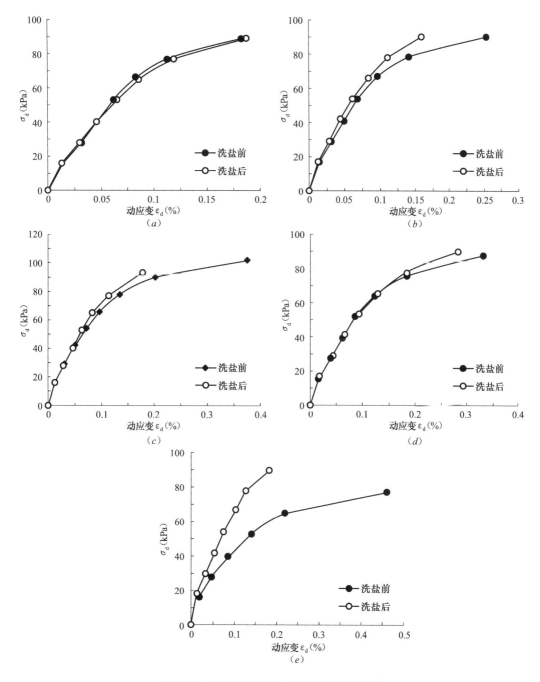

图 3-12　洗盐对动应力—动应变关系的影响

（a）$S_r=20\%$；（b）$S_r=40\%$；（c）$S_r=60\%$；（d）$S_r=80\%$；（e）$S_r=100\%$

海砂洗盐前后的动弹性模量变化如图 3-13 所示。海砂洗盐前后的动弹性模量变化不明显，但在 $S_r=40\%$ 和 $S_r=100\%$ 两种状态下，海砂洗盐前后的动弹性模量有差别。

海砂洗盐前后的阻尼比变化如图 3-14 所示。海砂洗盐前后的阻尼比变化不明显，在 $S_r=40\%$ 和 $S_r=100\%$ 两种状态下，海砂洗盐前后的阻尼比有差别。

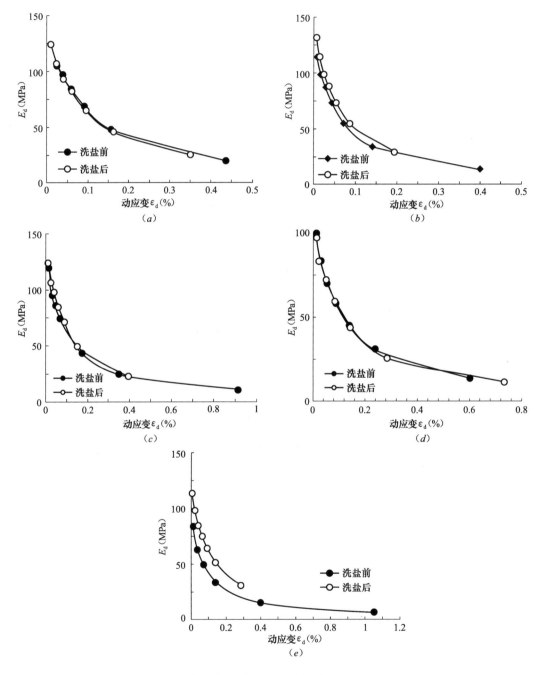

图 3-13　洗盐对动弹性模量的影响

(a) $S_r=20\%$；(b) $S_r=40\%$；(c) $S_r=60\%$；(d) $S_r=80\%$；(e) $S_r=100\%$

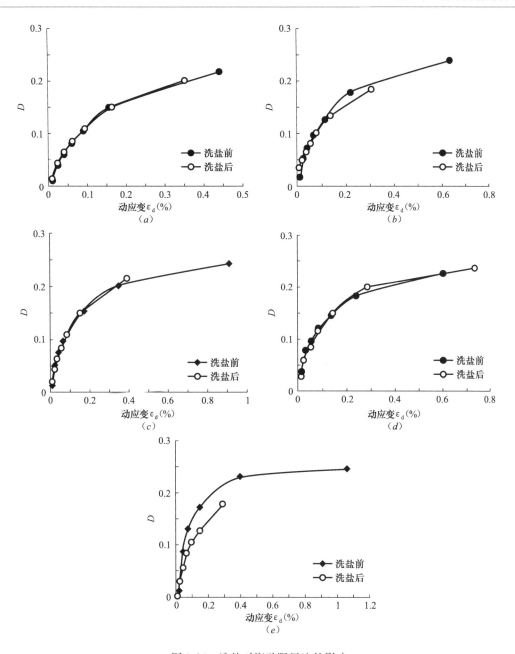

图 3-14　洗盐对海砂阻尼比的影响

(a) $S_r=20\%$; (b) $S_r=40\%$; (c) $S_r=60\%$; (d) $S_r=80\%$; (e) $S_r=100\%$

第4章 海砂的溶陷性

海砂含盐，具有盐渍土类似的工程性质。海砂工程性质主要是盐渍土的工程性质。盐渍土具有环境敏感性，在水分和温度变化的条件下，盐（尤其易溶性结晶盐）含量和相态发生变化导致海砂工程性质发生变化。海砂的含盐成分与海水一致，主要是氯盐。氯盐盐渍土的特点主要为：

（1）氯盐盐渍土由于含有较多的 Na^+，Na^+ 的水解半径大，水化能力强，在土粒周围形成较厚的水化薄膜，因此氯盐盐渍土具有较高的吸湿性和保水性。

（2）氯盐盐渍土湿化后由于结晶盐溶解而增加了孔隙，降低了密度，当含盐量超过 5%～8%时，密实度下降较显著。

（3）氯盐盐渍土的液、塑限随含盐量的增加而减少。由于氯盐使土的细粒分散部分起脱水作用，导致最佳含水量随含盐量的增加而降低。

（4）氯盐盐渍土在干燥状态的强度高于非盐渍土，潮湿状态的强度小。

（5）氯盐盐渍土盐分溶解和结晶，可能导致体积变化。

海砂属于氯盐盐渍土，具有以下工程特性：

（1）溶陷性。夏季降水，土的含水率增加，全部（或部分）盐颗粒溶解，盐颗粒原先占据的空间成为空穴，增加了土的孔隙率，土在自重或外力作用下产生溶陷；或盐颗粒原本在土中作为骨架颗粒，盐颗粒溶解后，土骨架的原始应力平衡被打破，土颗粒重新挤密排列，产生溶陷。溶陷量的大小取决于浸水程度、盐的含量与相态、土的结构、上覆荷载大小、持续时间等因素。溶陷变形包括两种：一是在静水条件下的溶陷变形，即土中的盐颗粒被溶解后，孔隙增多，受外力或自重作用，导致土的结构破坏，产生溶陷变形；二是潜蚀变形，即土中的细小盐颗粒被渗流带走而形成的潜蚀变形。

（2）盐胀性。氯化钠结晶是由于水分蒸发、盐溶液浓缩形成的，结晶过程中氯化钠吸水水合形成 $NaCl \cdot 2H_2O$，体积膨胀约 130%。蒸发使海砂中的水分散失，盐分结晶，引起盐胀。海砂颗粒细小，毛细水上升高度较大；春季蒸发作用使盐分随毛细水不断向表层积聚，加剧了表层土的盐胀程度。

（3）腐蚀性。海砂中含有较多的 Cl^- 和 SO_4^{2-}，对钢筋和混凝土产生一定的腐蚀。腐蚀作用分为化学腐蚀作用和物理结晶膨胀作用。化学腐蚀作用包括两方面：一方面，土中 Cl^- 透过混凝土孔隙到达钢筋处，对其腐蚀。钢筋锈蚀形成 Fe_2O_3，体积膨胀，使混凝土开裂；另一方面，SO_4^{2-} 和混凝土发生化学反应，形成带有结晶水的硫酸盐，体积膨胀，导致混凝土开裂。物理结晶膨胀作用是指盐渍土中的含盐地下水在毛细作用下从构筑物的潮湿一端进入构筑物，从暴露在大气中的另一端蒸发，水分蒸发后，在构筑体中形成了结晶盐，结晶作用对构筑物产生挤压破坏。现场调查证实，处于地下水位和地表水位季节变动带内的构筑物，因经常出现干湿交替，孔隙中的盐分反复结晶使构筑物受结晶膨胀破坏最为严重。

氯盐类、硫酸盐类和碳酸盐类易溶盐的基本工程性质列于表 4-1 中。海砂以氯盐为主，主要表现为溶陷性。

易溶盐的基本性质 表 4-1

盐类名称	工程性质
氯盐 （NaCl、KCl、CaCl$_2$、MgCl$_2$）	溶解度大，吸湿性明显，结晶时体积不发生变化，显著降低冰点
硫酸盐 （Na$_2$SO$_4$、MgSO$_4$、CaSO$_4$）	没有吸湿性，结晶时能吸收水分子；硫酸钠在 32.4℃ 以下的溶解度随温度增加而增加，32.4℃ 时溶解度最大，在 32.4℃ 以上溶解度下降。硫酸钠结晶结合 10 个水分子形成芒硝（Na$_2$SO$_4$·10H$_2$O），体积增大；硫酸镁结合 7 个水分子形成结晶水合物（MgSO$_4$·7H$_2$O），体积增大
碳酸盐 （Na$_2$CO$_3$、NaHCO$_3$）	水溶液的碱性反应明显，分散黏土颗粒，加快土的崩解

4.1 溶陷试验

海砂中盐类溶解后将会影响土体的物理力学性质，降低土的强度，产生路基溶陷。溶陷程度较大的海砂作路基时，必须采取防沉降措施。干燥条件下，海砂易失去水分，表面呈龟裂状，具有较好的硬度，但其内部相对松软，承载力较低，不容易压实。

海砂含水量增加，盐颗粒（或部分）被溶解，盐颗粒原先占据的空间在土中形成空穴，土在自重或外力作用下产生溶陷；或盐粒原本在土中作为骨架颗粒，盐颗粒被溶解后，土粒重新挤密排列，产生溶陷。溶陷变形包括两种：一是在静水条件下的溶陷变形，即盐颗粒被溶解后，孔隙增多，受外力或自重作用，导致土结构破坏，产生溶陷变形；二是潜蚀变形，即土中的细小盐颗粒被渗流带走形成潜蚀变形。

海砂的溶陷特性用溶陷系数表示，Jennings 和 Knight（1975）提出用双线法测量溶陷系数，即采用两个相同的原状盐渍试样，一个试样不加水保持初始含水量逐级加载作压缩试验，另一个在浸水溶液条件下逐级加载作压缩试验，两个试样在 200kPa 下的高度差与初始高度的百分比。根据双线法测得的溶陷系数对溶陷等级划分列于表 4-2 中。溶陷系数小于 1.5% 作为高速公路和一级公路路基填料的溶陷性控制要求。

溶陷等级划分（Jennings 和 Knight，1975） 表 4-2

溶陷系数（%）	0~1	1~5	5~10	10~20	>20
溶陷等级	不溶陷	弱溶陷	中等溶陷	强溶陷	超强溶陷

溶陷系数的测量方法有两种：单线法和双线法。单线法是在压力小于 200kPa 时，不加水保持初始含水量逐级加载压缩，待在 200kPa 压力下的压缩变形稳定后，加淡水至压缩变形达到稳定，再逐级加载至指定荷载。在 200kPa 压力下浸水前后试样的高度变化量

与初始高度的百分比即为溶陷系数。溶陷系数的表达式为：

$$\delta = \frac{\Delta h}{h_0} \times 100\%$$ (4-1)

式中，δ 是溶陷系数，Δh 是浸水与不浸水试样高度之差，h_0 是试样的初始高度。

海砂溶陷性试验采用固结仪进行，试验步骤如下：首先，在初始含水率条件下对各试样分别在不同竖向荷载下进行加载，竖向荷载分别为 50kPa、100Pa、200kPa、400kPa、800kPa。若 24h 内试样高度变化在 0.01mm 内，则认为试样压缩稳定。待试样压缩稳定后，维持竖向荷载不变，向固结仪内注入纯净水淹没试样，要确保纯净水量足够以溶解试样内的可溶盐。试样在遇水后会继续压缩直到稳定。记录注水前后试样稳定时的高度，计算出孔隙比和溶陷系数。每组试验所用时间约为 7d 左右。

4.2　启东海砂的溶陷性

海砂取自启东，海砂试样的溶陷试验结果如图 4-1 所示，对同样干密度和含水量的试样分别采用单线法和双线法进行溶陷试验。试样含水量基本不变，介于 10.2%～11.8%，干密度分别为 1.4g/cm³、1.5g/cm³ 和 1.6g/cm³，干密度大的试样，溶陷变形小。

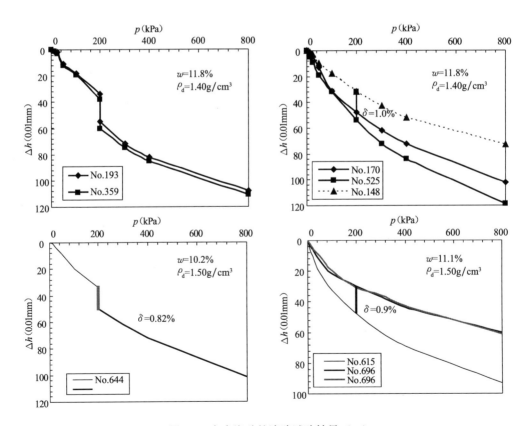

图 4-1　启东海砂的溶陷试验结果（一）

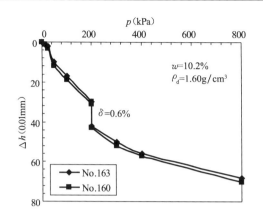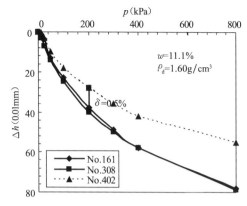

图 4-1　启东海砂的溶陷试验结果（二）

启东海砂的溶陷变形与干密度和含水量的关系如图 4-2 所示。溶陷变形随含水量增加而增加，随干密度增加而减小。

水泥固化海砂（启东）的溶陷试验结果如图 4-3 所示。水泥掺量为 4%，龄期分别为 6d、12d 和 27d，随着龄期增加，溶陷变形减小。

石灰固化海砂（启东）的溶陷试验结果如图 4-4 所示。石灰掺量为 5%，龄期分别为 8d、14d 和 26d。随着龄期增加，溶陷变形减小。

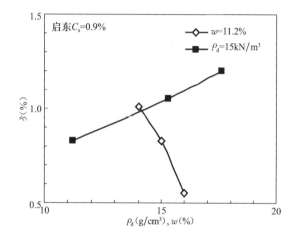

图 4-2　溶陷变形与干密度和含水量的关系

启东海砂掺 4% 水泥和 5% 石灰的溶陷变形与龄期的关系如图 4-5 所示。无论是水泥土，还是石灰土，固化海砂的溶陷性随龄期增加而减小。

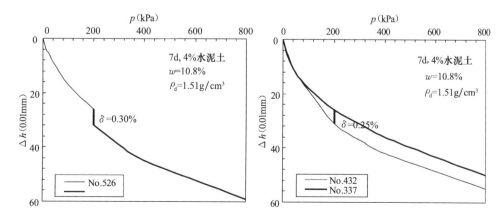

图 4-3　水泥固化海砂（启东）的溶陷试验结果（一）

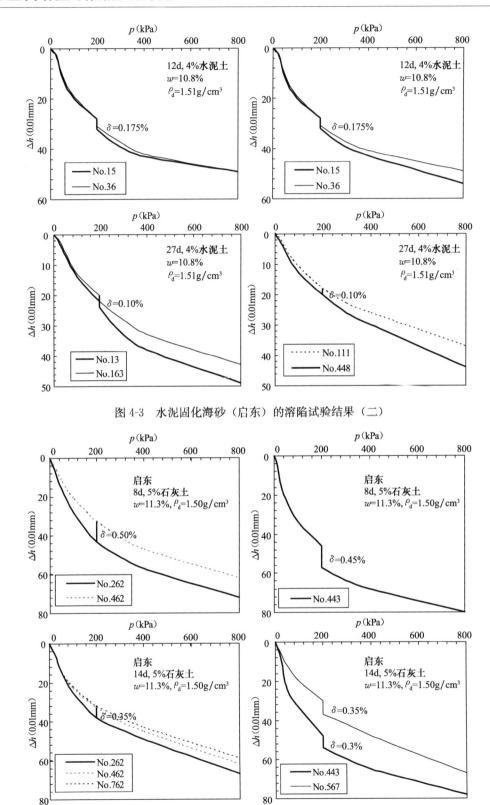

图 4-3 水泥固化海砂（启东）的溶陷试验结果（二）

图 4-4 石灰固化海砂（启东）的溶陷试验结果（一）

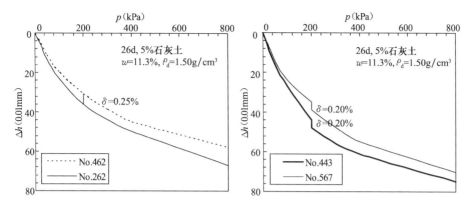

图 4-4　石灰固化海砂（启东）的溶陷试验结果（二）

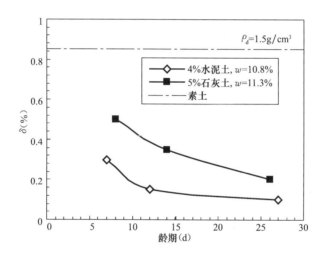

图 4-5　固化海砂（启东）的溶陷变形与龄期的关系

4.3　东台海砂的溶陷性

　　海砂取自东台，不同干密度海砂（东台）的溶陷率试验结果如图 4-6 所示，含水量为 15.3%，干密度分别为 1.4g/cm³、1.5g/cm³ 和 1.6g/cm³。随干密度增加，溶陷率减小。

　　不同含水量的海砂（东台）的溶陷试验如图 4-7 所示，含水量分别为 11.1%、15.3% 和 17.9%，干密度为 1.5g/cm³。随干含水量增加，溶陷率增加。

　　海砂的溶陷率与干密度和含水量的关系如图 4-8 所示。保持含水量为 15%，随干密度增加，溶陷率减小；保持干密度为 1.5g/cm³，随含水量减小，溶陷率增加。

　　不同龄期的水泥固化海砂的溶陷曲线如图 4-9 所示，水泥掺入量为 3%。水泥固化海砂的溶陷率比海砂的溶陷率有显著减小。

　　水泥固化海砂（东台）的溶陷率与龄期关系如图 4-10 所示，水泥掺入量为 3%。随龄期增加，水泥固化海砂的溶陷率减小。

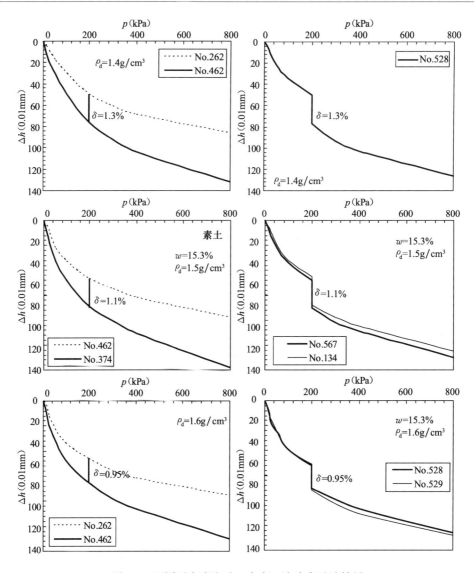

图 4-6 不同干密度海砂（东台）溶陷率试验结果

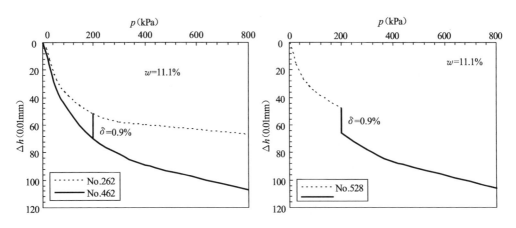

图 4-7 不同含水量的海砂（东台）的溶陷率试验结果（一）

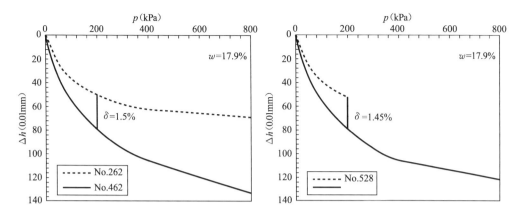

图 4-7 不同含水量的海砂（东台）的溶陷率试验结果（二）

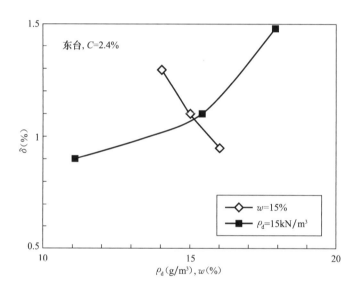

图 4-8 海砂（东台）的溶陷率与干密度和含水量的关系

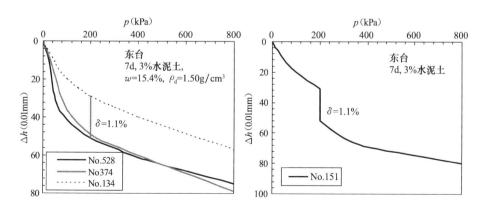

图 4-9 水泥固化海砂（东台）的溶陷试验结果（一）

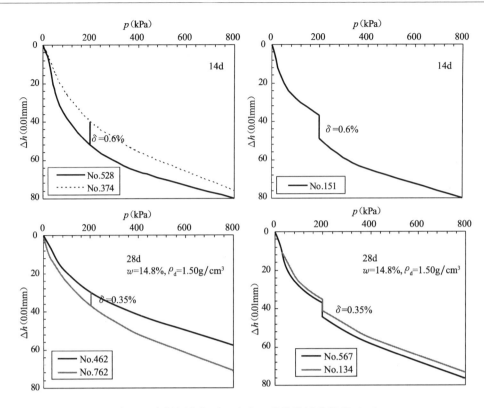

图 4-9　水泥固化海砂（东台）的溶陷试验结果（二）

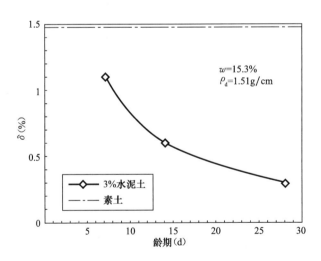

图 4-10　水泥海砂（东台）的溶陷率随龄期变化规律

　　石灰固化海砂的溶陷试验结果如图 4-11 所示。石灰土的龄期为 7d，干密度为 $1.5\mathrm{g/cm^3}$，含水在 15％左右。石灰对海砂溶陷性的减小没有水泥固化土的效果好。

　　石灰固化海砂的溶陷率与石灰含量的相关关系如图 4-12 所示，石灰土的龄期为 7d，干密度为 $1.5\mathrm{g/cm^3}$，含水在 15％左右。随着石灰含量增加，固化海砂的溶陷率减小。

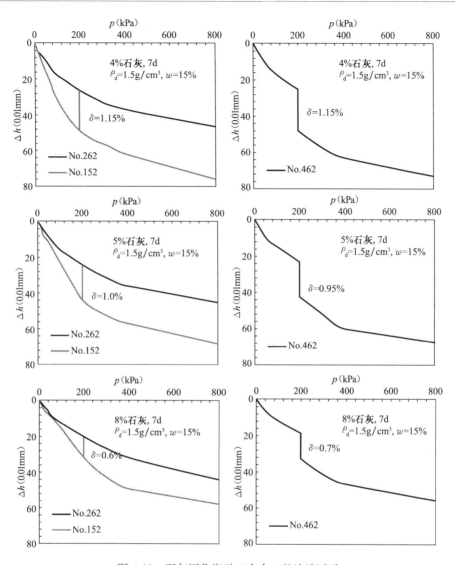

图 4-11　石灰固化海砂（东台）的溶陷试验

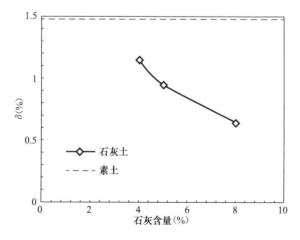

图 4-12　石灰固化海砂的溶陷率与石灰含量的关系

4.4　不同含盐量的海砂的溶陷性

不同含盐量的海砂溶陷试验被分为三组，含盐量分别为 0%、3% 和 6%，对应于非盐渍土、中盐渍土和强盐渍土，每组使用 5 个性质相同的试样，每个土试样在底面积为 30cm² 、高 2cm 的环刀内击实而成，初始含水率均控制在 $w_0 = 5\%$ 左右，初始孔隙比均控制在 $e_0 = 1.10$ 左右。

启东海砂的含盐量很低，都小于 1%，所以启东海砂的溶陷变形不能反映溶陷变形特性。为了全面研究海砂的溶陷变形特性，揭示含盐量对海砂的溶陷变形的影响，在室内人工配制中、强盐渍土，实验室内先对启东海砂洗盐，后按照指定含盐量配置。具体步骤为：

（1）按照比例称取一定量的 NaCl 分析纯试剂，充分溶解于蒸馏水中，制成不饱和盐溶液。

（2）将洗盐后的海砂放置于 105℃烘箱内 24h 烘干，取出后置于密封盒内冷却。

（3）将烘干后的海砂与盐溶液按指定比例充分混合成泥浆状，含水量控制在液限附近，以利于砂样与盐分充分搅拌、混合和交换吸附。混合好的砂样放置 7d 以上，使盐在砂样中充分交换，充分吸附。

（4）将砂样在自然状态下风干，砂样平铺在托盘内，并每间隔一段时间搅拌一次，以防析出的氯化钠产生表面积聚，确保盐在试样内均匀结晶与胶结。

（5）将风干后的砂样研磨，拌合均匀，再配置到指定含水量，放置于密封盒内约 7d 左右，让水分与土颗粒、盐分充分交换吸附。

将人工配制好的含盐砂制成试样，采用单线法在固结仪上进行溶陷变形试验。溶陷试验数据列于表 4-3 中。

人工配制含盐海砂的溶陷变形试验结果如图 4-13 所示，图 4-13 中用孔隙比表示溶陷变形，箭头表示各试样孔隙比随浸水的变化路径。在浸水溶陷前，砂样变形稳定时，含盐量为 6% 的砂样的孔隙比大于含盐量 3% 的孔隙比。原因是由于含盐量为 6% 的砂样中的盐结晶要多于含盐量为 3% 的砂样，含盐量 6% 砂样中盐起到的骨架和胶结作用大于 3% 的海砂。砂样浸水溶陷变形稳定后，砂中盐分充分溶解，在相同竖向压力下，含盐量越高，浸水稳定后土颗粒孔隙比越小。在浸水溶陷前，含盐量 6% 的海砂的孔隙比大于含盐量 3% 的海砂；浸水溶陷稳定后，6% 的海砂的孔隙比却小于含盐量 3% 的海砂。不含盐海砂的压缩性质与含盐海砂不同，当竖向压力小于 200kPa 时，含盐砂样的孔隙比大于不含盐的砂样；当竖向压力大于 200kPa，含盐砂样的孔隙比小于不含盐的砂样。在高压力下，固态结晶盐被压碎，减小了砂样的孔隙比。

溶陷试验数据　　　　　　　　　　　　　　　　　　　　　　　表 4-3

土样编号	含盐量（%）	荷载（kPa）	初始孔隙比 e_0	加水前孔隙比 e_1	加水后孔隙比 e_2	溶陷系数 δ
B0.1	0	50	1.108	1.068	1.058	0.0045
B0.2	0	100	1.104	1.034	1.026	0.0039
B0.3	0	200	1.107	1.008	1.002	0.0029
B0.4	0	400	1.099	0.975	0.973	0.0006
B0.5	0	800	1.105	0.920	0.918	0.0010

续表

土样编号	含盐量（%）	荷载（kPa）	初始孔隙比 e_0	加水前孔隙比 e_1	加水后孔隙比 e_2	溶陷系数 δ
B3.1	3	50	1.097	1.058	1.030	0.0132
B3.2	3	100	1.103	1.038	0.993	0.0218
B3.3	3	200	1.103	1.018	0.964	0.0261
B3.4	3	400	1.101	0.949	0.900	0.0235
B3.5	3	800	1.103	0.888	0.850	0.0183
B6.1	6	50	1.108	1.069	1.014	0.0259
B6.2	6	100	1.099	1.049	0.973	0.0364
B6.3	6	200	1.109	1.032	0.939	0.0442
B6.4	6	400	1.101	0.974	0.884	0.0425
B6.5	6	800	1.106	0.903	0.840	0.0297

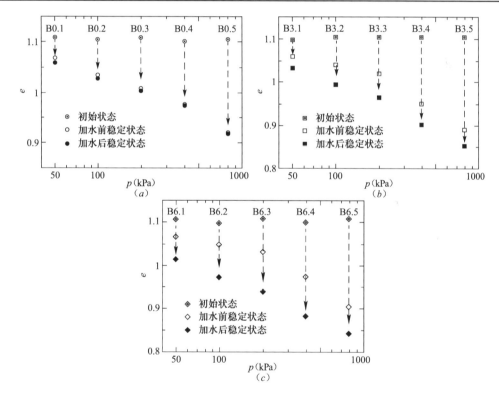

图 4-13　人工配制含盐海砂的溶陷过程

（a）0%含盐量；（b）3%含盐量；（c）6%含盐量

　　图 4-14 中含盐海砂与不含盐海砂的溶陷变形表现有较大的区别，不含盐的砂样浸水前后孔隙比的变化很小，含盐土的孔隙比在浸水溶陷前后发生较大的变化，且含盐量越大，浸水溶陷前后的孔隙比变化越大。在相同竖向压力作用下，含盐量越高的砂样，溶陷系数越大。含盐砂样的溶陷系数随着竖向压力的增大先增大后减小，竖向压力 $p=200$kPa 时的溶陷系数最大，因此，溶陷系数的定义就是指竖向压力 $p=200$kPa 下的溶陷变形，此时的溶陷系数最大。溶陷系数同时受到初始孔隙比和含盐量的制约，当海砂的原始结构比较密实时，即使易溶盐含量较高，在溶解陷淋滤后也不会发生较大的溶陷变形，即竖向压

力大，试样致密，不容易产生溶陷变形；反之，竖向压力小，即使易溶盐全部溶解淋滤后，试样结构没有被压垮，溶陷变形也会很小。与含盐海砂相比，不含盐的砂样的溶陷系数非常小，且溶陷系数随竖向压力的增大而略有减小。

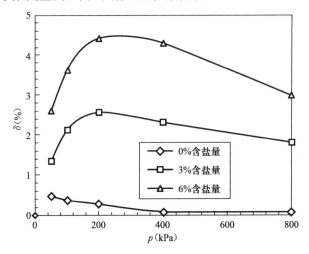

图 4-14　人工配制含盐海砂的溶陷系数

图 4-15 为含盐量为 6% 的试样在竖向荷载 $p=50\mathrm{kPa}$ 作用下，试样浸水后溶陷量与时间的关系曲线。从图中可以看出，试样浸水溶陷是十分迅速的过程，浸水后 3min 内的溶陷量约占总溶陷量的 59.6%；100min 内的溶陷量已占总溶陷量的 90%。含盐海砂溶陷变形发展快速，路基填土产生竖直方向的剪切空洞，在路面上表现为同心圆的破坏形态，这种破坏形态路面常见的病害形态。含盐量高的路基填土会引起路基产生溶陷变形，引起路基破坏。

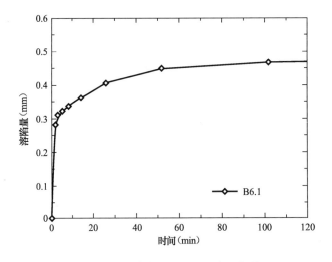

图 4-15　溶陷变形随时间的发展规律

第5章 固化海砂的强度特性

5.1 海砂的固化方法

海砂的改性固化方法可分成物理方法和化学方法，如图 5-1 所示。物理方法主要是浸水预溶、强夯、换土垫层、加铺砂砾石垫层、挖排水沟降低地下水位、铺土工布隔断水分迁移通道等。化学方法有掺加氯化钙、氢氧化钙等调整海砂中氯离子与硫酸根离子的比例，抑制盐胀性；掺加石灰、水泥，以及水泥—石灰混合料等固化材料，提高海砂的强度、水稳性和耐久性。采用化学方法加固海砂时，往往是化学材料或固化剂与海砂的微团粒和裹覆土颗粒的胶体薄膜发生作用。固化方式包括两种：一种是通过液相薄层实现，由分子力作用形成凝聚结构。凝聚结构的强度一般较低（取决于液膜的性质和厚度），具有黏弹性、黏塑性，结构被破坏后可以得到恢复。另一种是结晶结构，是从过饱和溶液中产生的新固相结晶、脱水形成的，土颗粒间以化学键联结，具有高强度，机械作用破坏后不可恢复，是一种稳定的晶体结构。

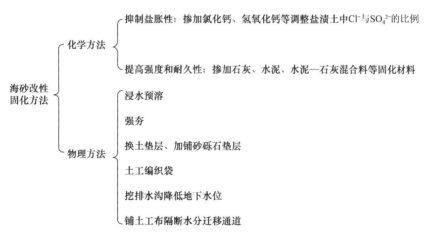

图 5-1 海砂处理方法

海砂的改性固化剂常采用石灰、水泥及其混合料。石灰加固弱盐渍土有一定的效果，若盐渍土中硫酸根含量过高，或者总易溶盐含量过高，石灰加固效果明显降低。石灰土强度形成期主要集中在 7~21d 左右，约占最终强度的 60%，早期强度小。石灰加固土早强性差，直接影响施工进度及质量，提高掺加剂量可以有效提高早期强度，但成本高，且石灰土水稳性较差。水泥改良盐渍土浸水后的水稳性差，且过量硫酸钠吸收水分后体积膨胀，盐胀突出。

5.2 海砂的固化机理

5.2.1 水泥固化机理

水泥土中水泥、土和水间发生复杂的化学作用，包括水泥自身的凝结硬化作用和水泥水化产物与土之间的物理化学作用，改变海砂的性能。

1. 水泥自身的凝结硬化作用

（1）硅酸三钙（$3CaO \cdot SiO_2$）在水泥中含 $40\% \sim 45\%$，是决定强度的主要因素。

$$2(3CaO \cdot SiO_2) + 6H_2O \longrightarrow 3CaO \cdot SiO_2 \cdot 3H_2O + 3Ca(OH)_2$$

（2）硅酸二钙（$2CaO \cdot SiO_2$）在水泥中含量占 $30\% \sim 35\%$，主要产生后期强度。

$$2(2CaO \cdot SiO_2) + 4H_2O \longrightarrow 3CaO \cdot SiO_2 \cdot 3H_2O + Ca(OH)_2$$

（3）铝酸三钙（$3CaO \cdot Al_2O_3$）约占水泥质量的 6%，水化速度最快，促进早凝。

$$3CaO \cdot Al_2O_3 + 6H_2O \longrightarrow 3CaO \cdot Al_2O_3 \cdot 6H_2O$$

（4）铁铝酸四钙（$4CaO \cdot Al_2O_3 \cdot Fe_2O_3$）约占水泥质量的 10%，形成早期强度。

$$4CaO \cdot Al_2O_3 \cdot Fe_2O_3 + 2Ca(OH)_2 + 10H_2O \longrightarrow 3CaO \cdot Al_2O_3 \cdot 6H_2O + 3CaO \cdot Fe_2O_3 \cdot 6H_2O$$

（5）硫酸钙在水泥中含 4%，与铝酸三钙一起与水发生反应，生成水泥杆菌。

$$3CaSO_4 + 3CaO \cdot Al_2O_3 + 32H_2O \longrightarrow 3CaO \cdot Al_2O_3 \cdot 3CaSO_4 \cdot 32H_2O$$

水泥固化海砂中，水泥用量少，水泥的凝结硬化速度慢。水泥含量低时，水泥水化产物孤立分布于海砂中；随着水泥的含量增加，水泥水化产物的连续性增强，固化海砂的结构强度增大。

2. 水泥水化产物与海砂间的作用

水泥水化产物生成后，部分水化产物自行硬化形成水泥石，另外的一些水化产物，如 $Ca(OH)_2$ 与海砂发生的相互作用主要有以下几种：

（1）离子交换及团粒化作用。水泥水化过程中产生的 Ca^{2+} 与黏土颗粒表面双电层中的 K^+、Na^+ 等离子发生离子交换作用，减小黏土颗粒的双电层厚度，黏土颗粒靠近，改变土的塑性，凝聚力增加。

（2）硬凝反应。随着水泥水化反应的深入，溶液中析出的 Ca^{2+} 超过离子交换量，在碱性的环境中与黏土矿物的部分 SiO_2 和 Al_2O_3 发生火山灰作用，生成不溶于水的稳定的硅酸盐。

（3）碳酸化作用。水泥水化物中的游离 $Ca(OH)_2$ 不断地吸收水中的 HCO_3^- 并与空气中的 CO_2，生成碳酸钙，即 $Ca(OH)_2 + CO_2 \longrightarrow CaCO_3 + H_2O$。水泥土的强度进一步提高。

水泥固化初期，水泥水化产物在海砂孔隙中起填充作用，改变海砂的物理力学性质；

随着水泥水化产物结晶硬化，水泥土的结晶稳定结构形成，强度显著增加。

5.2.2　石灰固化机理

石灰土初期主要表现为土粒的团粒化、塑性降低，最优含水量增加和最大干密度减少。石灰土后期由于结晶结构的形成，强度和耐久性得到提高。土是许多颗粒（包括黏土胶体颗粒）组成的分散体系，海砂的三相组成与一般土不同，化学组成和矿物成分更复杂。石灰加入土中，除了产生物理吸附作用，还产生复杂的化学作用。石灰固化土强度提高的主要原因是石灰土中离子交换反应、石灰与土发生化学反应，其中离子交换反应引起土性的初期变化，使土具有初步的水稳性；火山灰反应是构成石灰土强度的主要原因；氢氧化钙结晶与碳酸化反应能增加石灰土后期强度。一般认为，石灰加入土中后，主要发生以下四种反应。

（1）离子交换反应。石灰溶于水以后容易解离成 Ca^{2+} 和 OH^-，Ca^{2+} 与土中的低价 K^+、Na^+ 等阳离子进行交换反应。离子交换反应是石灰土的分散性、湿坍性、黏附性和膨胀性降低。离子交换反应在石灰掺入初期发生迅速，随着 Ca^{2+} 在土中扩散缓慢发生。因此，石灰固化土初期性质有所改善。

（2）火山灰反应。石灰加入土中后，氢氧化钙与土中活性氧化硅和氧化铝起化学反应，生成水化硅酸钙和铝酸钙等硅酸盐，此即火山灰反应。反应式为：

$$SiO_2 + xCa(OH)_2 + mH_2O \longrightarrow xCaO \cdot SiO_2 \cdot nH_2O$$

$$Al_2O_3 ++ Ca(OH)_2 + mH_2O \longrightarrow xCaO \cdot Al_2O_3 \cdot nH_2O$$

生成的新化合物与水泥水解后的产物相似，是一种水稳性良好的结合料。火山灰反应在不断吸收水分的情况下逐渐发生，具有水硬性。火山灰反应是构成石灰土强度的主要原因。

（3）氢氧化钙的结晶反应。石灰加入土中后，氢氧化钙溶解于水，形成 $Ca(OH)_2$ 饱和溶液。随着水分的蒸发和石灰土反应，$Ca(OH)_2$ 结晶体析出，产生 $Ca(OH)_2$ 结晶反应。

$$Ca(OH)_2 + nH_2O \xrightarrow{结晶} Ca(OH)_2 \cdot nH_2O$$

结晶反应使 $Ca(OH)_2$ 由胶体逐渐成为结晶体，与土粒结合形成共晶体，把土粒胶结成整体。$Ca(OH)_2$ 晶体与无定形的 $Ca(OH)_2$ 相比，溶解度减小，石灰土强度和水稳性提高。

（4）氢氧化钙碳酸化反应。氢氧化钙吸收水分和二氧化碳生成不可溶的碳酸钙，化学反应式为：

$$Ca(OH)_2 + CO_2 + nH_2O \xrightarrow{碳化} CaCO_3 + (n+1)H_2O$$

碳酸钙具有较高的强度和水稳定性，氢氧化钙碳酸化的胶结作用增加土体强度。

由于 CO_2 从混合料的孔隙渗入或随雨水渗入，在石灰土的表层碳酸化后形成一层硬壳，阻碍 CO_2 的进一步渗入，因此，$Ca(OH)_2$ 的碳化是个相当长的反应过程，只对石灰土后期强度有影响。

5.3 固化海砂的无侧限抗压强度

5.3.1 水泥固化海砂的无侧限抗压强度特性

水泥固化海砂的无侧限压缩试验的应力—应变关系曲线如图 5-2 所示。随着龄期增加，水泥土的强度和初始弹性模量增加。

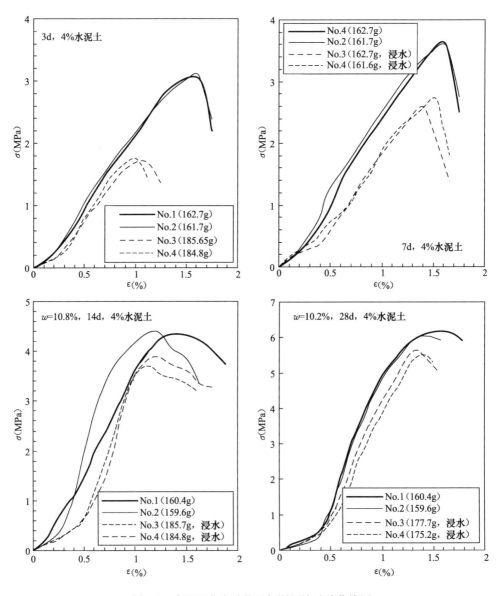

图 5-2 水泥固化海砂的无侧限压缩试验曲线图

启东海砂的 4％水泥固化样的剪切破坏性状如图 5-3 所示，水泥固化样基本表现为脆性破坏，具有明显的剪切破坏面。石灰固化样浸水破坏和剪切破坏形态如图 5-4 所示。龄期 7d 石灰固化样的强度不足，浸水后出现破坏。石灰固化样的剪切破坏形态各异，有脆性破坏，也有塑性鼓出破坏形态。

图 5-3　水泥土破坏形态（启东 4％水泥土）

图 5-4　石灰固化样浸水破坏和剪切破坏形态

1. 龄期的影响

无侧限抗压强度和水稳系数随龄期增大而增加，如图 5-5 所示。启东海砂的含盐量小，采用水泥固化的水稳系数大。

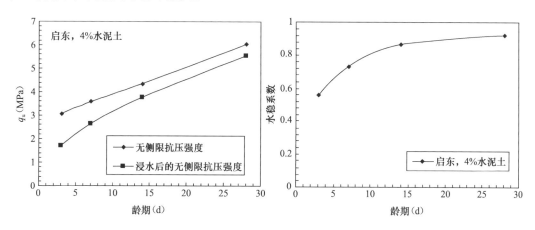

图 5-5　水泥固化海砂的无侧限抗压强度和水稳系数

2. 干密度和含水量的影响

水泥固化海砂的无侧限抗压强度与干密度和含水量的关系如图 5-6 所示,无侧限抗压强度随干密度增加而增加,随含水量增加而减小。

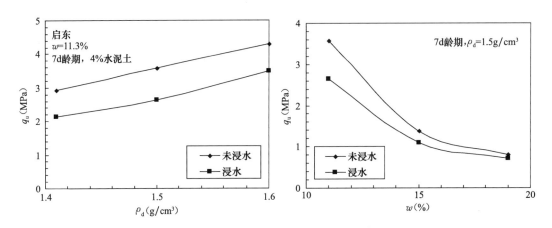

图 5-6 水泥固化海砂的无侧限抗压强度与干密度和含水量的关系

海砂的水稳系数与干密度和含水量的关系如图 5-7 所示,水稳系数随干密度增加而增加,随含水量增加也增加。含水量大的固化海砂中的水泥得到充分的水化,固化样的强度充分形成,在水中浸泡时,固化样的强度变化不大,水稳系数大。

3. 含盐量的影响

采用自配含盐海砂,分析含盐量对无侧限抗压强度的影响。水泥固化海砂的无侧限抗压强度与含盐量的相关关系如图 5-8 所示,水泥含量为 5%,干密度为 $1.5\mathrm{g/cm^3}$,含水量为 12%,龄期为 7d。水泥固化海砂的无侧限强度随含盐量增加而降低,固化效果随含盐量增加而减弱。水稳系数与含盐量的关系不大,随含盐量增加基本不变。水泥固化海砂的水稳系数大约为 0.9,水稳定性好。

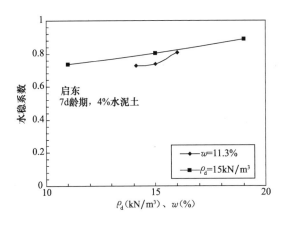

图 5-7 海砂的水稳系数与干密度和
含水量的关系

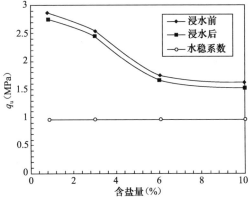

图 5-8 水泥固化海砂的强度与含盐量的关系

5.3.2　石灰固化海砂的无侧限抗压强度特性

石灰固化海砂的无侧限压缩试验的应力—应变关系曲线如图 5-9 所示。随着龄期增加，固化海砂的强度和初始剪切模量增加，固化海砂的破坏应变减小，表现为脆性增加的趋势。

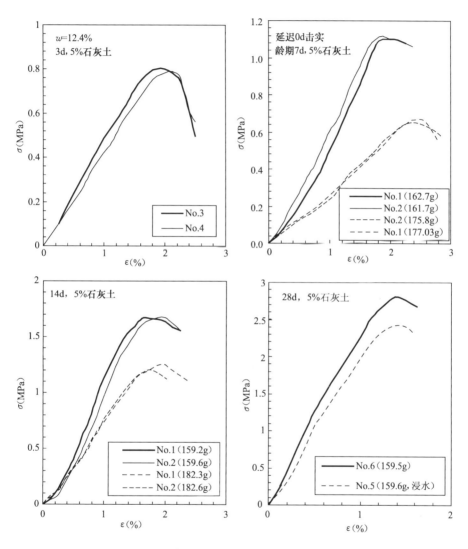

图 5-9　石灰固化海砂的无侧限压缩试验曲线

1. 龄期的影响

启东石灰固化海砂不同龄期试样浸水前后的无侧限抗压强度随龄期增大而增加，如图 5-10 所示。水稳系数随龄期增大而增大。

2. 含盐量的影响

不同含盐量的石灰固化海砂的无侧限抗压强度和水稳系数与含盐量的关系如图 5 11

所示。随着含盐量增加，强度和水稳系数均降低。与水泥固化海砂的水稳系数相比，石灰土的水稳系数小，且受含盐量的影响。

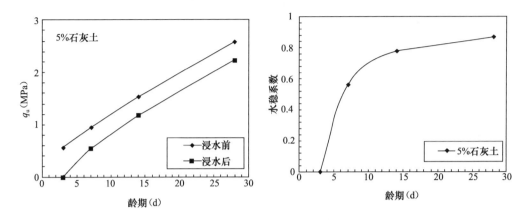

图 5-10　石灰固化海砂的强度和水稳系数随龄期的变化规律

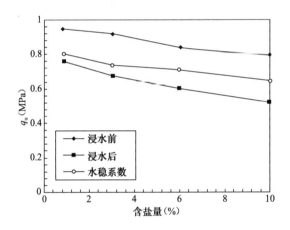

图 5-11　含盐量对强度和水稳性的影响

5.3.3　时间延迟效应

现场路基填料掺石灰或水泥等无机固化剂后，应立即填筑、碾压，实际工程中做不到拌合后立即碾压，所以存在碾压滞后现象。拌合好无机结合料至填筑碾压这段时间称为碾压延迟时间。碾压延迟时间越长，对无机结合料的固化效果影响越大。延迟碾压对固化土碾压效果和路基性能的影响称之为时间延迟效应。

延迟击实的水泥固化海砂的应力—应变关系曲线如图 5-12 所示。启东海砂水泥固化土延迟击实试样的无侧限抗压强度试验结果列于表 5-1。水泥固化海砂的无侧限抗压强度与延迟击实时间的关系如图 5-13 所示。随延迟击实时间增加，固化海砂的强度减小，变形模量减小。

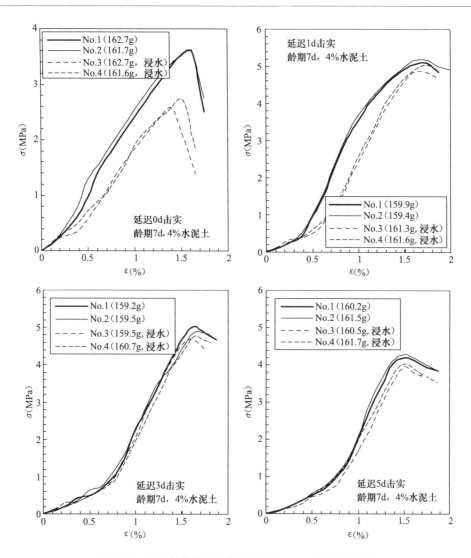

图 5-12 延迟击实水泥固化海砂的应力—应变关系曲线

延迟时间效应的试验结果 表 5-1

延迟时间（d）	1	3	5	固化剂
浸水前 q_u（MPa）	2.56	2.47	2.07	水泥
浸水后 q_u（MPa）	1.64	1.55	1.30	
水稳系数	0.74	0.64	0.63	
浸水前 q_u（MPa）	1.11	0.80	0.75	石灰
浸水后 q_u（MPa）	0.67	0.63	0.60	
水稳系数	0.61	0.79	0.79	

　　石灰固化海砂的应力—应变关系曲线如图 5-14 所示。图中实线是没有浸水的无侧限抗压试验曲线，虚线是浸水后的无侧限抗压试验曲线。浸水后试样的强度明显降低，破坏应变增加，压缩模量减小。

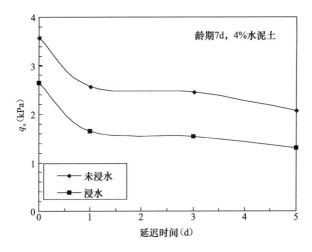

图 5-13　延迟击实时间对无侧限抗压强度的影响

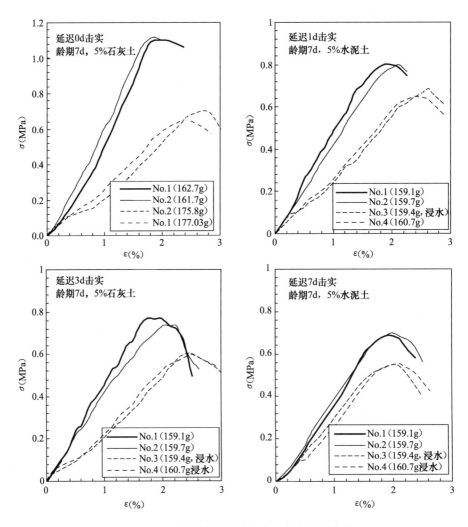

图 5-14　石灰固化海砂的应力—应变关系曲线

石灰固化海砂的无侧限抗压强度随延迟击实时间变化如图 5-15 所示。石灰固化海砂的无侧限抗压强度随着延迟击实时间增加而减小，变形模量减小。

水泥固化海砂和石灰固化海砂的水稳系数随延迟击实时间变化如图 5-16 所示。水泥固化海砂的水稳系数减小，石灰固化海砂的水稳系数增加随着延迟击实时间增加。

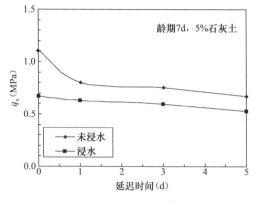
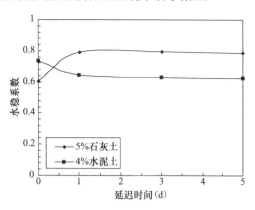

图 5-15　延迟击实时间对无侧限抗压强度的影响　　　　图 5-16　延迟击实时间对水稳系数的影响

5.4　固化海砂的三轴试验

5.4.1　试样制备

首先将风干的海砂过 2mm 孔径筛，然后加入不同含量的水分，以配置含水率不同的试样。

对于素土试样，因为海砂黏聚力较小，所以用对开模进行制样，如图 5-17 所示，分层进行加料，以便严格控制试样干密度。

对于石灰固化海砂和水泥固化海砂试样，采用高度控制式击样器进行击实制样，如图 5-18 所示。制样前，先将三瓣膜洗净、擦干、组装好，并在内壁和底座内壁均匀涂上一层凡士林，再贴上一层塑料薄膜，防止脱模时试样损坏。为了严格控制干密度，采用击实棒分 5 层加料击实。击实成型高 80mm，直径 39.1mm 的圆柱状试样。

图 5-17　制备素土试样的对开模　　　　图 5-18　高度控制式击样器

5.4.2　试验条件

根据击实试验结果，海砂的最大干密度为 $1.61g/cm^3$，最优含水率为 14.5%。三轴剪切试验剪切速率设定为 0.828mm/min。在含水量、干密度、养护龄期、含盐量、击实延迟时间、无机结合料含量等条件控制下，研究海砂及其固化试样的应力—应变关系和强度特性。

5.4.3　试验结果

1. 素土试样

试样含水量分别为 10%、12% 和 14.5%，干密度分别为 $1.5g/cm^3$、$1.6g/cm^3$ 和 $1.7g/cm^3$。不同围压条件下，素土试样的 UU 三轴试验的应力—应变曲线如图 5-19 所示，图中试样干密度为 $1.60g/cm^3$，含水量分别为 10% 和 14.5%。素土试样表现为塑性破坏，破坏应变随围压增加而增加。

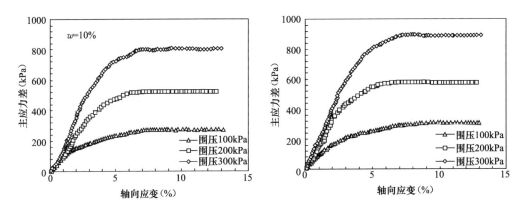

图 5-19　素土的应力—应变关系曲线

海砂三轴试验结果如图 5-20 所示。海砂土黏聚力 $c=5\sim6kPa$，内摩擦角 $\varphi=36°$。

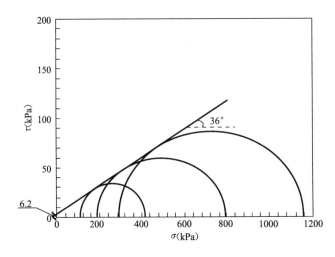

图 5-20　海砂三轴试验结果

2. 水泥固化海砂

（1）应力—应变关系。水泥固化海砂的应力—应变关系曲线如图 5-21 所示。图中比较了不同围压、不同干密度、不同含水量、不同含盐量、不同水泥含量、不同龄期和不同延迟时间的应力—应变关系曲线。

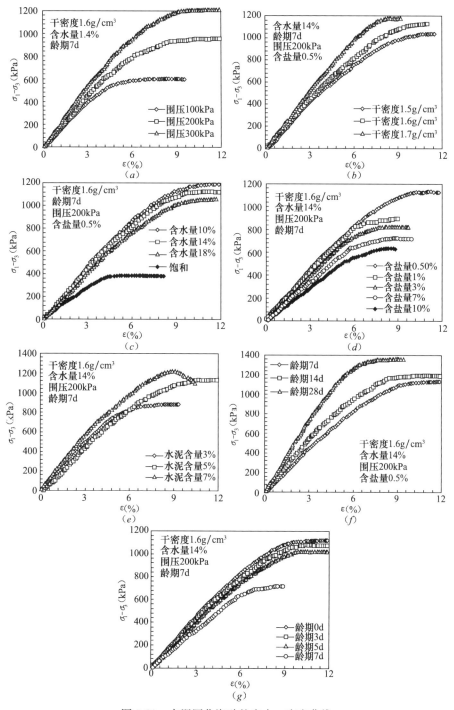

图 5-21　水泥固化海砂的应力—应变曲线

73

图 5-21（a）是水泥固化海砂在不同围压下的应力—应变关系曲线，围压越大，强度越大；围压越大，破坏应变越大。水泥固化海砂的干密度为 1.6g/cm³，含水量为 14%，龄期 7d，含盐量为 0.5%。

图 5-21（b）是不同干密度的水泥固化海砂在 $\sigma_3=200$kPa 围压下的应力—应变关系曲线，干密度越大，强度越大；干密度越大，破坏应变越小。水泥固化海砂的含水量为 14%，龄期 7d，含盐量为 0.5%。

图 5-21（c）是不同含水量的水泥固化海砂在 $\sigma_3=200$kPa 围压下的应力—应变关系曲线，含水量越大，强度越小；饱和海砂样的强度最小，破坏应变最小。水泥固化海砂的干密度为 1.6g/cm³，龄期 7d，含盐量为 0.5%。

图 5-21（d）是不同含盐量的水泥固化海砂在 $\sigma_3=200$kPa 围压下的应力—应变关系曲线，含盐量越大，强度越小。水泥固化海砂的干密度为 1.6g/cm³，含水量为 14%，龄期 7d。

图 5-21（e）是不同水泥含量的水泥固化海砂在 $\sigma_3=200$kPa 围压下的应力—应变关系曲线，水泥含量越大，强度越大；水泥含量为 7% 的试样呈脆性破坏。水泥固化海砂的干密度为 1.6g/cm³，含水量为 14%，龄期 7d，含盐量为 0.5%。

图 5-21（f）是不同龄期的水泥固化海砂在 $\sigma_3=200$kPa 围压下的应力—应变关系曲线，龄期越大，强度越大；龄期越大，破坏应变最小。水泥固化海砂的干密度为 1.6g/cm³，含水量为 14%，含盐量为 0.5%。

图 5-21（g）是不同延迟击实时间的水泥固化海砂在 σ_3 200kPa 围压下的应力—应变关系曲线，延迟时间越大，强度越小；延迟时间越大，破坏应变最小。水泥固化海砂的干密度为 1.6g/cm³，含水量为 14%，龄期 7d，含盐量为 0.5%。

（2）破坏形态。掺水泥 7% 固化海砂的破坏形态如图 5-22 所示。水泥固化海砂的干密度为 1.6g/cm³，含水量为 14%，龄期 7d。掺 7% 水泥固化海砂在 200kPa 围压下剪切呈脆性破坏，出现剪切破坏面。

掺石灰 7% 固化海砂的破坏形态如图 5-23 所示。石灰固化海砂的干密度为 1.6g/cm³，含水量为 14%，龄期 7d。掺 7% 石灰固化海砂在 200kPa 围压下剪切呈塑性破坏，表现为横向鼓胀。

图 5-22　掺水泥固化海砂试样的破坏形态

图 5-23　掺石灰 7% 固化海砂的破坏形态

3. 石灰固化海砂

石灰固化海砂的应力—应变关系曲线如图 5-24 所示。图中比较了不同围压、不同干密度、不同含水量、不同含盐量、不同石灰含量、不同龄期和不同延迟时间试样的应力—应变关系曲线。

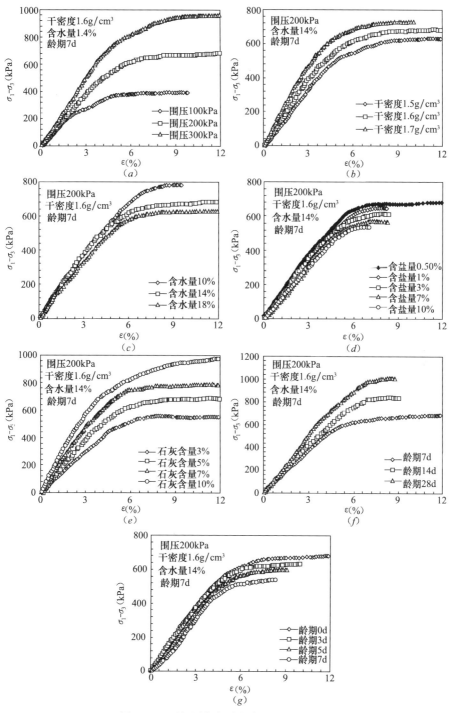

图 5-24 石灰固化海砂的应力—应变曲线

图 5-24（a）是石灰固化海砂在不同围压下的应力—应变关系曲线，围压越大，强度越大；围压越大，破坏应变越大。试样的干密度为 1.6g/cm³，含水量为 14%，龄期 7d，含盐量为 0.5%。

图 5-24（b）是不同干密度的石灰固化海砂在 σ_3=200kPa 围压下的应力—应变关系曲线，干密度越大，强度越大；干密度越大，破坏应变越小。试样的含水量为 14%，龄期 7d，含盐量为 0.5%。

图 5-24（c）是不同含水量的石灰固化海砂在 σ_3=200kPa 围压下的应力—应变关系曲线，含水量越大，强度越小；含水量越大，破坏越大。试样的干密度为 1.6g/cm³，龄期 7d，含盐量为 0.5%。

图 5-24（d）是不同含盐量的石灰固化海砂在 σ_3=200kPa 围压下的应力—应变关系曲线，含盐量越大，强度越小；含盐量越大，破坏越小。试样的干密度为 1.6g/cm³，含水量为 14%，龄期 7d。

图 5-24（e）是不同石灰含量的石灰固化海砂在 σ_3=200kPa 围压下的应力—应变关系曲线，石灰含量越大，强度越大；石灰含量为 10% 的试样也没有呈现脆性破坏。试样的干密度为 1.6g/cm³，含水量为 14%，龄期 7d，含盐量为 0.5%。

图 5-24（f）是不同龄期的石灰固化海砂在 σ_3=200kPa 围压下的应力—应变关系曲线，龄期越大，强度越大；龄期越大，破坏应变最大。试样的干密度为 1.6g/cm³，含水量为 14%，含盐量为 0.5%。

图 5-24（g）是不同延迟击实时间的石灰固化海砂在 σ_3=200kPa 围压下的应力—应变关系曲线，延迟时间越大，强度越小；延迟时间越大，破坏应变最小。石灰固化海砂的强度受延迟击实的影响小，没有水泥固化海砂明显。试样的干密度为 1.6g/cm³，含水量为 14%，龄期 7d，含盐量为 0.5%。

4. 固化海砂的强度

（1）干密度的影响。不同干密度试样的黏聚力和内摩擦角如图 5-25 所示。试样的含水量为 14%，标准养护龄期 7d，干密度分别为 1.5g/cm³、1.6g/cm³ 和 1.7g/cm³。掺入水泥和石灰后，海砂的黏聚力有大幅度提升，内摩擦角略有增加，大约为 37°，比素土的

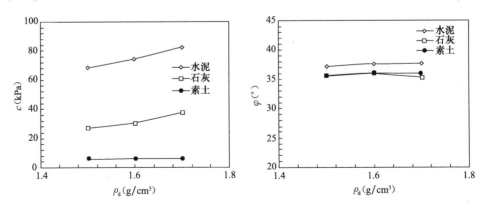

图 5-25　固化海砂的强度参数与干密度的关系

内摩擦角 36°略大。随着试样的干密度增大，海砂的黏聚力增加，内摩擦角基本不变，为 36°～37°。

（2）含水量的影响。不同含水量试样的黏聚力和内摩擦角如图 5-26 所示。试样的干密度为 $1.6g/cm^3$，标准养护 7d，含水量分别为 10%、14.5% 和 18%。随着含水量增加，水泥固化海砂和石灰固化海砂的黏聚力减小，水泥固化海砂的减小幅度更大；内摩擦角基本不变。水泥固化海砂在饱和状态的黏聚力和内摩擦角比非饱和状态小很多。

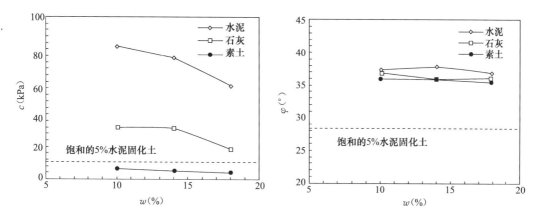

图 5-26　固化海砂的强度参数与含水量的关系

（3）含盐量的影响。不同含盐量试样的黏聚力和内摩擦角如图 5-27 所示。试样的干密度为 $1.6g/cm^3$，标准养护 7d，含水量为 14%。含盐量分别为 1%、3%、7%、10%，天然海砂的含盐量为 0.5%。水泥固化海砂的黏聚力随含盐量增大而减小；内摩擦角基本不变。

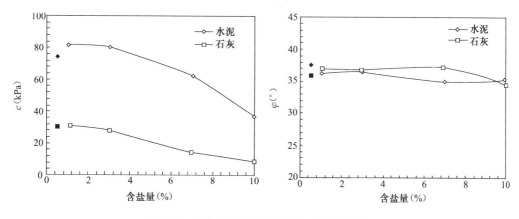

图 5-27　固化海砂的强度参数与含盐量的关系

（4）龄期的影响。不同龄期试样的黏聚力和内摩擦角如图 5-28 所示。试样的干密度为 $1.6g/cm^3$，标准养护 7d，含水量为 14%，标准养护分别为 7d、14d、28d。随着养护龄期增加，无论是水泥固化海砂还是石灰固化海砂的强度均有提升，但规律不同，石灰固化海砂前期强度增加较快，后期趋于平缓，水泥固化海砂则是在 14d 以后强度增加较快。水泥和石灰对强度参数影响不同的原因是两者的固化机理不同，水泥在固化过程中的主要作用包括水泥的水解和水化反应、离子交换和团粒化作用、火山灰反应和碳酸化作用。石灰在固化过程中，存在离子交换和絮凝团聚作用、火山灰反应、自身结晶和碳酸化作用。水泥的固化机理相对来说更复杂，特别是水解和水化反应需要时间，后期强度增长更快。水泥中含有铁铝酸四钙（$4CaO \cdot Al_2O_3 \cdot Fe_2O_3$），水化反应生成水化铝酸钙和水化铁酸钙，决定固化海砂的早期强度，所以水泥固化海砂的早期强度也比石灰固化海砂的高。

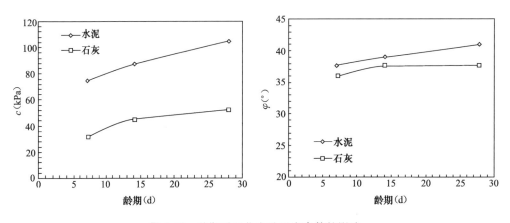

图 5-28　龄期对固化海砂强度参数的影响

（5）击实延迟时间的影响。不同击实延迟时间试样的黏聚力和内摩擦角如图 5-29 所示。试样的干密度为 $1.6g/cm^3$，标准养护 7d，含水量为 14%，延迟击实时间分别为 0d、3d、5d、7d。延迟击实是指加入石灰或水泥后没有立即击实，而是延迟若干天后再做击实制样。随着延迟时间增加，无论是水泥固化海砂还是石灰固化海砂的黏聚力均减小，摩擦角基本不变。击实延迟造成固化海砂强度减小的原因是由于混合料在静置时间内，海砂与固化剂间的物理化学反应已经开始，形成了初步强度，击实使试样整体骨架结构变松散，造成试样强度降低。

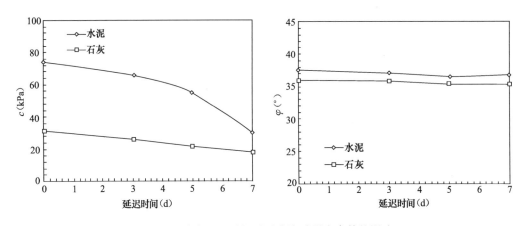

图 5-29　击实延迟时间对固化海砂强度参数的影响

（6）固化剂含量的影响。不同固化剂含量试样的黏聚力和内摩擦角如图 5-30 所示。试样的干密度为 1.6g/cm³，标准养护 7d，含水量为 14%，固化剂掺量分别为 3%、5%、7%。随着水泥和石灰掺量增加，海砂的黏聚力增大，水泥固化海砂的增加幅度更大；内摩擦角基本不变。

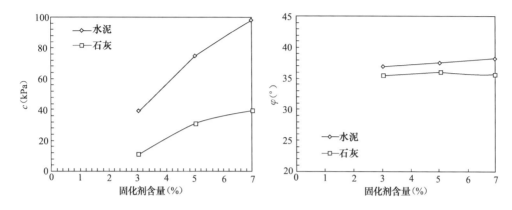

图 5-30　固化剂掺量对固化海砂强度参数的影响

第6章 海砂路基的填筑技术

6.1 海砂的路用性能

6.1.1 天然海砂的路用性能

1. 击实特性

海砂的最优含水量和最大干密度是决定其压实特性的指标，是衡量路基压实效果的重要指标。启东和如东海砂的重型击实试验结果如图6-1所示，海砂的最优含水量和最大干密度列于表6-1中。

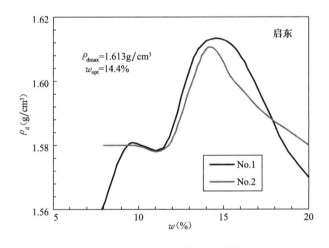

图 6-1 海砂的重型击实试验结果

海砂的重型击实试验结果 表 6-1

取样地点	含盐量 S（%）	最优含水量 w_{opt}（%）	最大干密度 ρ_d（g/cm³）
启东	0.83	14.4	1.61
如东	1.02	12.9	1.61

海砂颗粒一般带有负电，异性电荷相吸作用，阳离子集中在砂粒表面或表面附近，砂粒表面的离子浓度大于扩散层或扩散层之外的自由溶液中的离子浓度，产生胶体对阳离子的吸附作用，形成双电层。一般来说，离子浓度越大，扩散层的厚度越小，双电层

越薄，悬浮颗粒分散性能越强，双电层同时存在斥力和引力，双电层越厚，斥力越大；在常态下，水是液相物质的主要成分，溶解于水中的各种电解质以离子或化合物的形式存在于水中，与水和水中黏土颗粒构成土—水—电解质体系，水是极性分子，在溶液中被粒子吸引，使离子发生水化，形成水化膜，离子半径越小，水化离子的半径越大，形成水化膜就越厚。因此，NaCl 含量增加，交换性钠含量增大，置换出的 Ca^{2+} 数量增大，水化 Na^+ 的半径大于水化 Ca^{2+} 的半径，一价 Na^+ 的双电层厚度约是二价 Ca^{2+} 的 2 倍，双电层厚度增大、水化膜厚度增大，砂粒间产生润滑作用，在外力作用下，砂粒间的阻力降低，易于压实。在某个特定含盐量时，胶粒吸附性钠达到最大，双电层厚度达到最大。含盐量小于特定含盐量时，随着含盐量增大，胶粒间斥力增大，钠离子与砂粒周围结合水膜的润滑作用增强，在一定的击实功下，润滑作用起主要作用，造成土粒间容易压实，最大干密度随含盐量的增大而增加；当含盐量达到特定含盐量时，钠离子含量增大，双电层厚度减小，但是胶粒间斥力增大很快，钠离子与砂粒周围结合水膜的润滑作用难以发挥，在相同压实功下，造成砂粒间形成较大孔隙。因此，随着含盐量增加，最优含水量减小。

2. CBR 值

路基作为路面结构的基础，抵抗车轮荷载能力的大小主要决定于路面在一定应力下抵抗变形的能力。表征路基承载力的指标有回弹模量、加州承载比（CBR）等。加州承载比（California Bearing Ratio，CBR）是由美国加州公路局提出的一种评定路基和路面材料承载力的指标。CBR 值是指试样灌入量达 2.5mm 或 5mm 时，单位压力对标准碎石压入相同灌入量时标准荷载强度（7MPa 或 10.5MPa）的比值，用百分数表示。CBR 值反映贯入试验中，局部与整体间产生相对位移（即剪切）时，在滑动面（剪切面）上的抗剪切特性，是试件在贯入试验中"潜在强度"的表征。"潜在强度"是指抵抗局部剪切破坏的强度，反映路基抵抗局部剪切的能力。

启东海砂的 CBR 值列于表 6-2 中。启东两次取样位置不同，CBR 值有差异。海砂的 CBR 值满足路基填筑材料的强度要求。启东海砂的含盐量小，CBR 值受含盐量的影响不明显。从填料强度和含盐量来看，启东海砂优于如东海砂。

海砂的 CBR 值　　　　表 6-2

取样地	CBR 值（%）	
启东	2010-6-16	2012-4-22
	7.02	7.6
如东	4.51	

6.1.2　水泥固化海砂的路用性能

1. 击实特性

海砂经过水泥固化后的击实试验结果如图 6-2 所示。水泥固化海砂的最大干密度和最优含水量的试验结果列于表 6-3 中。随着水泥含量增加，固化海砂的最优含水量和最大干密度增加，击实曲线整体向右移动。

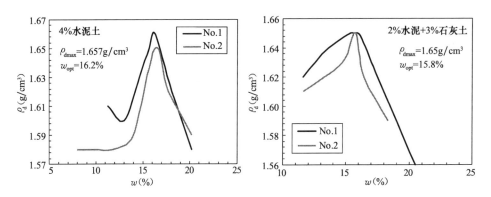

图 6-2　水泥固化海砂的击实试验结果

水泥固化海砂的击实试验结果　　　　　　　　　　　　　　表 6-3

固化剂名称	固化剂含量（%）	启东			
		ρ_{dmax}（g/cm³）		w_{opt}（%）	
		2011-6-16	2012-4-22	2011-6-16	2012-4-22
水泥	4	1.66		16.2	
	3		1.664		15.1
水泥＋石灰	2＋3	1.65		15.8	

2. CBR 值

启东和如东海砂采用水泥、石灰和 2％水泥＋3％石灰进行改良处理，室内 CBR 试验结果列于表 6-4 中。从路基强度要求的角度，如东、启东海砂经过 3％水泥固化改良后，完全能够满足上路床填料的强度要求。

水泥固化海砂的 CBR 试验结果（7d 龄期）　　　　　　　　表 6-4

编号	固化剂类型	固化剂含量（%）	如东	启东
C1	水泥	3		11.35
C2		4	16.1	
M1	水泥＋石灰	2＋3		8.92

水泥固化海砂的 CBR 值与固化剂含量的关系如图 6-3 所示。随着水泥含量增加，固化海砂的 CBR 值增加。水泥固化海砂的 CBR 值随水泥含量增加幅度大。

6.1.3　石灰固化海砂的路用性能

1. 击实特性

石灰固化海砂的击实曲线如图 6-4 所示。石灰固化海砂的最大干密度和最优含水量的试验结果列于表 6-5 中。

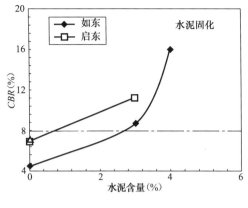

图 6-3　水泥固化海砂的 CBR 值
随水泥含量的变化

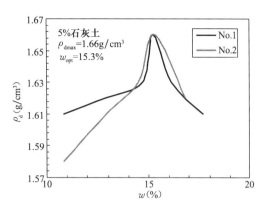

图 6-4　石灰固化海砂的
击实曲线

石灰固化海砂的击实试验结果　　　　　　　　　　　　　表 6-5

固化剂名称	固化剂含量（%）	启东			
		ρ_{dmax}（g/cm³）		w_{opt}（%）	
		2011-6-16	2012-4-22	2011-6-16	2012-4-22
石灰	5	1.66	1.65	15.3	14.9

2. CBR 值

石灰固化海砂的 CBR 值列于表 6-6 中。启东海砂经过 5％石灰加固处理后能够满足上路床填料的强度要求，如东海砂经过 7％石灰处理后能满足上路床填料的强度要求。

石灰固化海砂的 CBR 试验结果（7d 龄期）　　　　　　　　　表 6-6

编号	固化剂类型	固化剂含量（%）	如东	启东
L1		3	6.01	
L2	石灰	5	6.89	9.8（平均）
L3		7	8.65	

石灰固化海砂的 CBR 值与石灰含量的关系如图 6-5 所示，CBR 值随石灰含量增加而增加，与水泥固化土的 CBR 值相比，石灰固化海砂的 CBR 值随石灰含量增加幅度小，如东海砂的 CBR 值比启东小、强度差。

固化海砂的 CBR 值与无侧限抗压强度的关系如图 6-6 所示，CBR 值与无侧限抗压强度成指数函数相关，随着无侧限抗压强度增加，CBR 值增加。水泥固化海砂的 CBR 随无侧限抗压强度增加幅度大，表现为直线的斜率大；石灰固化海砂的 CBR 随无侧限抗压强度增加幅度小，表现为直线的斜率小。

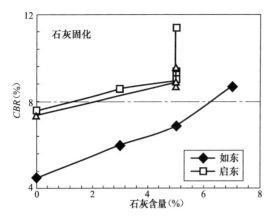

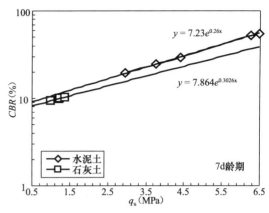

图 6-5　石灰固化海砂的 CBR 值与石灰含量的关系　　图 6-6　CBR 值与无侧限抗压强度的关系

6.2　海砂用于沟塘填筑的技术

临海省高等级公路紧贴海岸线布设，沿线滩涂水网密布、鱼塘成片，全国六大中心渔港之一的吕四渔港闻名遐迩，沿线人口密集、企业众多，可谓是寸土寸金。秉承"生态环保，可持续发展"的原则，最终确定工程路线经过大片鱼塘，需要采用海砂对沟塘进行换填。

6.2.1　设计要求

沿河、塘路基填筑，须将淤泥清除干净，边坡挖成不小于 0.8m 宽、向内倾斜 3‰ 的台阶，如图 6-7 所示，回填 5% 石灰固化海砂至原地面（高路堤地段）或路床顶面以下 100cm（低路堤地段），分层压实，压实度满足设计要求。

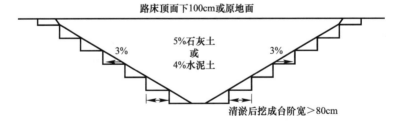

图 6-7　沟塘填筑开挖断面图

6.2.2　沟塘填筑

石灰固化海砂填筑沟塘的工艺流程为：测量放样→围堰抽水→四方联测淤泥顶面高程→组织清淤，运到指定位置→开挖台阶→检测淤泥清除程度，四方联测淤泥底面高程→场外拌合石灰→逐层回填石灰固化海砂→整平路拌→碾压成型→检测报验。

1. 测量放线

根据设计图纸提供的导线点，用全站仪准确定位路基的中线、边线，划分路基经过河塘的范围，测量河塘的水深、淤顶高程、淤泥厚度、断面尺寸。测绘出相应的平面图和断面图，平面图中应标明路基中心线、边线、断面桩号等内容。横断面布设间距为 10m，纵向地形变化复杂时应加设横断面。对于不规则河道可每隔 5～10m 选择一个横断面，在横断面上每隔 5m 测一个点，一个断面不少于 5 个点。对于地形变化较大的河塘，要加密横断面或在横断面上加密测点。

2. 抽水清淤

对于路线范围以内的水塘，可直接抽水。对于横跨路线范围的河、沟，需先进行围堰。在路基外侧 2m 处打桩，用草袋装土填筑围堰。用多台柴油泵同时抽水，并有备用水泵。抽出的水就近排到指定的河流中。

排水完毕后，报监理工程师验收，进行四方联测，测出淤泥顶面高程，做好记录后即可进行清淤。清淤采用挖掘机，加以人工配合，把淤泥彻底清理干净，及时验收，满足清淤要求，报请联测淤泥底面高程。

施工要点：①清淤必须彻底，把所有的淤泥、腐殖土、垃圾清理干净，清淤后塘底的土质与塘周围土质基本相同；②清淤前后严格控制测量淤泥顶、底面高程；③沟塘清淤后将边坡挖成宽不小于 80cm、高 50cm 向内倾斜 3％的台阶，以防止连续滑动面的形成；①对于部分占用的河塘，先沿路基占地界限修筑挡水埂，仅对处于路基用地范围内的沟塘部分进行处理。

3. 运输摊铺

清淤结束并经四方联测报验后，测量人员及时放出路基中桩，根据现场实测淤底高程和路基设计高程，准确计算并放出路基填土摊铺的边线，并要求每侧超宽 30cm。

清淤结束经专业监理工程师认可后即可摊铺石灰固化海砂。因取土场离施工现场距离较远，采用 8t 自卸汽车，由挖掘机、装载机配合装土运输。自卸汽车数量根据土方填筑数量和运距确定。在施工过程中要不断对便道进行整修，对局部"弹簧土"或排水不畅地段进行处理，保证运输车辆能够正常通行。

由于沟塘底含水量高碾压困难。建议沟塘底层适当增加填筑厚度，第一层松铺厚度为 60cm，采用履带挖土机碾压。根据现场实际情况，如果可能，采用 12t 压路机碾压，尽量提高底层的压实度，检测实际压实度，用作沟塘底部填土的压实度控制值。如果第一层不能采用 12t 压路机碾压，第二层松铺厚度建议为 40cm，采用履带挖土机或 12t 压路机碾压，压实度要求达到 90％。

4. 布格掺灰（石灰处理）

石灰固化海砂的拌合施工采用路拌法。

在上土整平后，根据设计掺灰量，以及运输石灰车辆的能力，进行人工布格（布格大小尽量与每车石灰摊铺面积相符，以便控制掺灰均匀），按每格的石灰用量指挥卸车，采用人工进行摊铺石灰。

随时检验石灰摊铺量是否均匀，对摊铺量不均匀的地方及时调整，以满足掺灰的均匀性。注意含水量调整，若水量过大，先翻晒后掺灰，再拌合碾压；若含水量过小，采用洒水车补充水分，然后拌合均匀及时稳压。含水量控制在最佳含水量附近。

5. 稳压、精平

待石灰土拌合均匀后，用振动压路机稳压一遍（不振动），平地机开始精平控制高程。整平时，要从外侧向内侧进行。对高出的部分刮去，对于局部低洼处，用人工耙松 7～8cm，并用同样剂量的石灰混合料人工配合整平。

6.2.3 压实度的控制措施

（1）严格按《公路工程质量检验评定标准》的规定采用重型击实标准和设计图纸有关沟塘填筑的压实度标准进行控制。

（2）碾压采用振动压路机与光轮压路机相结合的方法，严格按照由边缘向中间的顺序对路基进行碾压。

（3）各种压路机开始碾压，均宜慢速，最快不宜超过 5km/h，碾压直线路段由边到中、小半径曲线段由内侧向外侧，纵向进退式进行碾压。

（4）纵横向碾压接头，必须重叠。横向接头对振动压路机一般重叠 0.4～0.5m，三轮压路机一般重叠后轮的 1/2，前后相邻两区段的纵向接头处重叠 1.0～1.5m，并达到无漏压、无死角。

（5）为确保路基边缘部分的压实度和路基边坡的稳定性，路基填筑时每侧均超过 30cm 进行填筑，严禁出现贴坡现象。

（6）采用标准灌砂法对每层填土的压实度进行检测，合格后方进行下一道施工工序。

6.2.4 沟塘底填土的压实度验算

采用标准灌砂法测量沟塘填土的压实度，只能针对每碾压一层测一层压实度的情况，而当前碾压层下面各层的压实度变化无从考证，所以单纯通过标准灌砂法测定沟塘填土压实度的方法不够精确。可以通过测量每层的沉降，换算成各层压实度的增量，校正每层填土的压实度。在沟塘填筑试验段，在每层沟塘填土中埋设沉降板，使用水准测量仪测量碾压后每层土的沉降。沟塘现场沉降板埋设如图 6-8 所示。试验段沟塘一共填筑 11 层，

图 6-8　沟塘现场沉降测量

沉降板每两层埋设一次，每一次在路基两侧各选择一个点埋设。沉降板分别编号 1～10 号，1 号和 2 号沉降板埋设在第一层填土（最深处）底部，3 号和 4 号沉降板埋设在第二层填土底部，5 号和 6 号沉降板埋设在第四层填土底部，7 号和 8 号沉降板埋设在第六层填土底部，9 号和 10 号沉降板埋设在第八层填土底部。沉降观测结果见表 6-7。利用灌砂法测量各层填土的压实度，试验结果见表 6-8。

沉降观测数据表　　　　　　　　　　　　　　　　　表 6-7

	1 号	2 号	3 号	4 号	5 号	6 号	7 号	8 号	9 号	10 号
碾压第一层	18mm	22mm								
碾压第二层	6mm	7mm	8mm	7mm						
碾压第三层	8mm	9mm	9mm	10mm						
碾压第四层	8mm	10mm	8mm	10mm	7mm	9mm				
碾压第五层	7mm	9mm	8mm	9mm	11mm	9mm				
碾压第六层	5mm	6mm	6mm	7mm	9mm	7mm	9mm	8mm		
碾压第七层	5mm	5mm	5mm	7mm	8mm	7mm	11mm	7mm		
碾压第八层	4mm	6mm	5mm	6mm	6mm	5mm	9mm	6mm	10mm	10mm
碾压第九层	3mm	4mm	4mm	3mm	5mm	5mm	7mm	6mm	7mm	8mm
碾压第十层	3mm	3mm	2mm	4mm		3mm	7mm	5mm	6mm	8mm
碾压第十一层	3mm	3mm	3mm	3mm	4mm	4mm	4mm	5mm	4mm	6mm
合计	70mm	84mm	58mm	66mm	56mm	49mm	49mm	37mm	27mm	32mm

沟塘各层压实度　　　　　　　　　　　　　　　　　表 6-8

	松铺厚度（cm）	压实度 K（%）
碾压第一层	80	90.3
碾压第二层	25	91.1
碾压第三层	25	91.7
碾压第四层	25	91.6
碾压第五层	25	91.4
碾压第六层	25	90.7
碾压第七层	25	91.3
碾压第八层	25	90.8
碾压第九层	25	91.1
碾压第十层	25	91.6
碾压第十一层	25	91.9

　　通过已知的各层压实度和各层沉降，如图 6-9 所示，根据土力学原理，利用每层填土底面和顶面间的沉降差，计算该层填土的真实压实度。

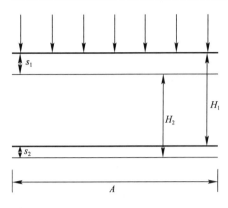

图 6-9　压实度验算原理示意图

$$\rho_{\mathrm{d}} = \frac{m_{\mathrm{s}}}{V} \qquad (6-1)$$

$$V = A \times H \qquad (6-2)$$

$$K = \frac{\rho_{\mathrm{d}}}{\rho_{\mathrm{dmax}}} \qquad (6-3)$$

$$\frac{\rho_{\mathrm{d1}}}{\rho_{\mathrm{d2}}} = \frac{H_2}{H_1} \qquad (6-4)$$

$$K_2 = K_1 \frac{H_1}{H_1 - (s_1 - s_2)} \qquad (6-5)$$

式中，ρ_{d} 是干密度，V 是填土的体积，H 是填土的高度，A 是设定填土的底面积，K 是压实度，ρ_{dmax} 是最大干密度，s_1 是上层沉降板沉降，s_2 是下层沉降板沉降，H_1 是压实填土层厚度，H_2 是上层填土碾压后的土层厚度，K_1 是压实后填土的压实度，K_2 是真实压实度。上覆填土碾压对下部填土层压实度影响的计算结果列于表 6-9 中。各层填土的压实度在压路机碾压完成后都有不同程度的提高，满足沟塘填筑的压实度要求。

沟塘填筑压实度（%）　　　　　　　　　　　　　　　表 6-9

	K_1	K_2	$K_2\text{-}K_1$
第一层	90.3	91.23	0.93
第二、三层	91.4	93.24	1.84
第四、五层	91.5	93.16	1.66
第六、七层	91	91.23	0.23

6.3　海砂路基的填筑技术

6.3.1　填筑方法

路基施工时采用分层填筑方法，首先通过试验路段确定压实机械的有效压实厚度（通常在 20cm 左右）及压实遍数（通常 4～6 遍）和松铺系数（通常 1.3～1.4），总结保证掺灰量控制（布格进行）、石灰拌合均匀和土块颗粒大小符合规范要求的翻拌遍数，掌握含水量控制方法和保持含水量的时间，根据路基填筑宽度和厚度，确定每延米路基的供料系数。

路基在原地面处理合格后，进行路基填筑，路基施工期内，填土顶面要形成一定坡度的横坡，顶面严禁出现坑塘和凹面，便于雨期排水。路基填土的压实度要求：路床顶面 150cm 以下压实度≥93%，上路堤 80～150cm，压实度≥94%，路床 0～80cm，压实度≥96%。

海砂路基填筑的施工工艺总流程图如图 6-10 所示。

海砂路基碾压工艺流程图如图 6-11 所示。路基填筑的主要工序包括：

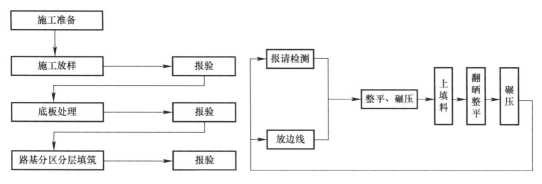

图 6-10　施工工艺流程图　　　　　　　　图 6-11　碾压工艺流程图

1. 施工放样

根据设计的路基高程和路基底板处理后的实测高程，计算出路基基底宽度，两侧各超宽 40cm；用全站仪放出路线中心线，根据基底宽度，用钢尺定出路基坡脚线。

2. 上土、整平

用挖掘机装车，自卸车配合运至施工路段，并由专人指挥车辆卸至指定位置，以防止卸料不均匀而影响翻晒压实。用推土机推平，平地机进行初平，局部缺土处人工补齐，如图 6-12 和图 6-13 所示。

图 6-12　上土　　　　　　　　　　　图 6-13　整平

3. 布格掺灰（掺石灰处理）

石灰土施工采用路拌法。在上土整平后，根据设计掺灰量，以及运输石灰车辆的能力，进行人工布格（布格的大小尽量与每车石灰摊铺面积相符，以便控制掺灰均匀），按每格的用量指挥卸车，采用人工进行摊铺石灰，设专人（试验人员），随时检验石灰摊铺量是否均匀，对不均匀处及时调整，以满足掺灰的均匀性。

4. 拌合（掺石灰处理层）

对于石灰与海砂的拌合，采用铧犁、旋耕机和小宝马拌合机相结合的方法，旋耕机粉碎遍数以达到拌合均匀为止，即达到土层颜色一致，无灰条、灰斑、整体层位均匀一致，土块颗粒大小满足规范要求，通常采用 6 翻、12 旋的遍数即可。用铧犁和旋耕机碾碎后，若土块颗粒过大，不能满足规范要求时，再用拌合机粉碎。

当采用路拌机拌合时，掺灰结束后，第一遍拌合时，下齿深度不得将施工层拌透（预留 3～4cm），待第二遍拌合时下齿到下面层的 1～2cm 处进行拌合，以利层与层之间的结合，拌合的遍数要达到满足灰土拌合均匀的要求，对于边角部位和台背处路拌机施工不到之处，采用铧犁、旋耕机配合施工，死角处人工配合。总之，无论用何种拌合方法，均以灰土均匀和土块颗粒大小符合规范要求为准。

5. 含水量调整

对于不掺石灰的填土层，卸料后先用推土机推平，雨季海砂含水量较大，采用铧犁翻晒，旋耕机粉碎，反复进行至含水量和土粒大小满足要求为止，如图 6-14 所示。对于石灰土层的施工，在含水量较大时，采用先翻晒后掺灰的原则，如含水量过小，采用洒水车补充水分，然后拌合均匀及时稳压。含水量控制在 $w_{opt}\pm2\%$。

6. 稳压、整平

在施工土层含水量符合要求时，采用振动压路机以 3～4km/h 的速度稳压，之后用平地机整平，稳压和整平交错进行，防止填土摊铺厚度不均匀，整平至设计要求的横坡。

7. 碾压

整平结束后的路段，采用 18～21t 三轮压路机，如图 6-15 所示，从边到中进行碾压，碾压时速控制在 1.5～1.7km/h，碾压时应注意轮与轮之间重叠 1/3 轮宽。对于路基两侧为确保边缘压实，应增压 2～3 遍，最终碾压遍数以满足压实度要求为止。

图 6-14　海砂土翻晒　　　　　　　　　　　图 6-15　压路机碾压

6.3.2　填筑质量控制

海砂路基填筑施工经验少，通过海砂路基填筑施工的现场测试，总结海砂路基填筑施工工艺，提出海砂路基填筑质量控制措施。现场试验选取启东临海高等级公路 K116+000～K117+000 作为试验段，主要试验内容包括：

1. 压实度和碾压沉降测量

针对每一遍的碾压工序，检测压实度和碾压沉降，探索压实度的变化规律，寻找合适的碾压组合和碾压遍数，指导海砂路基的碾压施工。海砂路基的压实度测定现场采用灌砂法，在试验段共选取 10 个断面，每个断面两个点进行压实度测定。同时使用水准仪测量指定点在每遍碾压前和碾压后的水准高程，计算填土层的碾压沉降。

试验段的碾压组合、压实度和碾压沉降列于表 6-10。为了更形象地表示压实度与碾压遍数的关系和碾压沉降与碾压遍数的关系，绘制了压实度与碾压遍数关系图和压实度与碾压累积沉降关系图，如图 6-16 和图 6-17 所示。海砂注水整平后具有一定的压实度，但是平均压实度为 85.7%。静压一遍之后，压实度提高到了 90.6%，静压的作用主要是保证松铺海砂具有一定的压实度，为接下来的振动碾压提供足够的承载能力。弱振第一遍压实度提高了 2.2% 左右，压实效果还是比较明显。铁三轮碾压第一、二两遍压实度提高了 2.9%，铁三轮碾压第四遍引起压实度增加量只有 1.1%，说明填土在碾压过程中已逐渐趋于密实，达到一定密实度之后，铁三轮的压实效果将越来越小。从碾压沉降变化情况也可以看出，铁三轮碾压第三遍后，每次碾压沉降越来越小。所以，单纯靠提高铁三轮碾压遍数来提高压实度的方法是不经济的。

压实度测量值　　　　　　　　　　　　　　　　　　　　　表 6-10

碾压工序	位置	1—注水	2—静压	3—弱振	6—铁三轮一、二遍	6—铁三轮三遍
压实度（%）	1 号断面	86.5	90.5	92.4	95.7	96.8
	2 号断面	86.6	90.4	93.3	95.6	98
	3 号断面	85.2	90.6	92.1	96.7	96.2
	4 号断面	86.9	90.5	92.2	96.4	96.6
	5 号断面	85.5	91.8	93	95.5	96.9
	6 号断面	85.5	93.1	92.3	94.7	96.3
	7 号断面	84.9	87.8	92.6	93.1	94.6
	8 号断面	86.6	91.5	92.8	94.7	95.5
	9 号断面	84.7	90.5	95.9	94.8	97.1
	10 号断面	84.9	89.5	89.5	95.4	96

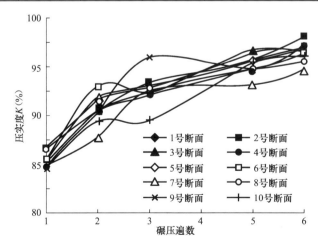

图 6-16　压实度与碾压遍数关系图

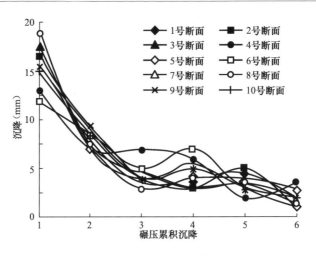

图 6-17 压实度与累计沉降关系图

2. 地下水上升高度测量

通过对路基填土的水分的长期观测，判断地下水的上升高度，判断是否需要设置隔断层。在试验段选取 6 个断面并埋设水分传感器。海砂水分的现场采集采用 MP—406B 水分传感器。MP—406B 水分传感器主要应用于测量土壤或其他介质中的水分含量，测量原理是填土的介电常数与水分的体积百分含量之间存在确定的函数关系，介电常数变化以直流电压变化输出，然后转化为水分含量，由此来测定被测介质的水分含量。试验仪器如图 6-18 和图 6-19 所示，现场水分传感器分别埋设在地下水位附近、填土 94 区和 96 区。

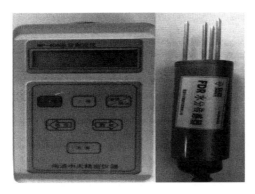
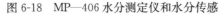

图 6-18 MP—406 水分测定仪和水分传感   图 6-19 水分传感器现场埋设图

在启东试验段，海砂路基中的水分变化现场监测数据如图 6-20 所示，这里的含水量是体积百分数，相当于饱和度的概念。仪器分别埋设在距填土 94 区、94 区和 96 区交界处、96 区三个层位。埋设在最下面的水分传感器在地下水位线附近，与埋设在最上面的水分传感器距离 65cm。96 区海砂的水分变化主要受降雨影响，不受地下水位变化的影响，地下水没有上升到 96 区的路基高度，所以不需要设置地下水隔断层。同时埋设在地下水位附近的水分传感器测得的水分一直有上升趋势，说明地下水上升不断浸入到海砂中。

东台海砂路基的毛细水上升高度的测量结果如图 6-21 所示。路基含水量在一年多时间内，94 区的含水量随季节波动大，说明毛细水上升高度达到了 94 区；96 区的含水量在测量结果稳定后，有逐渐减小的趋势，毛细水上升高度没有达到 96 区。

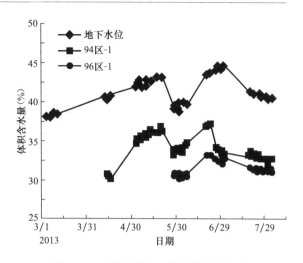

图 6-20 启东路基填土的水分变化规律

3. 路基碾压时的应力

现场应力测量采用振弦式土压力计，仪器型号为 JTM-V2000。通过在路基 94 区和 96 区两个不同深度分别埋设水平土压力盒，每一层选取两个断面，如图 6-22 所示。在压路机碾压过程中的竖向应力采用土压力读数仪测量，通过率定系数换算成竖向应力。根据路基的竖向应力随深度的衰减规律，推算出海砂路基合适的松铺厚度。在试验段填筑中，竖向高度每隔 0.4m 埋设一个土压力盒，测定碾压前和碾压时的竖向应力的变化情况。竖向应力的测试结果如图 6-23 所示，碾压时的竖向应力沿深度传播有明显的衰减，其中在 40cm 深度处，竖向应力较初始值衰减 62.4%；60cm 深度处，竖向应力衰减 76.4%；在 80cm 深度处，竖向应力衰减 94.6%。在 40cm 以下的土层碾压效果较差，为了保证压路机的压实效率和能量传递，松铺厚度不能超过 40cm，但若选取 20cm 作为松铺厚度，势必不利于施工便捷的原则，增加更多的工程造价。海砂路基填筑的松铺厚度宜采用 30cm。

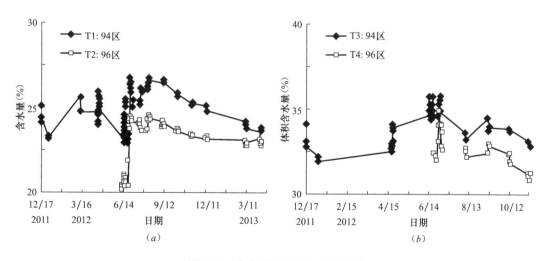

(a)   (b)

图 6-21 东台路基地下水变化规律

(a) 路基北侧；(b) 路基北侧

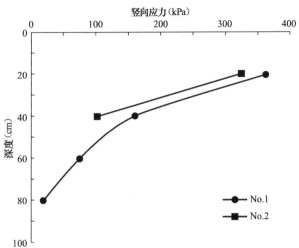

图 6-22　土压力盒埋设

图 6-23　路基竖向应力随填土高度的变化

6.3.3　碾压组合优化

1. 碾压机理

路基填土碾压通常使用两种方法，静压和振动碾压。静态碾压是依靠压路机械自身的质量在填土表面产生静压力，压路机滚轮的反复滚压下，填土产生永久变形，被压实。在静态碾压过程中，随着碾压次数增加，填土密度增加，永久残余变形越来越小，压实后填土的残余变形几乎等于零。静态压实机理是利用压路机自身的质量，在填土层内产生剪应力。

假设土体为空间分布的半无限弹性体，由于压路机滚轮对路基的作用宽度较小，荷载比较集中，所以压路机滚轮对路基的作用可看作一个均布的线荷载，如图 6-24 所示。在压路机的滚轮作用下，路基中任意一点 M（x，z）处的应力为：

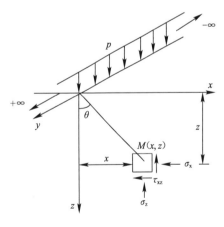

图 6-24　滚轮作用下路基中
任意一点的应力分布

$$\sigma_z = \frac{2p}{\pi z} \cos^4\theta = \frac{2p}{\pi z} \frac{z^3}{(x^2 + z^2)^2} \qquad (6-6)$$

$$\sigma_x = \frac{2p}{\pi z} \cos^2\theta \sin^2\theta = \frac{2p}{\pi z} \frac{x^2 z}{(x^2 + z^2)^2} \qquad (6-7)$$

$$\tau_{xz} = \frac{2p}{\pi z} \cos^3\theta \sin\theta = \frac{2p}{\pi z} \frac{x z^2}{(x^2 + z^2)^2} \qquad (6-8)$$

式中，p 为压路机滚轮对路基表面作用的静线压力（N/cm^2）。

根据摩尔—库伦强度理论，摩尔应力圆的圆心坐标 σ_0 和半径 R 分别为：

$$\sigma_0 = \frac{\sigma_x + \sigma_z}{2} \qquad (6-9)$$

$$R = \sqrt{\left(\frac{\sigma_z - \sigma_x}{2}\right)^2 + \tau_{xz}^2} \qquad (6\text{-}10)$$

当应力摩尔圆与土的抗剪强度包络线 $\tau_f = c + \sigma\tan\varphi$ 相切，填土处于极限平衡状态，发生剪切破坏。压路机滚轮对路基碾压宽度很小，因而 σ_3 并不等于零，而是一个很小的值，如图 6-25 所示。增加压路机滚轮荷载，即增加静线压力 p，碾压应力摩尔圆的圆心坐标 σ_0 和半径 R 增大，当压路机荷载产生的摩尔应力圆与土的抗剪强度包络线相切，土体达到极限平衡状态，发生剪切破坏，被压实。随着填土密度提高，土颗粒间的摩擦力增大，土的抗剪强度增加，抗剪强度曲线上移，如图 6-25 中虚线所示。如果要进一步打破新的极限平衡状态需要更大的荷载，即需要增加压路机滚轮的质量。所以提高静压力，增大压路机质量，可以提高填土的压实度。静压力随着深度增加衰减很快，主要集中在填土浅层，填土浅层易被压实。随着浅层填土的压实度提高，浅层填土的内摩擦阻力增大，静压力无法传递到填土的更大深度，静压影响深度一般为 20cm。启东海砂路基填筑试验段碾压过程中，竖向应力随深度增加而减小（表 6-11），在 40cm 深度处，竖向应力衰减了 62.4%，碾压能量被消耗在浅层 40cm 范围内，因此碾压的影响深度小于 40cm。

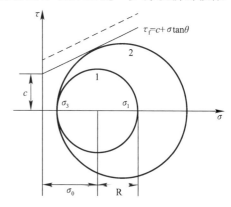

图 6-25 摩尔应力圆与土体抗剪强度关系

碾压过程中不同深度的竖向应力（kPa） 表 6-11

测试断面	20cm	40cm	60cm	80cm
No. 1	362.6	159.8	85.4	19.7
No. 2	324.6	101.1		

振动碾压是将振动压路机所产生的高频振动传给被压土体，产生接近自身固有频率的振动，土颗粒间的摩擦力减小，小颗粒填充到大孔隙中，土体体积减小，压实度增加。振动压实理论有如下几种学说：

（1）内摩擦角减小学说：在压路机振动作用下，土体内部产生压力波，土颗粒的静摩擦力转变为动摩擦力，摩擦阻力急剧减小，剪切强度降低，抗压阻力减小，土体被压实。

（2）共振学说：当压路机的激振频率与填土的固有频率接近，压实效果最佳。

（3）反复荷载学说：压路机振动产生周期性压缩作用，路基填土受到反复压缩荷载作用，被压实。

（4）剪应变学说：在压路机的振动碾压下，填土产生剪应变，土颗粒重新排列达到密实效果。

振动压路机在碾压过程中，振动轮连续快速冲击作用于松铺土层，在松铺土层内产生压力波，沿着深度方向扩散和传播，填土被压实。振动压路机自身质量产生的静荷载和振动产生的压力波的共同作用下，土体的内摩擦角减小，黏聚力降低，即抗剪强度降低，填土被压实。

2. 碾压动力测试

试验目的：振动压实过程中，振动压路机所做的机械功作用在填土上，土的结构发生改变，土颗粒重新排列、互相靠近，小颗粒进入大颗粒的孔隙中，达到压实效果。压路机的振动机械功难以测量，现场测量振动加速度很容易，所以现场测量振动加速度，再转化为振动机械功。通过现场碾压试验，直接测量振动压路机在碾压时填土中的加速度分布，换算成相应的振动能量。

试验方法：以竖向振动加速度表征振动压路机在碾压过程中产生的振动量，记录测点在振动压路机碾压过程土的加速度，利用 Origin 数据处理软件，转换成振动能量的频谱曲线，确定振动压路机产生的振动能量。

按以下步骤测量并记录振动加速度：

（1）在路基填土中埋设拾振器，即加速度传感器。在埋设传感器的时候，必须保证竖向加速度传感器垂直固定，否则会影响测试结果。如果传感器不垂直，测得的加速度将不是振动压路机产生的竖向加速度；如果传感器不固定，测得的加速度波形中将会出现漂移值。

在埋设拾振器时，可直接在路基中挖洞至埋设深度，如图 6-26 所示。洞室不可过大，

图 6-26 在洞室底部放置拾振器

也不可过深，洞室过大会影响路基的压实效果，过深时需要在洞底填土以达到埋设高度，填土的压实度与周围土体不一致，会直接影响测试结果。要保证洞室底部的平整度，以便安放拾振器。在拾振器放置后，要预先用少量土把传感器埋设起来，保障在洞室填筑过程中传感器的稳定性。

（2）连接测试系统。测试系统由四部分构成，分别为拾振器、电信号放大器、数据采集系统和笔记本电脑。

（3）启动数据采集系统，振动压路机的碾压过程中，振动触发拾振器产生电信号，通过放大增益传输至数采系统，存储至笔记本电脑。

（4）通过拾振器灵敏度系数换算输出实测的加速度时程曲线。

测试元件及设备：采用 891—4 型拾振器，属于动圈往复式拾振器，利用内部安置的往复摆的运动，建立输出电压与摆加速度的比例关系，外测点运动引发摆的运动，输出电压与测点运动的加速度成正比关系。891—4 型拾振器灵敏度为 $0.13V \cdot s^2/m$，阻尼常数为 3.5，尺寸为 $\Phi 42 \times 78mm$、0.25kg。选用 RS1616—K 型动测仪采集数据，采样间隔为 $10 \sim 65536 \mu s$，16 位采样分辨率，6 通道接口，如图 6-27 所示。

图 6-27 RS1616—K 型动测仪

　　根据现场碾压方式，采用 YZ—20JC 压路机和 3Y18/21 型光轮压路机。碾压组合列于表 6-12，填土松铺厚度为 25cm，在路基中不同深度埋设三个加速度传感器，埋深分别为 20cm、40cm、60cm。当压路机到达可测的距离范围内开启动测仪，记录压路机通过加速度传感器埋设位置时的振动加速度。碾压的施工工序为弱振 1 遍，铁三轮第一遍，铁三轮第二遍，铁三轮第三遍，铁三轮第四遍。

碾压工序　　　　　　　　　　　　　　表 6-12

压路机型号	松铺厚度	碾压组合方式
YZ—20JC、3Y18/21 型光轮压路机	25cm	静压
		静压＋弱振 1 遍
		静压＋弱振 1 遍＋铁三轮 1 遍
		静压＋弱振 1 遍＋铁三轮 2 遍
		静压＋弱振 1 遍＋铁三轮 3 遍
		静压＋弱振 1 遍＋铁三轮 4 遍
		收光

　　1）加速度分析

　　振动试验测试时间总长为 30s，采样间隔设置为 0.16s，加速度时程曲线如图 6-28 所示。加速度时程曲线存在峰值，远离峰值点的区域加速度值较小，几乎为 0。碾压工序是：弱振一遍，铁三轮第一遍，铁三轮第二遍，铁三轮第三遍和铁三轮第四遍。从加速度时程曲线图上看出，加速度传感器埋深 20cm、40cm 和 60cm 时，加速度的时程曲线线型基本保持一致，这说明振动压路机产生的振动波在土中传播时，沿填土深度方向的波形基本保持不变。YZ—20JC 型振动压路机，强振时激振力为 340kN，弱振时激振力为 200kN；3Y18/21 型光轮压路机几乎处于静压状态，理想激振力为 116kN，激振力之比为 58%。在 20cm 深度，铁三轮碾压时的加速度峰值为弱振碾压时加速度的 57.6%；在 40cm 深度，铁三轮碾压时的加速度峰值为弱振碾压时加速度的 51.8%；在 60cm 深度，铁三轮碾压时的加速度峰值为弱振碾压时加速度的 62.8%。弱振和铁三轮在填土中产生的振动加速度峰值之比基本与两种压路机的激振力之比保持一致。不同深度处的加速度时程曲线形状类似，波形不变，但随着深度的增加，加速度峰值有明显的衰减（表 6-13）。在激振力相同的条件下，随着深度增加，加速度峰值降低。若埋深 20cm 处的加速度传感器的加速度峰值取为 1，40cm 和 60cm 深处的加速度峰值与 20cm 的加速度峰值之比为衰减比，列于表 6-14。从 20cm 处传到 40cm 处时，加速度峰值的衰减比为 0.36～0.57；从 20cm 处传到 60cm 处时，加速度衰减比为 0.26～0.44。

　　2）振动能量分析

　　加速度信号是在时域范围内按采样间隔读取的离散数据点，能量分布可以通过对加速度进行离散的 Fourier 变换得到，采用 OriginPro8 对现场加速度进行 FFT 变换即可得到能量分布。

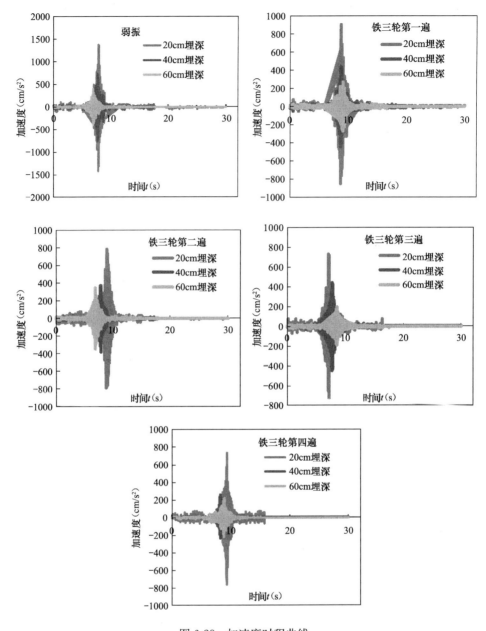

图 6-28　加速度时程曲线

加速度峰值　　　　　　　　　　　　　　　　　　　　　　　　表 6-13

加速度传感器埋深	加速度峰值（cm/s²）				
	弱振	铁三轮第一遍	铁三轮第二遍	铁三轮第三遍	铁三轮第四遍
20cm	1386.4	900	784.5	773.7	733.9
40cm	733.5	440.2	373.3	442.8	263.9
60cm	411.9	272.2	346.3	198.8	217.8

加速度峰值的衰减比　　　　　　　　　　　　　表 6-14

拾振器埋深	加速度峰值衰减比				
	弱振	铁三轮第一遍	铁三轮第二遍	铁三轮第三遍	铁三轮第四遍
20cm	1	1	1	1	1
40cm	0.53	0.49	0.48	0.57	0.36
60cm	0.30	0.30	0.44	0.26	0.30

图 6-29 为由加速度信号通过 FFT 变换得到的能量幅值曲线，分别对应的工序为弱振一遍，铁三轮第一遍，铁三轮第二遍，铁三轮第三遍和铁三轮第四遍。图中只有一个明显的能量峰值。能量峰值及其对应的频率列于表 6-15 中。无论是强振还是弱振，能量峰值沿深度方向衰减很快，说明压路机产生的振动能量在土体中传播的深度有限，主要集中在浅层范围。对于同一碾压工况来说，深度 20cm、40cm 和 60cm 处能量峰值对应的频率基本相同；弱振时能量峰值对应的频率为 24.8Hz 左右，铁三轮碾压时能量峰值对应的频率为 15.5～23.8Hz 之间。

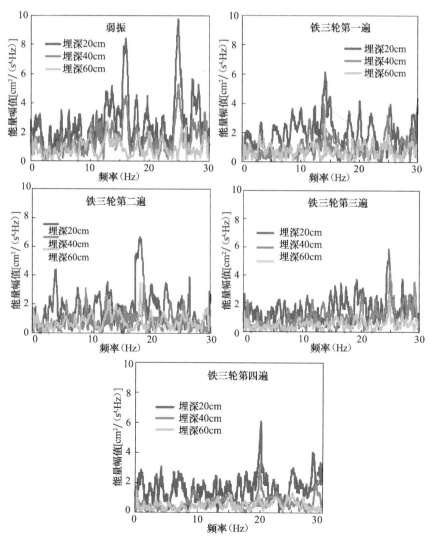

图 6-29　能量幅值曲线

碾压工序	能量峰值					表 6-15
	埋深 20cm		埋深 40cm		埋深 60cm	
	能量幅值	频率（Hz）	能量幅值	频率（Hz）	能量幅值	频率（Hz）
弱振	9.72	24.8	5.25	24.8	2.74	24.8
铁三轮第一遍	6.11	15.5	3.93	15.5	2.62	15.5
铁三轮第二遍	6.65	19.3	5.2	19.3	3.52	19.3
铁三轮第三遍	5.84	23.8	4.28	23.8	2.66	23.8
铁三轮第四遍	6.1	20.1	3.25	20.1	1.47	20.1

3. 碾压方案优化

压实是指通过施加外部荷载，提高填土密度的过程。土是由固相（土颗粒）、液相（孔隙水）和气相（孔隙气）组成的三相体系，土的压实过程就是对土体施加荷载，克服土粒间的摩擦力和黏聚力，排除土颗粒间的孔隙气和孔隙水，土颗粒之间发生位移，相互靠近，密实度增加。通过优化碾压方案，提高压路机的碾压效果。碾压方案优化包括以下内容：

松铺厚度：压实厚度与压路机的碾压影响深度有关，压路机振动碾压的能量随深度分布规律如图 6-30 所示，在 40cm 以下传感器接收到的振动能量大幅度减小，在 40cm 以下土层的碾压效果很差。因此，松铺厚不能大于 40cm。压实厚度与松铺厚度的关系为：松铺厚度＝松铺系数×压实厚度，松铺系数为压实干密度与松铺密度的比值，一般为1.3～1.6。可见，碾压厚度在 20～30cm。

压路机最优效率的振动频率：海砂对振动频率的敏感度高，弱振压路机的最优效率的振动频率为 24Hz；铁三轮光轮压路机的最优效率的振动频率介于 16～23Hz。

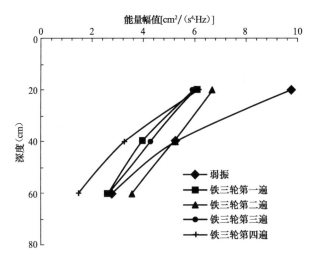

图 6-30 能量幅值随深度变化曲线

碾压遍数：海砂路基通过静压＋弱振＋铁三轮的方法是可以达到规范要求的 96％压实度标准，碾压遍数为 5～6 遍。碾压过程中要控制好含水量，过于干燥和过于潮湿都不利于海砂压实，通过注水或者翻晒控制含水量。

碾压工序：静压对海砂路基压实作用不大，在平整松铺海砂后直接采用弱振碾压。适当增加弱振次数，相应减少铁三轮静态碾压次数。

6.4　海砂路基的包边技术

海砂路基边坡冲刷是指降雨形成的坡面水流破坏路基边坡坡面，冲走坡面表层土颗粒的现象。公路是一种沿地表建设的线状构造物，延伸长度大、跨越的地质地貌单元多，所以路基边坡坡面冲刷是公路边坡最为常见的一种病害。公路路基边坡冲刷主要是受到雨滴击溅侵蚀和坡面侵蚀的影响。公路路基边坡冲刷取决于填土的以下特性：①渗透性；②抗蚀能力；③抗冲能力。

（1）渗透性能：一般认为，填土孔隙数量与特性对渗透性的影响最大，填土大孔隙（非毛管孔隙）是降水入渗的主要通道，填土非毛管孔隙愈多，入渗愈快。填土孔隙状况主要与土质、容重、结构、孔隙度、初始含水量等基本物理性质有关。填土的渗透性随填土的细颗粒含量增加而降低（对无结构填土而言），随容重增大而减弱，随含水量增大而增强。填土表面的降水入渗愈快，径流愈少，流速愈小，侵蚀越弱。

（2）抗蚀性能：不抗蚀的土，遇水分散，降雨时土体结构很快破坏，分散的土粒堵塞填土孔隙，降低渗透，引起坡面径流增大，加剧了冲刷作用。填土的亲水性能和遇水分散的难易，表征了填土抗蚀性的强弱。通常用填土的分散率作为抗蚀性的指标（分散率＝小于 0.05mm 微团聚体含量/小于 0.05mm 机械组成成分含量）。分散率主要与填土的物理化学特性有关，特别是与胶结物的数量和质量有关，即与水稳性团聚体含量、有机质含量、黏粒含量有关。填土中有机和无机胶体含量越高，水稳性团聚体含量越高，分散率则越低。路基填土的有机质含量一般很低，所以填土分散率主要取决于黏粒含量。黏粒含量越高，分散率越低，填土抗侵蚀性能越好。

（3）抗冲性能：填土的抗冲能力是填土与外在条件（如枯落物、径流量、坡度、坡长及历时等）相互作用下的抵抗水流运移的能力。路基填土的抗冲性，主要取决于土粒间的胶结性能和密实程度。土粒间胶结力强、致密紧实的土体，抗冲性强，有结构性的土体的抗冲性一方面取决于结构本身特性，另一方面还取决于结构体互相连接情况。土体的结构水稳性越强，抗冲性就越强。评价抗冲性的指标是原状土样在静水中的崩解率或在水流作用下的冲失量，以冲刷模数、抗冲强度和抗冲指数等评价填土抗冲性，即以单位水体或单位时间内冲走的土颗粒表示土体的抗冲能力。

启东海砂遇水易于崩解破坏，暴雨时导致土粒堵塞孔隙，渗透性急剧降低，地表径流量显著增强，沟蚀强烈，采用黏土包边。包边黏土与砂芯同步填筑，有效包边宽度不小于 0.5m。

6.4.1　包边土的性能要求

衡量包边土的性能指标主要有：

（1）黏粒率：黏粒率是指（砂含量＋粉粒含量）÷黏粒含量，黏粒含量高于30％时，发生侵蚀的概率较小。

（2）分散率：分散率＝（水散性粉砂＋黏粒含量）/（总的粉砂＋黏粒含量），易蚀土的分散率＞15％，不易蚀土的分散率＜15％。

（3）场降雨量（mm）：指标变化影响区域可取10～12mm。当场降雨量＞10mm时，坡面产生冲刷；当场降雨量＞12mm时，坡面冲刷严重。

（4）30min雨强（mm/min）：指标变化影响区域可取0.03～0.13mm/min。当30min雨强＞0.13mm/min时，坡面产生严重侵蚀；当30min雨强＜0.03mm/min时，一般不会产生坡面冲刷。

（5）降雨历时（min）：降雨历时超过15min时，坡面产生侵蚀冲刷；降雨历时超过30min时，形成坡面径流，路基边坡产生显著的冲刷作用。

（6）土的类别：膨胀土、砂土、粉土不适合用作包边土。黏土黏聚力大，不易被分散和形成径流，黏土适合用作包边土。

（7）塑性指数：塑性指数的隶属函数区间为2～40。塑性指数越大，边坡抗冲刷性能越好，$I_p＝17～26$合适。当塑性指数越靠近2，边坡越容易被冲刷；当塑性指数超过40，边坡大多数情况不会形成坡面径流。

（8）压实度：当边坡土体的压实度小于90％，边坡土体被分散的几率非常大；压实度大于95％，坡面冲刷稳定性好。

（9）无侧限抗压强度：当边坡土体的无侧限强度小于0.1MPa时，边坡的冲刷稳定性不良；当无侧限强度大于1MPa时，边坡冲刷稳定性良好。

（10）黏聚力：黏聚力c越大，土体越不易产生冲刷起动。当黏聚力$c＝0$时，砂性土易于遭受水流冲刷；当黏聚力c大于90kPa时，土颗粒不易起动；当坡面冲刷力很大时，坡面往往成团或成片移动。

（11）内摩擦角：内摩擦角越大，土体冲刷起动拖曳力越大，土体不易被冲刷。内摩擦角小于10°时，土体很容易被冲刷；当内摩擦角大于40°时，土体被冲刷的可能性较低。

（12）加州承载比（CBR）：CBR值区间为4～100。当CBR值小于4时，土体非常容易分散，边坡易受到冲刷破坏；当CBR值大于100时，边坡被冲刷破坏的几率较小。

（13）冲刷模数M（g/L）：单位水体对土的冲刷值，出水管直径为1mm时的出射水流直接冲刷土体，以单位水量冲离土颗粒的质量（g/L）作为填土抗冲性指标。土的抗冲性等级划分列于表6-16。

土抗冲性分级（周佩华和武春龙，1993）　　　　　　　表6-16

M（g/L）	＜0.15	0.15～0.8	0.8～3	＞3
抗冲刷等级	极强	强	中等	弱

在包边土性能的以上指标中，选取液塑性和无侧限抗压强度建立包边土判别系统，判定启东包边土的抗冲刷性能。

（1）液塑限指标，包边土按塑性图分类如图 6-31 所示。No.Ⅰ（一队）的塑性指数比
No.Ⅲ（三队）大，更适合用作包边土。

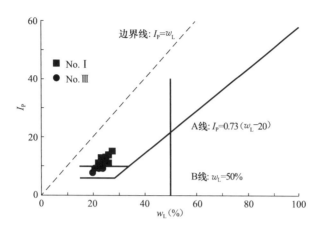

图 6-31 包边黏土在塑性图上的分类

（2）无侧限抗压强度，包边土素土试样的无侧限压缩试验的应力—应变关系曲线如
图 6-32所示，破坏应变随含水量增加而增加，无侧限抗压强度随含水量增加而减小；土样破
坏应变随干密度增加而增加，无侧限抗压强度随干密度增加而增加。No.Ⅰ的强度比 No.Ⅲ大。

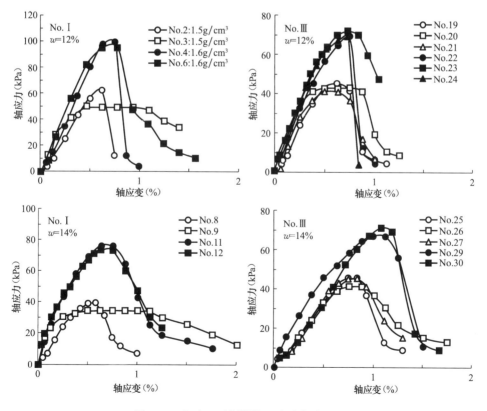

图 6-32 包边土无侧限抗压试验曲线（一）

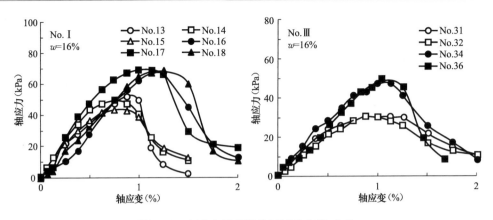

图 6-32　包边土无侧限抗压试验曲线（二）

无侧限抗压强度大于 0.1MPa，包边土冲刷稳定；无侧限抗压强度小于 0.1MPa，包边土冲刷不稳定。塑性指数介于 2～10 的土不可用作包边土，塑性指数介于 10～17 的土可用作包边土，塑性指数介于 17～26 的土是良好的包边土，塑性指数大于 26 的土用作包边土不确定，若膨胀性很强就不适合用作包边土。启东海砂路基包边土 No. I 和 No. III 表示在图 6-33 中，No. I 可用作包边土，但冲刷稳定性差；No. III 用作包边土比 No. I 的性能差。

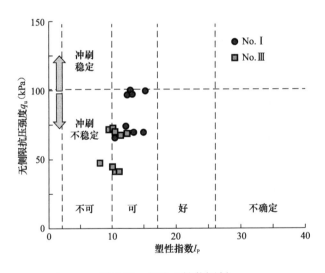

图 6-33　包边土性状评判

6.4.2　包边土宽度确定

海砂路基边坡冲刷破坏形式主要表现为坡面侵蚀、坡面局部隆起、坡肩沉陷。坡面侵蚀是由于雨水冲刷导致，做好坡面防护与排水措施可以避免。因此坡面局部隆起、坡肩沉陷破坏是其冲刷破坏的主要形式。

目前国内在已有的填砂路基工程中，为提高路基边坡的稳定性，设计中主要采用"金包银"的形式，即在路基填料外侧采用改良黏性土包边处理。填砂路基独特的断面形式决定了其稳定性主要受边坡坡度、路堤高度、包边土宽度三个因素的影响。现行规范中对于填砂路基的黏土包边的设计和施工无相关规定，设计存在随意性。因此，通过分析路基横断的稳定性，提出黏土包边宽度的设计和施工方法。

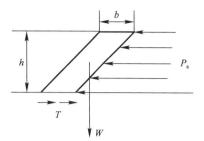

图 6-34　包边土宽度确定方法

包边土宽度确定可以将包边土作为重力挡土墙，同时满足抗滑稳定性和抗倾覆稳定性，如图 6-34 所示。包边土作为挡墙的稳定性验算包括两方面：

1. 抗滑验算

$$F_s = \frac{T+\tau}{P_a} \tag{6-11}$$

式中，$T=cb$，$\tau=W\tan\varphi$，b 是箱涵宽度，P_a 是主动土压力。抗滑稳定性要求：$F_s \geqslant 1.3$。

2. 抗倾覆验算

以 A 为原点，验算抗倾覆稳定性

$$F_c = \frac{W(b+h\cot\alpha)/2}{P_a h/3} \tag{6-12}$$

式中，α 是路基边坡坡度，h 是填土高度。抗倾覆稳定性要求：$F_c \geqslant 1.5$。

填土的容重取 20kN/m³，内摩擦角取 30°。包边土的容重取 20kN/m³，黏聚力取 20kPa，内摩擦角取 30°。满足抗滑稳定性和抗倾覆稳定性的数据列于表 6-17 中。

包边土的宽度（m）　　　　　　　　　　　　　　表 6-17

高度（m）	坡度 1：1		坡度 1：1.5		坡度 1：2	
	抗滑稳定性要求	抗倾覆稳定性要求	抗滑稳定性要求	抗倾覆稳定性要求	抗滑稳定性要求	抗倾覆稳定性要求
0	0	0	0	0	0	0
1	0.14	0.37	0.14	0.28	0.14	0.22
2	0.40	0.73	0.40	0.56	0.40	0.45
3	0.71	1.10	0.71	0.84	0.71	0.67
4	1.05	1.46	1.05	1.12	1.05	0.90
5	1.39	1.83	1.39	1.40	1.39	1.12
6	1.75	2.20	1.75	1.68	1.75	1.35
7	2.10	2.56	2.10	1.97	2.1	1.57
8	2.47	2.93	2.47	2.25	2.47	1.80
9	2.83	3.29	2.83	2.53	2.83	2.02

包边土宽度随填土高度的变化如图 6-35 所示。随填土高度增加，包边土宽度要增加才能满足路基稳定性。对于坡度为 1：1.5 的路基，抗倾覆稳定性决定包边土的宽度。填土高度为 2m，包边土宽度为 0.56m；填土高度为 3m，包边土宽度为 0.84m。

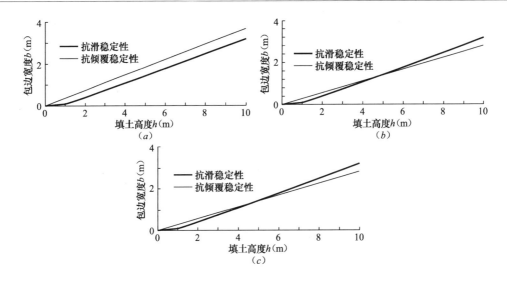

图 6-35　包边土宽度与填土高度的关系

(a) 路基坡度 1 : 1；(b) 路基坡度 1 : 1.5；(c) 路基坡度 1 : 2

6.4.3　包边土的施工方法

启东海砂路基包边采用海砂与包边土同步施工方法。路堤填筑由包边土填筑和海砂两部分组成。先摊铺路堤中心的砂芯，再摊铺外侧包边黏土，每层松铺厚度为 30cm，直至路基顶。

吹填海砂与包边土同步施工法的优点：施工时层次明确，易于进行施工的组织安排，并且在路基平整度、宽度、横坡、标高各项指标的控制上容易掌握，压实度也能达到设计要求。

海砂与包边土同步施工法的缺点：①在施工中，砂与黏土始终处于相同的施工高程，无论海砂施工采用吹填或是干砂拉运至现场后进行水压密实，包边土在整个路基填筑过程中始终处在浸泡状态；而且包边土施工后，砂中的水难以从侧面排出。②砂与黏土在压实中，由于最佳含水量、可压缩性、压实厚度的差异，造成结合处的错台现象，给压实带来一定困难，难以保证压实度。③砂的施工对外界环境要求少，只要能充足的灌水压实，便能正常施工；黏土碾压则对含水量要求高，当黏土的含水量较高时，需要晾晒，黏土施工进度必将慢于海砂填筑，尤其在雨季，一味地强调同步施工，必将造成因黏土进度滞后引起的海砂路基停工等待现象。

根据施工方案的要求，施工工艺的过程控制主要体现在以下几个方面：

1. 清表碾压和排水

在施工前，对红线范围内的水以开排水沟的方式排除，保证红线范围内适宜进行清表和填前碾压作业。根据设计文件和施工规范要求，对路基基底进行表土清除。清表时采用 TY220 推土机，清表厚度平均为 20cm，以清到硬土为准，然后用 PY180 平地机刮平。场地清理完成后，进行填前碾压，密实度达到规范要求。雨水季节需要开挖排水沟，开挖深度宜为 0.8～1.0m，宽度为 1.0m 左右，以利于机械作业和水沟排水通畅为准。

2. 填料运输

海砂碾压成型后，可以承载 8t 以上双后桥自卸车，施工中宜采用大马力双后桥自卸车运砂。海砂路基碾压成型后，需要保持砂层表面的含水量在 10％～17％范围内，否则容易造成陷车现象。在已验收合格的填砂路堤表面继续填筑时，应洒水保持已填筑砂层表层（不小于 20cm 厚）的含水量不小于 15％，当出现较深车辙时，要用推土机或压路机及时整平碾压。

3. 摊铺和平整

海砂的透水性好，逐层填筑后，水很容易透过砂层，从路基坡脚排出。因此，在填筑时填砂路基顶面控制适宜的反向横坡度，反向横坡宜控制在 1.5％～2.0％内。采用履带式 Ty220 推土机或 Ty140 推土机按中心低、两侧高施作，形成"锅底型"。摊铺粗平，松铺厚度不超过规定要求后，先洒水至砂的表层含水量不小于 10％，再用平地机仔细平整，平整结束后，立即采用压路机碾压。对局部含水量偏低的部位（主要是路侧），在压实前或压实过程中可采用水车或水泵补充水分至最佳含水量。

4. 包边土运输和推平

海砂摊铺平整后进行包边土施工，包边黏土填筑时要采用重型压实设备压实，并尽量加快施工速度，保证路基填筑质量。

土方的挖、装、运均采用机械化施工，一般采用挖掘机配备自卸汽车运土，按每延米用土量严格控制卸土，采用装载机、挖掘机摊铺，平地机整平。包边土采用黏土，分层填筑，每层厚度与吹填砂厚度一致，压实后厚度为 20cm，严格按照中桩和边桩上标示的标高线控制每层的松铺厚度，摊铺时，注意按设计要求，控制好纵坡和横坡的坡度。包边土加宽填筑 50cm，施工完成后再用人工配合挖掘机削坡、修整。

碾压时，按先轻后重的方法碾压。一般情况下，由路基两侧向路中心方向碾压，前后两次轮迹重叠不少于 1/3 轮迹。一层路堤压实以后，报请监理，按设计与规范要求现场取样做压实度试验。压实度满足规范要求、路基沉降观测符合设计规定标准值，经监理工程师同意，开始上一层路基的填筑。填筑路堤分层搭接，上下层错开，搭接阶梯（错台）宽度不少于 2m，分层压实。

5. 碾压

填筑面采用平板机仔细整平后，确保包边土和砂的最佳压实含水量范围，压路机从路基两侧向路基中心碾压，碾压速度控制在 2～4km/h，最好用高频率、低振幅，直线进退法进行碾压；碾压时，压路机往返轮迹重叠不小于 1/3 钢轮宽，全路宽碾压完成为 1 遍。采用 20t 压路机，一般振动碾压 6～8 遍，压实度达到设计要求。

6. 洒水

海砂路堤施工，洒水是关键。现场施工洒水主要是利用潜水泵人工洒水。水源主要是利用沿路堤两侧边沟外打设直径为 150～200mm 的机井和路基洒水后浸入边沟内的积水。现场洒水时，先路基两侧、后路基中心，碾压前表面应无积水，碾压过程中表层砂不液化、不松散。

7. 封顶土施工

海砂路基包边土施工完后，再进行封顶土层的填筑、外包边土的削坡。封顶土的填筑和压实施工方法与包边黏土施工类似。

6.4.4 包边土施工监测

1. 测点布置与埋设

启东海砂包边土的宽度小，路基包边土填筑高度小，为了检验包边土填筑宽度是否合适，采取严密的监测措施对包边黏土施工进行全过程监控，实现信息化施工，严格施工管理。

监测断面的布置：观测断面设置于试验段内，共设置约2个断面，每个观测断面设置表面沉降板3块，分别埋设于路堤中心及两侧路肩处；土压力计每层4个，埋设于海砂路基与包边土之间。土压力观测要求保证路基包边土施工的稳定性，指导包边土和路基填筑施工。选取K116+000～K118+000试验段进行现场试验，分别在海砂土路基96区第1层（记作"96-1"）、96区第2层（记作"96-2"）、96区第3层（记作"96-3"）的砂芯与包边黏土交界处埋设土压力盒，以测量填土和碾压过程中包边土所承受的土压力，如图6-36所示。在埋设过程中，因为在碾压过程中会产生一个较大的横向压力，海砂路基容易产生横向位移，为了保持土压力盒测量结果的精度，需打入钢筋对土压力盒进行固定保护。

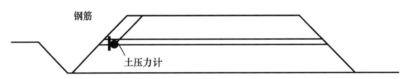

竖直向放置，正面朝路基中心，测水平向土压力
水平向放置，正面朝上，测竖直向土压力

(*a*)

(*b*)

图 6-36　现场边坡土压力盒埋设图

(*a*) 土压力盒埋设位置示意图；(*b*) 现场埋设图片

2. 监测结果分析

包边土土压力测试结果列于表6-18~表6-20中。表6-18中是埋设在96-1层中的土压力计在填筑和碾压96-1、96-2、96-3和96-4的读数，表6-19中是埋设在96-2层中的土压力计在填筑和碾压96-2、96-3和96-4的读数，表6-20中是埋设在96-4层中的土压力计在填筑和碾压96-4的读数。从表中土压力读数可以得到以下结论：

路堤96-1层中土压力计的读数（kPa）　　　　　　　　　　　表6-18

埋设位置	填土96-1	碾压96-1	填土96-2	碾压96-2	填土96-3	碾压96-3	填土96-4	碾压96-4	碾压后
96-1（东）	1.4	132.9	3.1	58.4	4.4	28.6	6-6.4-6.1	15.3	6.2-6.2-6.1
96-1（西）	1.6	128.5	3.5	49.3	4.5	23.6	6.1-6.1-6.1	11.7	6.0-6.2-5.8

路堤96-2层中土压力计的读数（kPa）　　　　　　　　　　　表6-19

埋设位置	填土96-2	碾压96-2	填土96-3	碾压96-3	填土96-4	碾压96-4	碾压96-4
96-2（水平）	1.3	107.3	2.2	44.2	3.9-3.6-3.8	22.2	3.6-3.6-3.8
96-2（竖向）	5.4	427.4	9.6	159.6	14.2-14.1-14.4	79.4	14.9-14.9-14.8

填筑96-4层中土压力计的读数（kPa）　　　　　　　　　　　表6-20

埋设位置	填土96-4	碾压96-4	碾压96-4后
96-4（水平）	1.6-1.9-1.9	120.6	1.4-1.3-1.5
96-4（竖向）	7.1-7.1-7.4	471.9	6.6-6.6-6.7

（1）无论土压力，还是竖向应力均随填土高度增加而增加，土压力小于竖向应力，符合土压力理论。填土高度为20cm时，包边土所受侧向土压力为1.3~1.6kPa；填土高度为40cm时，包边土所受侧向土压力为3.1~3.5kPa；填土高度为60cm时，包边土所受侧向土压力为4.2~4.5kPa。

（2）碾压时的土压力和竖向应力远远大于静止土压力，填土碾压产生很大的土压力，影响结构物的稳定性。埋设在96-1层中包边土的土压力与埋设深度和竖向应力的关系如图6-37所示，图中Ⅰ和Ⅱ分别表示测量次数。包边土受到路基填土的土压力随埋设深度（填土高度）增加而增大，符合土压力的发展规律。土压力与竖向应力的关系接近主动土

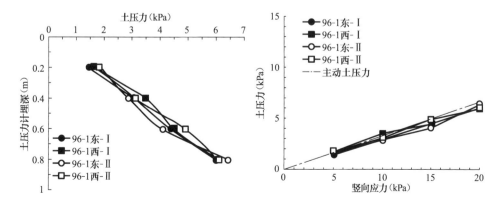

图6-37　埋设于96-1层中的土压力与埋深的关系

压力理论曲线，说明包边土处于临界状态，包边土的设计宽度（现场约为1.0m）偏不安全。对于填土高度大的路段，相对于顶层而言，底层包边土的宽度应适当增加，保证包边路基边坡的稳定性。

埋设在96-1层中土压力计测得的压路机碾压产生的土压力随深度的变化规律如图6-38所示。碾压时，土压力会随着填土高度增加而减少，填土高度为20cm，包边土所受侧向土压力为128.5～132.9kPa；填土高度为40cm，包边土所受侧向土压力为49.3～58.4kPa；填土高度为60cm，包边土所受侧向土压力为23.6～28.6kPa；填土高度为80cm，包边土所受侧向土压力为11.7～15.3kPa。随着填土高度增加，压路机碾压产生的土压力逐渐减小。压路机碾压产生的土压力远远大于静止土压力，随着埋设深度（填土高度）增加，静止土压力和压路机碾压产生的土压力随深度的变化规律不同。静止土压力随深度而增大；压路机碾压产生的土压力随深度增加而快速减小，在0.4m以下，压路机碾压产生的土压力远远小于0.2m处的土压力，说明压路机的碾压影响深度小于0.4m，在0.4m深度以下的碾压效果不理想。

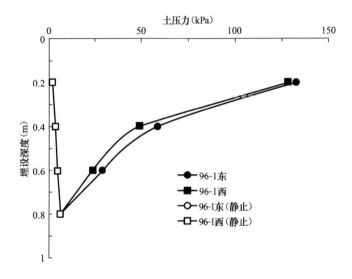

图6-38　埋设在96-1层中土压力测得的碾压产生的土压力

埋设在96-2层中包边土的土压力与埋设深度的关系，以及土压力与竖向应力的关系如图6-39所示，图中Ⅰ、Ⅱ和Ⅲ分别表示测量次数。包边土受到路基填土的土压力和竖向应力随埋设深度（填土高度）增加而增大，符合土压力的发展规律。土压力与竖向应力的关系在主动土压力理论曲线以下，说明包边土处于稳定状态，包边土的设计宽度满足边坡稳定性安全要求。对于填土高度大的路段，相对于深层包土边的宽度而言，上部包边土的宽度应适当减小，不影响路堤包边边坡的稳定性。为了节省包边土数量，填土高度大的海砂路基，包边土宽度自下而上逐渐减小。将图6-35中包边土设计宽度的理论值与图6-37和图6-39中土压力实测结果比较，两者结论是一致的，即随填土高度增加，包边土宽度需要增加。

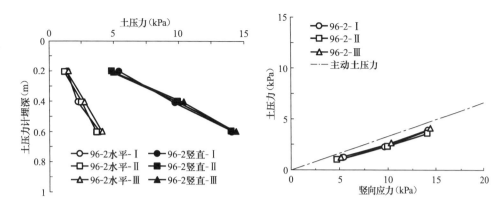

图 6-39　埋设在 96-2 层中的土压力与埋深的关系

　　埋设在 96-2 层中土压力计测得的压路机碾压产生的土压力和竖向应力随深度的变化规律如图 6-41 所示。压路机碾压产生的土压力和竖向应力远远大于静止土压力和竖向应力，静止土压力和竖向应力随深度而增大；压路机碾压产生的土压力和竖向应力随深度增加而快速减小，在 0.4m 以下，压路机碾压产生的土压力和竖向应力远远小于 0.2m 处的土压力，说明压路机的碾压影响深度小于 0.4m，即 0.4m 以下的碾压效果不理想。

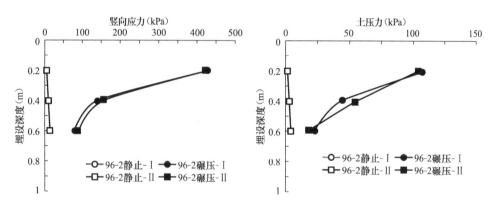

图 6-40　埋设在 96-2 层中土压力测得的碾压产生的土压力

6.5　海砂路基均匀性检测

6.5.1　表面波勘探的原理

　　敲打介质表面时介质会产生振动，振动向远方传播就形成了波动。在波动中常见的有纵波和横波，纵波介质质点的振动方向与传播方向一致，横波介质质点的振动方向与传播方向垂直。由于纵波的传播速度最快，发生振动后会首先到达观测点，所以又叫 P 波（Primary Wave）；横波速度较慢，在纵波之后到达，所以又叫 S 波（Secondary Wave）。纵波和横波都是从震源呈放射状向外在介质中传播，又被统称为体波。除体波外，沿介质表面传播的波称为面波，最常见的有瑞雷面波和勒夫面波。瑞雷面波介质质点的振动轨迹为一椭圆，勒夫面波介质质点的振动与传播方向垂直、且平行于介质表面。基于瑞雷面波和勒夫面波的质点振动轨迹，瑞雷面波有垂直和水平两种成分，勒夫面波只有水平成分而无垂直成分。打击介质表面时，所激发的波中瑞雷面波最强，约占波动总能量的 60% 以上。高密度面波法通常通过使用垂直检波器接收瑞雷面波的垂直成分，避开勒夫面波的干扰。

瑞雷面波的振幅从介质表面沿深度方向快速衰减，在半个波长以内大约集中了全部能量的 80% 以上，在一个波长以内则集中了全部能量的约 95% 以上。所以瑞雷面波的传播速度主要由从介质表面到半个波长深度范围内的介质决定，几乎与 1 个波长深度以下的介质无关。显而易见，高频面波波长短，只能穿透介质表面附近很浅的范围内的介质，传播速度只反映浅层情况；低频面波，波长大，能穿透从表面到深处的介质，传播速度能反映从表面到深部的介质的综合影响。从高频到低频的瑞雷面波的传播速度反映整个介质的结构信息，用数学方法按深度把这些信息分离，掌握整个介质内部构造。

6.5.2 表面波勘探方法

面波勘探的数据采集首先是将多个弹性波检波器按一定间隔设置在一条直线（测线）上，然后在测线的延长线上通过人工的方法使介质表面振动，用记录仪记录由检波器接收到的振动。由检波器组成的接收系统称为地震排列或排列；用重锤打击的点被称为震源，震源到最近的检波器的距离称为震源偏移距或偏移距；检波器之间的距离称为检波距，从第一个检波器到最后一个检波器的距离称为排列长度。每一个检波器对应着记录仪的一个数据通道，称为一个数据道或地震道。

6.5.3 现场数据采集

1. 测线布置

试验段位于 K116＋060，测线布置如图 6-41 所示，测点间距 50cm，测线长度为 550m，选择 5 个测断，每个测断的间距为 5m。以确定的勘测点为基准点，每间隔 50cm 布置一个检波器，检波器垂直地插入地中。先将地面平整，然后铺一块约 30cm×30cm 的钢板，用大锤夯击钢板与地面充分耦合后，质量 15kg 的大锤敲击钢板作为激发震源。

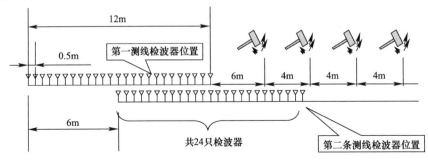

图 6-41　测线布置图

2. 数据采集设备

数据采集仪为 Geod 数字地震仪，记录通道为 24，模数转换为 24bit，高截频为 500Hz，低截频为 1.75Hz。检波器为动圈式垂直成分速度型检波器，固有频率为 4.5Hz，如图 6-42 所示。数据采集采用单边激发。排列长度为 24 道，对同一排列分别在间距 6m、10m、14m 和 18m 的 4 处激发，并分别记录数据。

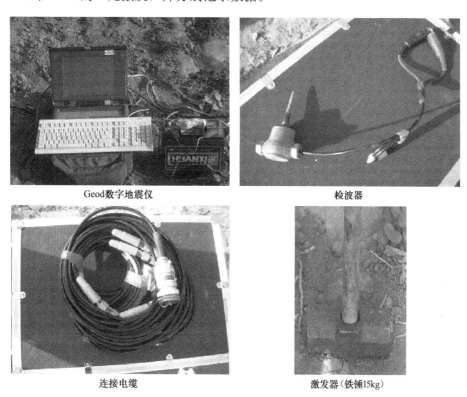

Geod数字地震仪　　　　　　　　　　检波器

连接电缆　　　　　　　　　激发器(铁锤15kg)

图 6-42　仪器设备

6.5.4　数据分析

图 6-43 为波速等值线图，横坐标为距离，纵坐标为虚拟深度，亦即半波长，灰度深浅代表剪切波速度。由于瑞雷面波的半波长近似地等于勘探深度，瑞雷面波的传播速度近似地等于介质的剪切波传播速度，反映海砂路基压实度的均匀性。

如图 6-43 所示，通过表面波探测方法，可以清晰地看到整个测线范围内断面的剪切波速度分布。剪切波速度越大，土体结构越密实。海砂路基是分层填筑的，剪切波速度自上往下分层变化，图形中颜色不均匀变化反映了路基压实度不均匀。为了直观地显示整个路基断面压实度的均匀性，将剪切波速度转换为填土的干密度。

$$V_{\mathrm{R}} = (0.92 \sim 0.95)\sqrt{\frac{G}{\rho}} \tag{6-13}$$

式中，V_{R} 是瑞雷波速度，G 是剪切模量，ρ_{d} 是干密度。由式（6-17）看出瑞雷波速度与干密度成反比。其实不然，因为对于土体介质的干密度 ρ 是介质孔隙度的函数，孔隙度减小，

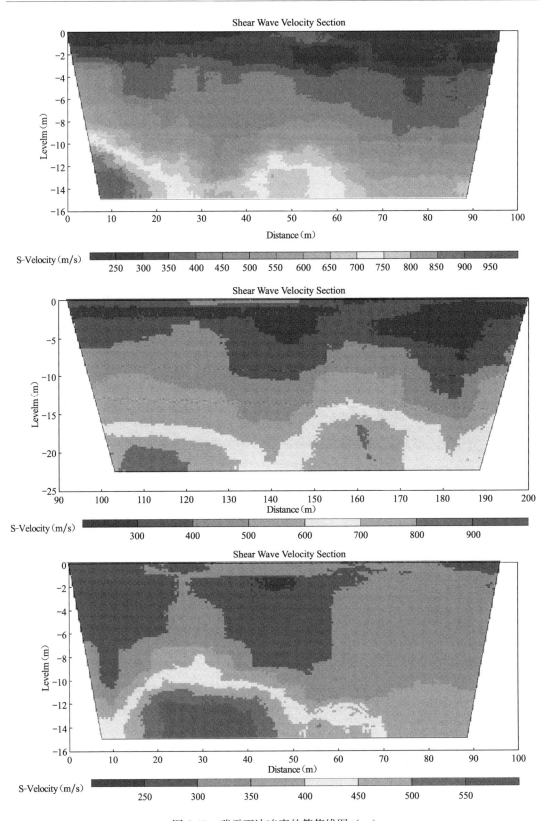

图 6-43　瑞雷面波速度的等值线图（一）

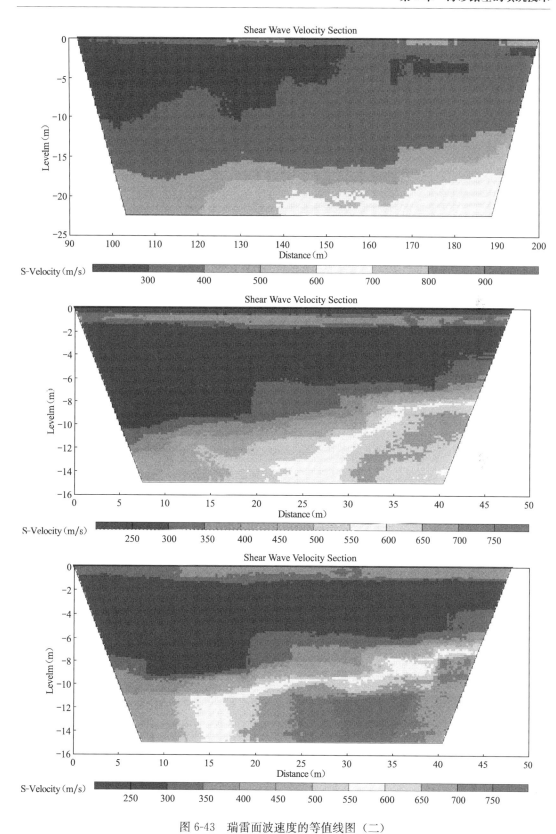

图 6-43 瑞雷面波速度的等值线图（二）

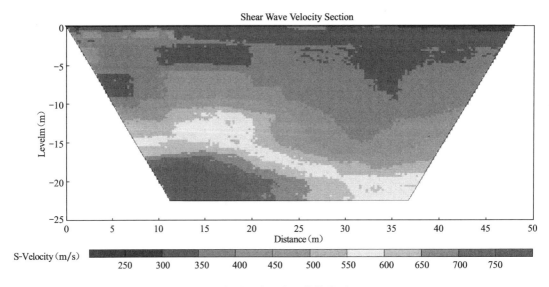

图 6-43　瑞雷面波速度的等值线图（三）

密度增大，剪切模量增大；剪切模量增大幅度要比干密度增大幅度大得多，导致 V_R 随 ρ 的增加而增大。因此，V_R 与 ρ 的关系用幂函数形式表示：

$$\rho = AV_R^B \tag{6-14}$$

以路基表面压实度 96% 所对应的干密度和剪切波速度为依据，可以拟合成经验公式：

$$\rho = 0.8573V_R^{0.1443} \tag{6-15}$$

根据式（6-15）将路基剪切波速度分布转化为干密度分布，如图 6-44 所示。测线范围内全断面干密度基本大于 $1.65\mathrm{g/cm^3}$，压实度达到 96% 以上，与现场实测干密度一致。

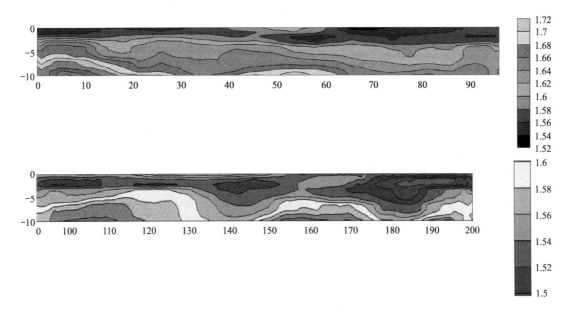

图 6-44　海砂干密度的等值线图（一）

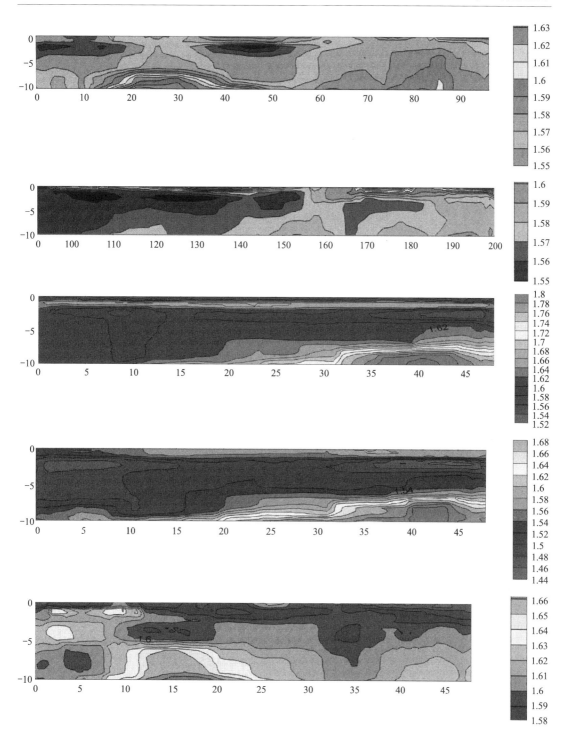

图 6-44　海砂干密度的等值线图（二）

第7章 海砂路基的液化病害及其防治措施

7.1 海砂路基液化病害分类

海砂路基液化引起的常见病害如图 7-1 所示，归结为路基开裂、翻浆冒泥和边坡冲刷。图 7-1（a）为海砂路基填土强度衰减，引起路基路面产生开裂；图 7-1（b）为海砂路基在交通荷载作用下产生液化，引起路基产生翻浆冒泥（沉陷）。

海砂路基病害成因主要源于水和动荷载作用，路基排水不良、受水侵蚀承载力下降，在行车荷载反复作用下，形成路基翻浆冒泥的病害。水若源于降雨，翻浆冒泥表现为季节性，即雨季发生，旱季不发生；水若源于地下水，则翻浆冒泥表现为常年性，但雨季比较严重。在水的侵蚀、潜蚀作用下和行车动荷载的反复作用下，路基填土逐渐遭到破坏，承载力也逐渐丧失，路基开裂。在路基边坡流水作用下，路基边坡产生冲刷病害。

 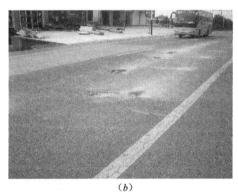

（a）　　　　　　　　　　　　　　　　（b）

图 7-1　路基的常见病害

（a）开裂（S221）；（b）翻浆冒泥（老 S225）

7.1.1 海砂路基开裂病害

路面裂缝的危害主要体现在从路面裂缝中不断进入水分使路面基层甚至路基软化，加速路面的整体破坏，导致路基路面承载力下降。路基裂缝包括纵向裂缝和横向裂缝。

1. 横向裂缝

横向裂缝是由于车辆超载严重或由于路面结构设计不当，致使沥青面层或者半刚性基层内产生的拉应力超过疲劳强度而产生的裂缝，如图 7-2（a）所示。

2. 纵向裂缝

纵向裂缝是由于路基在行车荷载作用下产生不均匀沉降引起的。在车辆荷载和水的共同作用下，路基强度降低，导致路基内部开裂。雨水入渗到路基裂隙中，降低了土的内摩擦角和抗剪强度，加大了土体自重和下滑力，在土体自重和渗流水压力作用下，裂缝不断延展，形成纵向裂缝，如图 7-2（b）所示。

（a）　　　　　　　　　　　　　　　（b）

图 7-2　路基裂缝
（a）横向裂缝（S225）；（b）纵向裂缝（S221）

7.1.2　海砂路基翻浆冒泥病害

路基强度因含水过多而急剧下降，在行车作用下发生裂缝、鼓包、冒泥等现象，称之为翻浆。翻浆冒泥一般易发生于路基土质不符合要求的部位，特别是以细粒土作路基填料，在反复振动荷载作用下，发生软化或触变、液化，形成泥浆。汽车通过时使泥浆受挤压抽吸而通过孔隙向上翻冒。翻浆冒泥分为土质路基翻浆、裂隙泉眼翻浆等，如图 7-3 所示。

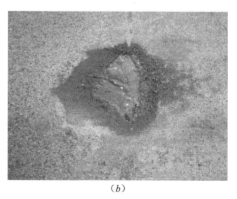

（a）　　　　　　　　　　　　　　　（b）

图 7-3　路基翻浆冒泥病害
（a）由鼓丘转为沉陷；（b）由翻浆冒泥转为龟裂

路基下沉主要是路基填筑压实度不够和强度不足所致，表现形式为路基下沉。填方路基下沉导致断面尺寸改变的病害现象，为路堤沉陷。由于路基填土密实度不足或地基松软。在水、荷重、自重及振动作用下发生局部或较大面积的竖向变形。一般经过运行一段时间后下沉会趋于缓解。

饱和海砂在周期性动力荷载的作用下，超孔隙水压力的周期性变化，致使土体流变而强度失效，形成动力翻浆。处于冻结作用阶段的路基在周期性动力荷载作用下，机械能转化为热能，而非均匀地融化固体冰；处于融化阶段的路基中，融化的冰水在超孔隙水压力作用下发生渗透作用，促进了热量在路基中传递，并在冻结区与融化区交界部位形成明显的剪切带，路基与路面发生明显的差异沉降。

当刚性路面具有贯穿拉张裂缝以及未闭合接缝时，地表水易进入路面以下，并汇集成高含水量的路基部位，这些部位在周期性动力荷载（如汽车荷载）的作用下发生液化，强度急剧衰减，承载力下降；在此过程中，地下水可以沿着裂缝上溢，携带大量黏土矿物，进而掏空路基，使路面结构发生渐近破坏。

图 7-4 为翻浆冒泥的发育过程，翻浆路段路基中通常存在海砂、粉土，当含水量在 25% 左右时，体积膨胀。在体积膨胀过程中，相对于路基底部和侧部而言，只有顶层较薄的沥青混合料层为自由边界，体积膨胀的鼓丘只有向路面隆升，进而导致路面龟裂，形成翻浆冒泥鼓丘。翻浆鼓丘在路面显现出封闭状的龟裂纹，几何形态表现为准环状龟裂带，带间的路面上部处于受压应力状态、底部处于受拉应力状态。

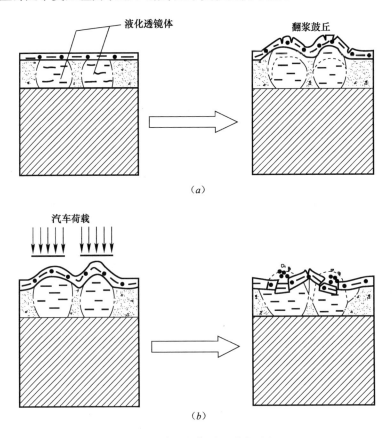

图 7-4　路基翻浆冒泥形成过程

（a）鼓丘；（b）翻浆冒泥、沉陷

在路基中存在黏土透镜、路面动力荷载是形成动力翻浆的必备条件。翻浆鼓丘在动力荷载作用下发生显著的侧向变形，翻浆鼓丘顶部受压回缩、裂纹封闭，而在鼓丘边缘以及孪生鼓丘交接部位重新产生鼓胀裂纹。因此，动力翻浆鼓丘的裂纹边缘多数为黏土透镜体的存在部位。

关于翻浆冒泥的成因有以下共识：

（1）细颗粒填土是路基产生翻浆冒泥的基本条件；

（2）重载和超载是翻浆冒泥的重要诱因，虽然各种荷载等级都能引起翻浆冒泥；

（3）行驶速度慢比行驶速度快更易引起翻浆冒泥；

（4）存在自由流动的水和细颗粒土才能形成翻浆冒泥；

（5）压实度大的填土延迟了翻浆冒泥出现的时间；

（6）在细颗粒填土之上设置粗粒土底基层能有效地预防翻浆冒泥，粗粒土底基层的厚度为 7.5～30cm；

（7）翻浆冒泥与通车时间关系不大；

（8）填土厚度与断面形式对翻浆冒泥没有明显影响；

（9）路基裂缝是翻浆冒泥的通道。

7.2　路基海砂路基内的孔隙水压力

路基沉降、开裂、翻浆冒泥等病害多与路基内部孔隙水压力的形成、累积和消散过程密切相关。当交通载荷作用下，海砂路基内产生超孔隙水压力，海砂产生液化而软化，这就是海砂路基病害本质。海砂路基是饱和—非饱和多孔弹性介质，在交通荷载作用下的动力响应复杂。借助 Comsol 有限元软件，建立超孔隙水压力发展模型，分析车辆荷载、交通流量、地下水位、路基高度等因素对超孔隙水压力发展的影响。在研究孔隙水流动和土骨架变形时，做了下列假设：①土是多孔弹性介质，土颗粒本身是不可压缩的；②由变形引起的惯性力不能忽略；③饱和—非饱和渗流符合达西定律；④土骨架弹性变形符合广义胡克定律；⑤修正有效应力模型适用于饱和—非饱和介质。

7.2.1　控制方程

交通荷载的作用下海砂中产生超孔隙水压力，海砂与孔隙水的相互作用表示在图 7-5 中。土—水之间的直接耦合作用体现于孔隙水压力与有效应力的相互影响（图中实线所示）；间接耦合表现在两个方面：饱和度和相对渗透吸力系数的变化、孔隙率和饱和渗透吸力系数的变化（图中虚线所示），通常

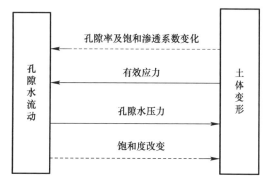

图 7-5　土—水耦合系统

称为固结作用或者孔隙渗流作用（Zienkiewicz 等，1980；Conte，2004）。在非饱和渗流条件下，饱和度和相对渗透吸力系数决定于孔隙水压力，饱和度变化也会导致耦合程度以及体力改变。孔隙率和饱和渗透吸力系数的变化是由于有效应力引起的，有效应力是土骨架产生变形的原因。间接耦合关系是致使土—水系统非线性响应的根源。

1. 质量守恒方程

Verruijt（1969）分别根据土体和孔隙水的质量守恒方程推导得出了土—水耦合的质量控制方程，但方程中不含由土颗粒和孔隙水加速度引起的动力项。Mei（1989）在 Verruijt（1969）基础上得到了包含动力项的质量守恒方程：

$$\frac{k}{\gamma_w} \nabla^2 p - n\beta \dot{p} = \nabla \cdot \dot{\boldsymbol{u}} - \rho_w \frac{k}{\gamma_w} \nabla \cdot \ddot{\boldsymbol{w}} \tag{7-1}$$

式（7-1）将土体视为完全饱和土，没能考虑饱和度变化的影响，Kim（1996）考虑饱和—非饱和土—水耦合，导出质量守恒的偏微分控制方程：

$$\frac{k}{\gamma_w} \nabla^2 p - \left(n\frac{\mathrm{d}S_w}{\mathrm{d}p} + nS_w\beta_w \right)\dot{p} = \alpha_c S_w \nabla \cdot \dot{\boldsymbol{u}} - nS_w\rho_w \frac{k}{\gamma_w} \nabla \cdot \ddot{\boldsymbol{w}} \tag{7-2}$$

式中，p 为超静孔隙水压力（压为正），$\dot{\boldsymbol{u}}$ 为土骨架位移向量对时间的一阶导数，$\ddot{\boldsymbol{w}}$ 为孔隙水位移向量对时间的二阶导数，$k=k_r k_{sat}$ 为土体渗透吸力系数，S_w 为饱和度，$\gamma_w = \rho_w g$ 为孔隙水重度，α_c 为有效应力系数（$0 \leqslant \alpha_c \leqslant 1$），$n$ 为土体孔隙率。

2. 力平衡方程

饱和—非饱和土的单元体变形满足力的平衡条件：

$$\frac{\partial \sigma_{ij}}{\partial x_j} + f_i = 0 \qquad i,j = x,y,z \tag{7-3}$$

式中，σ_{ij} 是应力张量的分量，f_i 是外力作用项。

根据太沙基有效应力原理，有效应力是总应力与孔隙水压力之差：

$$\sigma'_{ij} = \sigma_{ij} - \chi p \delta_{ij} \qquad i,j = x,y,z \tag{7-4}$$

式中，σ'_{ij} 变性导致的有效应力张量（拉应力取正），p 为孔隙水压力（压应力取正），δ_{ij} 是 Kronerker 符号，χ 是毕肖普常数，通常用 S_e 来代替（Xu，2004）。

假设土体是完全弹性体，在小变形的条件下，有效应力与应变的关系可以由广义胡克定律给出：

$$\sigma'_{ij} = G\left\{ \nabla^2 \boldsymbol{u} + \frac{1}{1-2\mu} \nabla(\nabla \cdot \boldsymbol{u}) \right\} \qquad i,j = x,y,z \tag{7-5}$$

式中，G 为剪切模量，μ 是泊松比。土单元所受到的外部力就是土骨架和孔隙水的体力，

$$f_i = \rho_b g_i = nS_w\rho_w \ddot{\boldsymbol{w}} + (1-n)\rho_s \ddot{\boldsymbol{u}} \tag{7-6}$$

式中，ρ_b 为土体的密度，ρ_s 为土颗粒密度。土单元力的平衡的非线性偏微分方程为：

$$G\left\{ \nabla^2 \boldsymbol{u} + \frac{1}{1-2\mu} \nabla(\nabla \cdot \boldsymbol{u}) \right\} - S_w \nabla p + nS_w\rho_w \ddot{\boldsymbol{w}} + (1-n)\rho_s \ddot{\boldsymbol{u}} = 0 \tag{7-7}$$

3. 动量平衡方程

在土—水耦合准静态解法中（Hsu&Jeng，1994；Kim，1996），控制方程没有包含动

量平衡方程，在交通荷载作用下的动力模型中需要考虑，不能忽略孔隙水和土骨架之间的相对运动（Mei，1989）。土—水耦合动量平衡的微分方程为（Mei，1989）：

$$\rho_w \ddot{\boldsymbol{w}} = -\nabla p - \frac{\gamma_w n S_w}{k}(\dot{\boldsymbol{w}} - \dot{\boldsymbol{u}}) \tag{7-8}$$

7.2.2　非饱和土的水理性质

非饱和多孔介质的水理性能包括水分特征曲线和渗透吸力系数（导水系数）。非饱和多孔介质的水分特征曲线和渗透吸力系数与多孔介质的几何构造密切相关（Burdine，1953；Brooks&Crrey，1966）。非饱和多孔介质的水分特征曲线和渗透吸力系数的测量耗资、耗时，试验结果多变和不准确（Dirksen，1991）。因此，从理论上预测非饱和多孔介质的水分特征曲线和渗透吸力系数成为一种必不可少的方法，特别是那些预测模型包含一些对多孔介质结构条件敏感的参数。多孔介质（如土、岩石等等）是由相互影响单元组成的非均质体系（van Damme，1995），多孔介质的复杂性使得对水分特征曲线和渗透吸力系数的预测很复杂。分形可以用来描述层次分明的复杂体系，适合于建立在复杂、多孔介质的结构模型。

1. 水分特征曲线

多孔介质在微观尺寸上都可以用分形模型描述。为了研究多孔介质的水分特征曲线、渗透吸力系数和扩散系数的分形模型，按照下面的方法构造一种多孔介质的分形模型，将一个 $1 \times 1 \times 1$ 的立方体划分为 $1/(2r)^3$ 的次一级立方体，每一个小块体分别为 $2r \times 2r \times 2r$。从原来的立方体中，去掉 N 个次一级立方体，代表着 N 个 $2r \times 2r \times 2r$ 的立孔隙。又将剩下的 $1/(2r)^3 - N$ 个次一级立方体再分为 $1/(2r)^3$ 的更次一级的立方体且再去掉其中的 N 个立方体。如此递推下去，原来的立方体的每一处都充满了各种尺寸的孔隙。设用来覆盖孔隙的尺寸大于或等于 $(2r)^3$ 的球的数量为 N，由孔隙分布的分形模型得到，孔隙半径（r）与孔隙个数（N）满足（Mandelbrot，1982）：

$$N = Br^{-D} \tag{7-9}$$

式中，C 为常数，N 是孔隙数，r 为孔隙半径，D_s 为孔隙分布的分维。半径小于 r 的孔隙总体积为：

$$V_v = \int_0^r (4\pi r/3) \mathrm{d}N \tag{7-10a}$$

$$V_v = \overline{B} r^{3-D} \tag{7-10b}$$

式中，V_v 为孔隙体积，$\overline{B} = 4\pi BD/[3(3-D)]$。孔隙分布的分维可以由直线 $\log r - \log V_p$ 的斜率得到。在 $\log r - \log V_p$ 坐标上相应的直线的斜率为 $3-D$。分维 D 介于 $1.0 \sim 3.0$ 之间（Gimenez et al.，1997）。相对于砂而言，黏土孔隙分布的分维较大（van Damme，1995）。

非饱和土中孔隙水的分布往往是从充填小孔隙开始，随着饱和度增加，水分依次充填大孔隙（图7-6）。为了便于计算孔隙内水的体积，假设含水量小于残余含水量时，水分被土粒紧紧吸在一起，这部分孔隙水不能自由移动；含水量大于残余含水量以后，孔隙水是自由水，自由的孔隙水对水分特征曲线才有贡献。假设孔隙半径从最小值 0 开始（图 7-7）。孔隙半径 $r \rightarrow r+dr$ 的孔隙内的体积含水量表示为：

$$d\Lambda = (4\pi r^2 dr)N \tag{7-11}$$

式中，$\Lambda = \theta - \theta_r$，是相对含水量；$\theta$ 和 θ_r 分别为实际体积含水量和残余体积含水量。

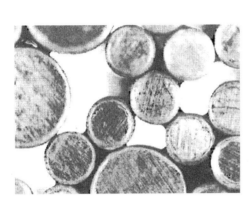

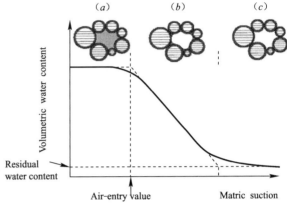

图 7-6　非饱和土中孔隙水的分布特性　　　图 7-7　孔隙水分布对水分特征曲线的影响

残余体积含水量是指在该体积含水量下，吸力变化不能有效地引起孔隙水的进一步迁移，此时水的迁移以水蒸气形式排出。相对体积含水量 Λ 由式（7-11）积分得到：

$$\Lambda = \overline{B}r^{3-D} \tag{7-12}$$

饱和状态下相对体积含水量可以用下式计算：

$$\Lambda_s = \overline{B}r^{3-D} \tag{7-13}$$

式中，R 为最大孔隙半径。假设在有效饱和度为 S_e 状态下，半径小于 r 的土孔隙中充满水，孔隙水与土颗粒之间的弯液面的曲率半径为 r。对应的吸力与孔隙半径之间的关系可以由 Young-Laplace 方程中得到：

$$s = \frac{2T\cos\alpha}{r} \tag{7-14}$$

$$s_e = \frac{2T\cos\alpha}{R} \tag{7-15}$$

式中，s 和 s_e 分别为非饱和土的吸力和进气值。T 为表面张力，α 为接触角。水分特征曲线的表达式为（Xu，2004）：

$$S_e = \left(\frac{s}{s_e}\right)^{\delta} \tag{7-16}$$

式中，S_e 是有效饱和度，$S_e = (\theta - \theta_r)/(\theta_s - \theta_r)$，$\theta_s$ 是饱和体积含水量，$\delta = D - 3$。式（7-16）是由非饱和土孔隙分布的分形模型推导出的水分特征曲线方程。运用孔隙分布的分维和进气值可以得到水分特征曲线，分维和进气值具有明显物理意义。

2. 导水系数（渗透吸力系数）

导水系数与渗透吸力系数的关系为：

$$k = \frac{K\rho_w g}{\nu} \qquad (7\text{-}17)$$

式中，k 是导水系数，K 是渗透吸力系数，ρ_w 是水的密度，g 是重力加速度，ν 是水的黏滞度。因此，导水系数也就相当于渗透吸力系数。

土体孔隙体系可以看作是一系列相互联通的小孔组成，认为孔隙处于两种状态：含水状态和不含水状态（图 7-5）。孔隙内水的流速由 Darcy 定律给出（Burdine，1953）：

$$\overline{V} = -\frac{r^2 g}{c\nu}\frac{dh}{dx} \qquad (7\text{-}18)$$

式中，$\overline{V}$ 是孔隙内水的平均流速，r 是孔隙的弯液面的曲率半径，g 是地球引力加速度，ν 是动力黏滞度，c 是由孔隙几何形态决定的常数，h 是水头高度，x 是水流方向的坐标。从均匀多孔介质中取出厚度为 Δx 的薄片进行分析，其中两个截断面与 x 轴平行。切片每个面上的面积孔隙率相等，且等于体积孔隙率。假设为用一系列的平行于 x 轴的半径不同的毛细管代替切片的实际结构，从切片一段（坐标为 x）半径为 $r_1 \rightarrow r_1 + dr_1$ 的孔隙流向切片的另一段（坐标为 $x+dx$）半径为 $r_2 \rightarrow r_2 + dr_2$ 的孔隙的水流量为（Burdine，1953）：

$$dQ = \beta r_e^2(r_1, r_2, \rho) A_e(r_1, r_2, \rho)\frac{dh}{dx}dr_1 dr_2 \qquad (7\text{-}19)$$

式中，β 是常数，与流体和基质的性质有关，$r_e(r_1,\ r_2,\ \rho)$ 是有效半径，$A_e(r_1,\ r_2,\ \rho)$ 是有效面积，ρ 是在有效饱和度为 S_e 时的含水孔隙的最大半径。导水系数 $k(S_e)$ 为：

$$k(S_e) = \frac{Q}{dh/dx} = \beta\int_o^\rho\int_0^\rho r_e^2(r_1, r_2, \rho) A_e(r_1, r_2, \rho) dr_1 dr_2 \qquad (7\text{-}20)$$

相对导水系数定义为在任意饱和度下的导水系数与饱和状态下的导水系数的之比。相对导水系数 k_r 可以用下式计算：

$$k_r = \frac{\int_o^\rho\int_0^\rho r_e^2(r_1, r_2, \rho) A_e(r_1, r_2, \rho) dr_1 dr_2}{\int_o^R\int_0^R r_e^2(r_1, r_2, \rho) A_e(r_1, r_2, \rho) dr_1 dr_2} \qquad (7\text{-}21)$$

假定在任意两个横断面上孔隙分布是完全随机的。在坐标 x 处半径为 $r_1 \rightarrow r_1 + dr_1$ 的孔隙分布函数用 $f(r_1)$ 表示，在 $x+dx$ 处孔隙分布函数用 $f(r_2)$ 表示，在坐标 x 处半径为 $r_1 \rightarrow r_1 + dr_1$ 的孔隙与在 $x+dx$ 处孔隙半径为 $r_2 \rightarrow r_2 + dr_2$ 的孔隙同时存在的概率可以通过下式计算（Mualem，1976）：

$$dA_e(r_1, r_2, \rho) = f(r_1)f(r_2)dr_1 dr_2 \qquad (7\text{-}22)$$

假定有效半径 r_e 等于有效流动面积与孔隙分布函数之比，有效半径表示为（Mualem，1976）：

$$r_e = \frac{\int_o^\rho\int_0^\rho A_e(r_1, r_2, \rho) dr_1 dr_2}{\int_o^R f(r_1) dr_1} \qquad (7\text{-}23)$$

相对导水系数可以写为：

$$k_r = S_e^\lambda \qquad (7\text{-}24)$$

式中，$\lambda = (3D_s - 11)/(D_s - 3)$。由吸力表示的相对导水系数为：

$$k_r = \left(\frac{s}{s_e}\right)^{\eta} \tag{7-25}$$

式中，$\eta = 3D_s - 11$。式（7-24）和式（7-25）是由孔隙分布的分形模型得到的相对导水系数，相对导水系数公式中的参数都具有明显的物理含义，都可以由孔隙分布确定。式（7-24）和式（7-25）式为计算相对导水系数提供了一种理论方法。

通过试验获取路基填土的分维值和进气值，就可以计算出非饱和土的相对渗透吸力系数，对控制方程数值计算。对于地基土取 $D = 2.60$，$s_e = 2.5\text{kPa}$，对于路基填土取 $D = 2.60$，$s_e = 12\text{kPa}$。

7.2.3　计算模型

COMSOL Multiphysics 对于解决多场耦合问题具有强大的优势，整合了多种算法，使用方便。计算步骤为：①选择取定物理场模型，设定计算中所需常数；②按照合理尺寸建立几何模型；③设定边界条件以及各物理量参数；④划分网格，结合实际情况合理细分网格；⑤求解计算；⑥后处理。

1. 几何模型

考虑到公路是条带状的几何特点，将路基响应视平面应变问题。利用有限元软件 COMSOL 建立海砂路基的二维数值模型。对交通荷载、路基高度、地下水位、填土性质等因素对路基影响进行模拟。

建立高 $H = 10\text{m}$，宽为 80m 软土地基层，地基上部为 2m 高填土层，填土层坡度比为 1：1.5。路面宽为 20m，设为双向四车道，单车道宽度为 3m，中间隔离带宽 2m，其余为左右两侧硬质路肩。地下初始水位为 H_{sat}，H_{sat} 以下为完全饱和部分，H_{sat} 以上为非饱和部分。在交通荷载作用之前，路基处于静力平衡状态。图 7-8 是路基模型的剖面图。

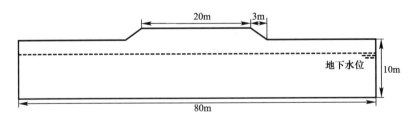

图 7-8　简化路基剖面图

2. 边界条件

模型左侧、右侧以及底部均不透水，左右两侧能够竖向移动，不能水平向移动，底部假设置于稳定的基岩上不能竖向移动，顶部可以自由移动。将模型网格划分，并局部细化，如图 7-9 所示，参考点在路面下 0.5m，距离路基中线 3m。

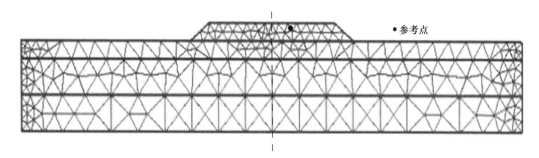

图 7-9　路基模型的网格划分

3. 交通荷载模型

在模拟动荷载作用下路基内部孔压变化和累积沉降时，模拟交通荷载是问题的关键。交通荷载与常见的地震、波浪、列车荷载不同，具有作用周期长、瞬时性、随机性的特点。交通荷载作用于路基的荷载可以分为两个方面：静态荷载，即车辆自身的重力荷载、车轮与路面接触碰撞所产生的振动荷载。交通荷载分为四种类型考虑（邓学钧，2002）：移动恒载、移动简谐荷载、冲击荷载和随机荷载。由于路面并不是完全平顺的，交通荷载实际上是以一定的频率和振幅跳动着前进的，呈现简谐波动规律，通常采用正弦函数来模拟交通荷载，荷载形式简化为：

$$P = P_{max} \sin^2\left(\frac{\pi t}{T}\right) \tag{7-26}$$

式中，P_{max} 为动荷载的峰值，T 为单次车载的作用时间。

$$T = \frac{12L}{V} \tag{7-27}$$

式中，L 为轮胎接触面积半径，V 为车辆行驶速度。

《公路工程技术标准》中对不同类型汽车的计算荷载进行分级，计算不同车辆对路面作用应力的大小。Chai（2002）发现，对路基沉降变形影响比较大的是大型客车和中型以上货车。大型客车和中型以上货车的汽车荷载等级为汽—20 级以上，在确定车辆荷载时只选取汽—20 级以上的车辆荷载，取后轮荷载计算。汽—20 级以上的汽车后轮荷载远大于前轮，荷载分布模式如图 7-10 所示。汽车行驶过程中，轮胎与路面的接触域等效为圆域，半径与荷载呈正相关性。图 7-11 中描述了单轴双轮与单轴四轮两种条件下荷载与当

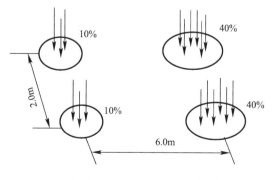

图 7-10　大型汽车荷载分布模式

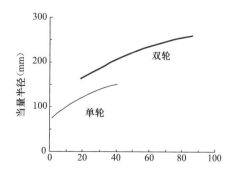

图 7-11　当量半径与汽车荷载之间的关系

127

量半径之间的关系。在相同荷载作用下，双轮当量半径大于单轮，双轮能承受更大的荷载（张巨功，2014）。汽-20 级以上汽车荷载的后轮接地应力为 0.63MPa、1MPa、1.16MPa。有限元计算选取 0.9MPa、1.1MPa 和 1.3MPa 三种接地应力。

4. 土工参数

滨海地区地基土属于软土地层，具有含水高，强度低的特点；路基填土采用海砂参数，土工参数值列于表 7-1 中。

海砂的计算参数（括号内为地基土参数） 表 7-1

参数	数值	参数	数值
$\rho_w(\text{kg/m}^3)$	1000	n	0.4 (0.45)
$g(\text{m/s}^2)$	9.8	$E(\text{MPa})$	19 (16)
$\beta_w(\text{m}^2/\text{kN})$	5×10^{-7}	α	1.0
α_c	1.0	$\beta(\text{m}^{-1})$	1.74
$\rho_s(\text{kg/m}^3)$	2.65×10^3 (2.3×10^3)	ε	2.5
μ	0.3 (0.35)	$a(\text{m}^{-1})$	6.67
$k_s(\times 10^{-6}\text{m/s})$	34.7	b	5.00
S_r	0.07 (0.15)	D	2.60

7.2.4 模拟结果

1. 车辆荷载对超孔隙水压力的影响

分析车辆荷载对路基内部孔隙水压力分布的影响时分别取 0.9MPa、1.1MPa 和 1.3MPa 接地压力。设定地下水位在地表位置，车流量为 2000 辆/d，填土高度为 2m。

车辆荷载对路基内部孔隙水压力分布的影响如图 7-12 和图 7-13 所示。车辆荷载对累积超孔压影响显著，轮胎接地压力为 0.9MPa 时路基内部最大超孔压为 53.9kPa，轮胎接地压力为 1.3MPa 时最大超孔压为 87.1kPa。在通车的初期，路基内孔压增长较为缓慢，大约 400d 以后，孔压增长速度很快，最终趋于稳定。在路基内部，地下水位线附近的区域孔隙水压力为正值，沿着深度越往下孔隙水压力逐渐减小，说明车辆荷载往复作用使路基内的孔隙水压力逐渐上升，并快速积聚，造成路基软化失稳。

2. 车流量对超孔隙水压力的影响

车流量是荷载的加载频率，车流量越大也就是循环荷载的加载频率越快，土骨架和孔隙水运动越剧烈，会产生更大的惯性力。分别取大中型汽车 2000 辆/d、3000 辆/d 和 5000 辆/d 进行对比分析。模型中地下水位在地表位置，车辆接地应力取 0.9MPa，填土路堤高度为 2m。车流量对超孔隙水压力的影响如图 7-14 和图 7-15 所示。车流量越大累积超孔

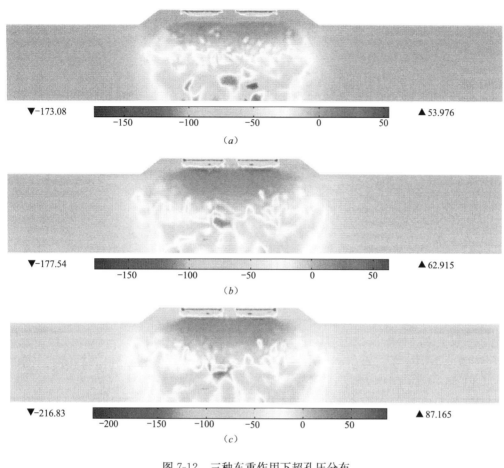

图 7-12　三种车重作用下超孔压分布

（*a*）0.9MPa；（*b*）1.1MPa；（*c*）1.3MPa

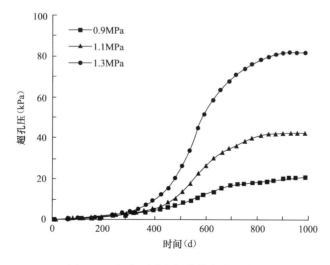

图 7-13　超孔压随车辆荷载大小的变化

压也越大。随着车流量增大超孔压累积越来越快，车流量较小时的影响很小，甚至可以忽略。车流量为 5000 辆/d 时，大约在通车后 900d 孔隙水压力基本稳定与 60kPa。车流量为

3000 辆/d 时，稳定孔压要小得多，约为 30kPa，在 600d 的时候就接近稳定，这与车流量大时要早得多。车流量大，超负荷运营则加速道路的损坏老化。

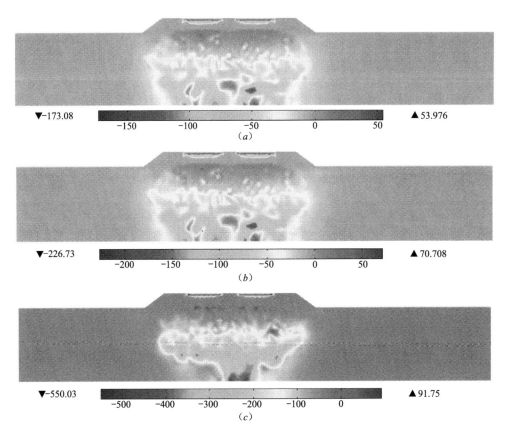

图 7-14　三种车流量作用下超孔压的分布

(a) 2000 辆/d；(b) 3000 辆/d；(c) 5000 辆/d

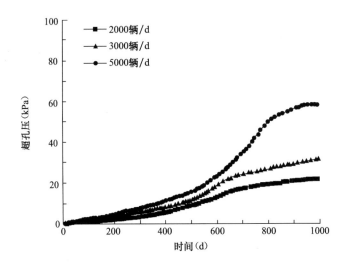

图 7-15　超孔压随车流量的变化

3. 地下水位对超孔隙水压力的影响

地下水位分别位于地表、地表下 0.5m、地表下 1m 和地表下 2m 深度，车辆接地应力取 0.9MPa，日车流量为 2000 辆，填土路堤高度为 2m。图 7-16 是车辆荷载作用一年后路基内部超孔压的分布云图，图 7-17 是参考点的超孔压随时间的发展变化。随着地下水位变化，孔压积聚最大值的位置也发生变化。地下水位越低，超孔隙水压力累积值越小。在地表时，稳定孔压约为 22kPa；在地下 2m 深度时，稳定孔压为 14kPa。地下水位越深，超孔隙水压力达到稳定的时间越短。

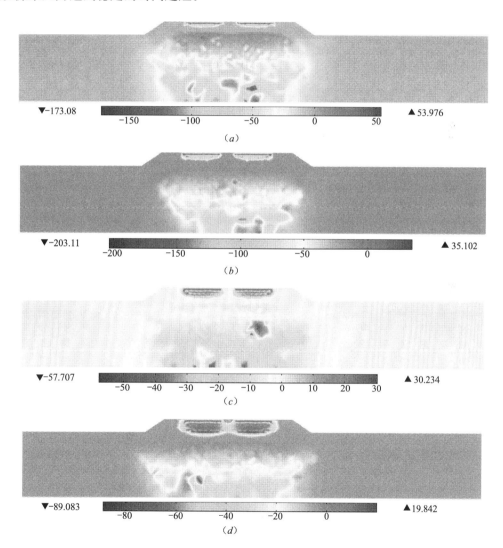

图 7-16　四种地下水位情况下的超孔压分布

（*a*）地下水位在地表处；（*b*）地下水位在地下 0.5m 处；（*c*）地下水位在地下 1m 处；（*d*）地下水位在地下 2m 处

4. 路堤高度对超孔隙水压力的影响

路基填土高度分别为 1m、2m、4m 和 6m，地下水位在地表处，车辆的接地压力取 0.9MPa，车流量 2000 辆/d。计算结果如图 7-18 和图 7-19 所示。路堤高度越小，路面下

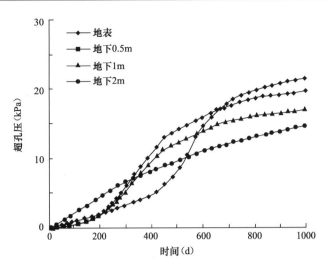

图 7-17　超孔压随荷载作用时间的变化

累积的超孔压越大。当路堤高度为 1m 时，参考点的累计最大孔压为 70kPa，填土处于不稳定状态，发生破坏的可能性极大；路堤高度越高，循环荷载作用下的长期累积孔隙水压力反而越小，当路堤高度为 6m 时，三年内的累积孔压约为 11kPa。

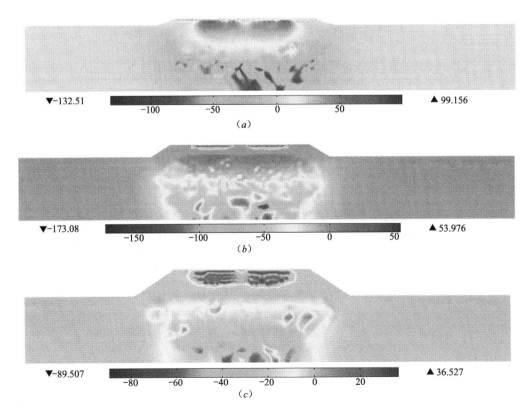

图 7-18　四种路堤高度下超孔压的分布（一）

（a）1m；（b）2m；（c）4m；

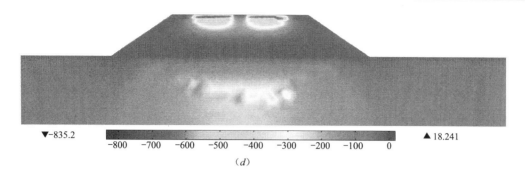

▼-835.2　　　　　　　　　　　　　　　　　　　　　▲18.241

-800　-700　-600　-500　-400　-300　-200　-100　　0

(d)

图 7-18　四种路堤高度下超孔压的分布（二）

(d) 6m

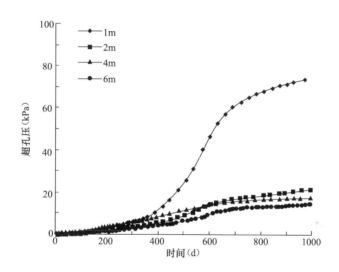

图 7-19　超孔压随荷载作用时间的变化

7.3　海砂路基翻浆冒泥的防治

应视病害性质、产生原因、地段长短及施工条件等情况，合理选择施工工艺，综合整治以求实效。主要防治措施有：

（1）排水。疏通或修建防渗侧沟、天沟、排水沟等地表排水系统；修建堵截、导引、降低地下水位的盲沟、截水沟、侧沟下渗沟等排除地下水或降低地下水位系统。以消除或减小地表水和地下水对路基基床的侵害，使基床土保持疏干状态。

（2）提高路基的强度和刚度。

（3）使基面应力降低或均匀分布。

（4）土工膜（板）封闭层或无纺土工纤维渗滤层。隔离地表水、过滤路面水和均布路基应力等多种效用。在可能产生或已经产生翻浆冒泥的地方开挖路面，采用无纺土工布满铺在路面结构层下，防止路基产生翻浆冒泥现象。

第8章 海砂路基冲刷病害及其防治措施

8.1 海砂路基冲刷病害调查

8.1.1 冲刷病害类型

根据现场调查结果，路基冲刷病害由轻到重依次分为以下几种类型：

1. 冲刷

冲刷是指在路基上出现冲刷痕迹，没有形成严重后果，主要发生在裸露地表、草皮稀松处，如图 8-1（a）所示。此时地表土粒被冲刷启动，表现为"破皮"现象。

2. 冲沟

在冲刷基础上，进一步发展，形成冲沟，多发生在结构物附近、尤植被和雨水汇集的地方，如图 8-1（b）所示。

3. 路基下陷（凹陷）

由于路基填土产生渗透变形（如管涌、流砂、流土等），造成路基填土内的产生空洞，引起路基下陷，如图 8-1（c）所示。

4. 坑洞

在冲沟和路基下陷（凹陷）的基础上，雨水集中冲刷，形成坑洞，多发生在结构柱基、桥台、浆砌片石护坡边缘等位置，如图 8-1（d）所示。

5. 崩塌

路基坡面上的填土变形脱落，致使填土失稳、倒塌，发生崩塌现象，形成陡坎地貌现象，统称为崩塌，如图 8-1（e）所示。崩塌的特点是：先兆不明，发生突然；每次崩塌都沿新裂面发生，且崩体多脱离崩床堆于坡脚。

6. 错落（错台）

错落（错台）是大规模的崩塌，如图 8-1（f）所示。在久雨或暴雨的雨水作用下，软层上覆荷载增大，致使软层土沿硬软界面滑塌，引起上覆填土沿后缘向外陡立的裂面整体下挫，这种现象称错落。错落一般不像崩塌那样突然发生，错落可发展为崩塌和滑坡。

7. 滑坡

路基沿软弱带或软弱面向下发生整体移动的现象，称为滑坡，如图 8-1（g）所示，发生滑坡的软弱带又称滑动带。滑动带在重力或其他外力作用下，路基填土的剪切应力大于

134

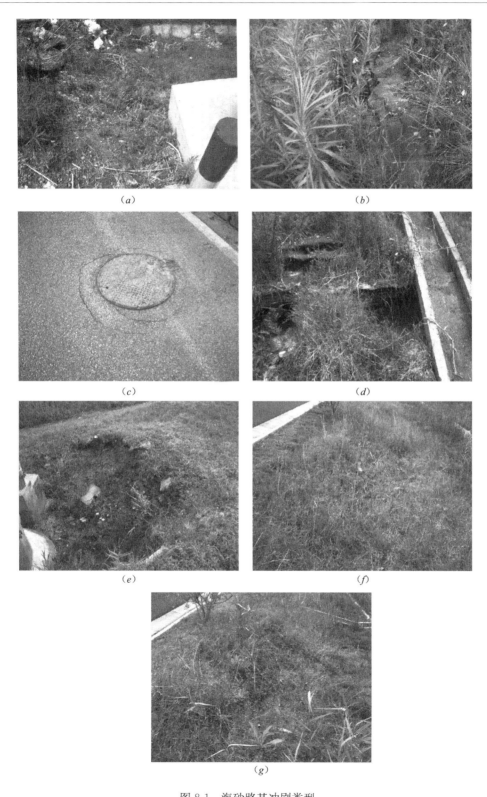

图 8-1　海砂路基冲刷类型

（a）冲刷；（b）冲沟；（c）路基下陷（凹陷）；（d）坑洞；（e）崩塌；（f）错落（错台）；（g）滑坡

剪切强度，或因振动液化、人为开挖等因素的作用，路基填土性质改变、强度丧失，引起路基发生滑动。路基发生滑坡的地方，常出现环状后缘、月牙形凹地、滑坡台阶和垅状前垣等独特的地貌景观；有的路基滑坡在路肩处表现为长大纵向裂缝。

8.1.2 冲刷的影响因素

1. 土质特性

土质特性是影响边坡冲刷的内因，是起着决定性的作用。对于无黏性土，颗粒均匀，粒径很小（粉土、细砂），孔隙率大，胶结物少，颗粒松散，因此抗蚀性和抗冲性差，易被冲刷。无黏性土的粒径越小，起动流速越小（冲刷流速越低）。

土为三相体系，由固相（土颗粒）、液相（孔隙水）和气相（孔隙气）组成。土的原生矿物颗粒大，比表面积小，抗水化和抗风化作用强，性质稳定，抗水冲刷能力强；次生矿物颗粒细小，比表面积大，抗冲刷能力弱。降雨条件一定的情况下，土的渗透吸力系数越大，边坡入渗率越大，坡面的净雨量越小，一定程度上延缓了坡面冲刷，但随着时间延长，入渗量加大，土的含水量趋于饱和，强度降低，入渗量减少直至为零，坡面径流量增加，冲刷作用强烈。

土的抗冲刷能力取决于土的抗蚀性和抗冲性。所谓抗蚀性是指土在水中分散和悬移能力，取决于土粒和水之间的亲和力。土对水的亲和力越小，土越难被分散和悬浮，结构体要遭受破坏和解体越难，越不易被侵蚀破坏。反之，土的亲水性越大，土粒越易遭受侵蚀破坏。抗蚀性的评价指标主要有：①分散率（土体中水散性的粉砂＋黏粒的含量与粉砂与黏粒含量总和之比）；②SiO_2/R_2O_3 值（土中 SiO_2 的含量与其他氧化物含量之比）；③水稳性团聚体风干率（风干土中水稳性团聚粒含量与饱和土中的水稳性团聚体的含量之比）；④侵蚀量；⑤黏粒率，即（砂＋粉砂）/黏粒；⑥水稳性；⑦抗剪强度；⑧土的可蚀性因子。在土中加入电解质，提高电解质溶度，使细小粒径凝聚胶结而形成较大的团粒结构，遇水不易崩解，增强土体的抗蚀性。植物根系改善土的结构及其物理化学性质，植物根系与土结合形成牢固的复合体系，遇水不易分散解体，有效减少径流冲刷。所谓抗冲性是指土体抵抗径流的机械破坏和推移能力，取决于土体结构间的抗离散力和土粒与微结构间的胶结力。土的抗冲性不仅与土自身的物理化学特性有关，而且与坡长、坡度、植物根系类型及在土中的分布、坡面植物发育状况等有密切关系。土体的抗冲性受降雨形成的坡面径流和土的入渗能力影响显著，渗透性小的黏性土层和植物根系发育土层的抗冲性大。土的抗冲性评价方法主要有：①静水冲刷法；②动水冲刷法；③室内冲刷槽试验方法；④实地放水冲刷试验方法。

2. 降雨特性

降雨引发边坡冲刷主要由于雨滴具有一定的质量和速度，与坡面土颗粒接触的瞬间就是一次较大动量的撞击，促使土颗粒剥离，成为松散颗粒，产生跃迁。雨滴击溅不仅成为坡面冲刷最初的表现形式，也为后续发展的径流冲刷、泥沙运动提供了大量的松散土颗粒。当降雨量大于土体的入渗量时，未入渗的降雨汇流积聚为薄层面流或坡面径流。坡面径流对土颗粒进行冲蚀和搬运，引发冲刷。降雨是路基边坡坡面侵蚀发生的动力，汇水面积决定着坡面水流的流量和流速，是影响边坡冲刷最主要的外因。降雨一方面直接打击坡面，形成击溅侵蚀；另一方面形成坡面径流，冲刷边坡。降雨类型不同，侵蚀能力不同，阵雨来势猛、历时短、强度大，冲刷严重；暴雨的强度和雨滴更大，侵蚀作用更强。

降雨的冲刷能力由降雨特征决定，与降雨量、降雨强度、雨型、降雨历时、雨滴特征等因素有关。只有发生地表径流的降雨才具有侵蚀性，引起冲刷。南通降雨集中在 4～9 月份，以 5、6 月份最集中，坡面冲刷强度大。一般情况下，降雨量越大，径流量越大，冲刷强度越大。

3. 边坡形态特征

土质路基边坡的坡度、坡长和高度是影响坡面冲刷的主要因素，边坡坡度越陡，水流流速越快，冲刷越大；坡长越大，流速越快，汇水流量越大，冲刷破坏越大；边坡高度越大，水力作用越强，冲刷越显著。

坡度对冲刷的影响最大，是影响边坡土体冲刷的关键因素。土体冲刷量近似与边坡坡度成正比；但当边坡坡度超出某一限度，冲刷量反而与坡度出现反比关系。冲刷最强的坡度称为临界坡度，黏性土冲刷的临界坡度在 40°左右。

当边坡缓长时，边坡上的冲沟一般在一定高度上出现，迅速向上延伸，在路基边缘形成跌水向下冲蚀，坡面下方淤积物沿坡面扇形分布；当边坡陡短时，坡面冲刷冲沟自下而上整体分布，坡脚处淤积物沿平面似扇形分布。

对坡长，一方面，从坡顶到坡脚，坡面流平均深度将逐渐增加，水流冲刷能力也会相应增加；另一方面，坡面长度增加，水中挟砂量增加，沿途能量消耗增多，水流冲刷力趋于减弱。水流冲刷能力开始减弱的坡长称为临界坡长，黏土边坡的临界坡长大约为 40～50m。随临界坡长增加，冲蚀逐渐增大。

4. 植被性状

茂密的植被能够增大坡面的粗糙度、减小径流系数，降低水流速度和流量，对提高抗侵蚀能力、减少坡面破坏有着积极的影响。植被的抗冲刷功能主要有以下几点：

（1）减小降雨能量，抵抗雨滴溅蚀。坡面植被（主要是草本、灌木类植物）有效地缓冲消耗降雨势能并截留坡面水流，减小坡表面的雨滴动能及溅蚀性。植物杆茎和叶片增加了坡面粗糙度，减缓坡面径流的速度，使径流冲刷动能减少，冲刷能力降低。裸露坡面比茂密植被覆盖层坡面的土流失量高近 100 倍。即使遇到强降雨，只要植草覆盖率达到 75%，降雨侵蚀量只有裸露边坡的 5%。

（2）减少坡面径流。坡面径流随坡面植物覆盖度增大而减小。路基土层是经过分层压实的填土，渗透性低，当降雨强度较大时，在较短时间内就可能形成坡面径流，产生冲刷，植被对坡面径流起到减少作用。植物茎叶对雨水进行截留，过滤径流中的泥沙，减少坡面冲刷。植物减少坡面表层的冲刷作用可达 70%以上。

（3）植物根系的加筋作用。草本植物的根系在土中分布的密度由地表向下逐渐减小，在根系盘结范围内，土与根系构成的根—土复合材料，根系起到纤维作用，边坡土体的应

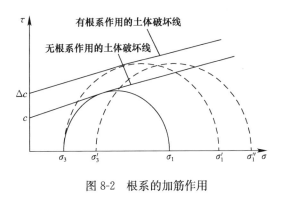

图 8-2 根系的加筋作用

力状态等同于三维加筋土的应力状态。加筋作用提供了附加"黏聚力"Δc，抗剪强度包络线向上推移了距离 Δc。同时，根系还限制土的侧向膨胀，使 σ_3 增大到 σ_3'，在 σ_1 不变的情况下，最大剪应力减小，边坡土体的强度提高，如图 8-2 所示。木本植物的主根扎入土的深层，通过主根和侧根与周围土体的摩擦作用与周围土体联结，起到了类似于锚杆的作用，增加土的强度。

（4）减缓温度和湿度的变化。植物能有效改善坡面区的气候环境，减缓坡面岩土体因暴露在自然环境中而引起温度和湿度的频繁变化，延缓边坡表面土体的风化、剥落等自然侵蚀性演变进程，增加边坡的抗冲刷能力。

（5）边坡防护措施。路基坡面冲刷防护措施常采用水泥混凝土预制块、砖石砌体框格种草等工程措施。这些工程设施对于黏土坡面冲刷的防护作用明显。对于无黏性土，由于水流无孔不入，水流冲刷作用将砌体下方砂粒冲蚀带走，结构悬空坍塌。

8.2 海砂的冲刷机理

静水环境中，水流速度 $v_x = v_y = 0$，砂粒受到重力、孔隙水压力、相邻砂粒的接触应力和吸附作用力。孔隙水压力在砂粒四周均匀分布；在流水环境中，水流速度 $v_x \neq v_y \neq 0$，砂粒还受到流水产生的拖曳力，也称为剪应力。另外，砂粒周围的孔隙水压力不相等，砂粒下部的水压力大、砂粒上部的水压力小，对砂粒产生上举力。

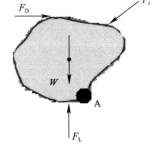

图 8-3 砂粒冲刷受力分析

选取单个砂粒分析，如图 8-3 所示。砂粒受到以下几种作用力：

1. 水下重力

砂粒的水下重力表示为：

$$W = \alpha_1 \frac{\pi d_i^3}{6}(\gamma_s - \gamma_w) \tag{8-1}$$

式中，d_i 为砂粒的粒径，α_1 为砂粒的形状系数，γ_s 为土的重率，γ 为水的重率。

2. 接触力

砂粒间接触应力和吸附力总和，用 F_i 表示，大小与剪切强度 τ_f 有关，表示为：

$$F_i = \frac{\pi d_i^2}{4}\tau_f \tag{8-2}$$

式中，d_i 是砂粒粒径，τ_f 是剪切强度。剪切强度 τ_f 包括颗粒组成（黏土含量）、含水量、密度、土质结构、化学环境等因素的影响，表示为：

$$\tau_f = c + \sigma \tan\varphi \tag{8-3}$$

式中，c 和 φ 是土体的黏聚力和内摩擦角。

3. 上举力

砂粒冲刷起动过程中，先是砂粒松动过程，其次是砂粒起动过程。上举力对砂粒松动起主要作用，上举力来源于砂粒周围孔隙水压力差。

上举力的表达形式为

$$F_L = \alpha_2 C_y \frac{d_i^2}{4} \frac{\rho_w V_d^2}{2} \tag{8-4}$$

式中，α_2 为形状系数，C_y 为 y 向阻力系数，ρ_w 为水的密度，V_d 为砂粒表面的流速。

4. 拖曳力（F_D）

在砂粒的起动和运动过程中，水平拖曳力起主要作用。水平拖曳力与上举力都是来源于水流速度，具有类似的表达式。

砂粒在水中起动瞬间满足对作用点 A 的力矩平衡条件，

$$F_L d_1 + F_D d_2 = W d_1 + F_i d_3 \tag{8-5}$$

式中，d_1，d_2 和 d_3 分别为各力对作用点 A 的力矩。

$$\rho_w V_d^2 = \frac{4C_1}{3}(\gamma_s - \gamma_w)d + 2C_2 \tau_f \tag{8-6}$$

式中，$C_1 = \alpha_1 d_1 / (\alpha_2 d_1 C_y + \alpha_3 d_2 C_x)$，$C_2 = d_3 / (\alpha_2 d_1 C_y + \alpha_3 d_2 C_x)$。

对数流速分布公式为：

$$V_y = 5.75 V_f \log\left(30.2 \frac{y}{K_s}\chi\right) \tag{8-7}$$

式中，V_y 是距离床面 y 处的流速，V_f 是摩阻流速，K_s 是床面粗糙高度，δ 为近壁黏性底层厚度，$\delta = 11.6\eta/V_f$，η 是水的运动黏滞系数，χ 与 K_s/δ 有关。$K_s/\delta > 10$，属糙壁，$\chi = 1.0$；$K_s/\delta < 0.25$，属光壁，$\chi = 0.3 K_s V_f/\eta$；$0.25 < K_s/\delta < 10$，属过渡区。

底部作用流速 V_d 一般认为在 $y = \alpha K_s$ 高度处的流速，取 $\alpha = 0.35$，$K_s = d_i = d_{50}$，

$$V_d = 5.75 V_f \log(10.6\chi) \tag{8-8}$$

结合冲刷临界剪切应力公式 $\tau_c = \rho_w V_f^2$，得到

$$\frac{\tau_c}{(\gamma_s - \gamma_w)D_{50}} = \frac{4C_1}{[5.75\log(10.6\chi)]^2}\left[\frac{2}{3}C_1 n + \frac{C_2 \tau_f}{(\gamma_s - \gamma_w)d_{50}}\right] \tag{8-9}$$

式中，d_{50} 为砂粒的平均粒径，砂粒冲刷临界剪切应力与土的抗剪强度和砂粒直径有关。

无黏性土的剪切强度小，重力起主要作用，冲刷临界剪切应力与平均粒径的关系为：

$$\tau_c = \frac{2C_1(\gamma_s - \gamma_w)}{[5.75\log(10.6\chi)]^2}d_{50} \tag{8-10a}$$

式中，$\gamma_s - \gamma_w$ 是常数，所以冲刷临界剪切应力与平均粒径成正比。

黏性土的粘结力和剪切强度很大，粘结力占主要地位，重力作用可以忽略，黏土的冲刷临界剪切力为：

$$\tau_c = \frac{2C_2}{\left[5.75\log(10.6\chi)\right]^2}\tau_f \qquad (8\text{-}10b)$$

在不考虑颗粒质量的前提下，黏土颗粒冲刷临界剪切应力与土体的剪切强度呈正比例关系。实际工程中可以采用剪切强度衡量黏土颗粒冲刷特性。用剪切强度表示冲刷临界剪切应力有以下优点：①剪切强度在实际工程中很容易测量和获得；②剪切强度能解释土粒冲刷的瞬间变化；③剪切强度能反映干密度、含水量等参数对冲刷特性的影响；④土粒冲刷是由水流引起的剪切应力造成的，土粒间的联结力抵抗冲刷，土粒联结力的宏观表现就是剪切强度。

黏土冲刷临界剪切应力与剪切强度的关系如图 8-4 所示，图 8-4（a）中是引自 Leonard 和 Richard（2004），图 8-4（b）中的数据引自 Govindasamy（2009）。图 8-4 中冲刷临界剪切应力的单位为 Pa，剪切强度的单位为 kPa。冲刷临界剪切应力与土体剪切强度呈正比例关系，比例系数在 $1\times10^{-4}\sim6\times10^{-4}$ 之间。Leonard 和 Richard（2004）给出比例系数的平均值为 2.6×10^{-4}。冲刷临界剪切应力比土体剪切强度小得多，只有剪切强度的万分之一量级。冲刷临界剪切应力远远小于剪切强度的原因主要为（Torri et al.，1987）：①局部紊流是土粒冲刷临界的主要原因，冲刷临界剪切应力中没有考虑局部紊流的影响，导致土粒冲刷临界剪切应力数量级降低；②土粒间的联结作用在水中很小；③冲刷是从最薄弱的地方开始，土粒冲刷是渐进破坏过程；④冲刷临界应力计算的假设是表层溢流平均分布在土粒表面，表面溢流局部集中导致冲刷临界切应力计算值降低。

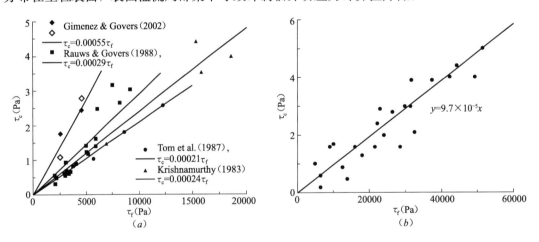

图 8-4　黏土冲刷临界剪切应力与剪切强度的关系

不同颗粒含量的黏性土的冲刷临界剪切应力与剪切强度的相关关系如图 8-5 所示，图 8-5（a）中的数据引自 Kothyari 和 Jai（2008），黏土含量为 20%、30%、40% 和 50%；图 8-5（b）中的试验数据引自 Kamphuis 和 Hall（1983），q_u 是单轴抗压强度，S_u 是十字板剪切强度。冲刷临界剪切应力与剪切强度的呈线性正相关关系，在图 8-5（a）中。黏土含量为 20%、30%、40% 和 50% 的比例系数分别为 7×10^{-5}、5.5×10^{-5}、4.5×10^{-5} 和 2.35×10^{-5}；黏土含量为 20%、30%、40% 和 50% 的初始临界剪切应力分别为 2.1kPa、1.9kPa、1.7kPa 和 1.7kPa。黏土含量越小，初始临界剪切应力越大，说明黏土含量越

小，含砂量越大，式（8-11）中的第一项作用越大，所以初始临界剪切应力越小。图 8-5
（b）中，冲刷临界剪切应力与 q_u 和 S_u 相关直线的斜率不同，但初始临界剪切应力基本相同。

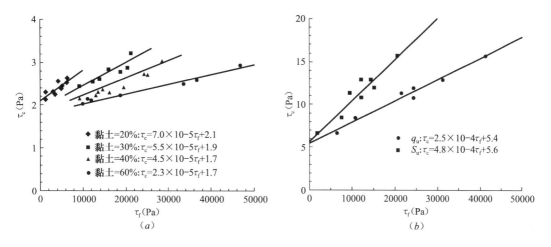

图 8-5 颗粒冲刷临界剪切应力与剪切强度的关系
(a) Kothyari 和 Jai（2008）；(b) Kamtuius 和 Hall（1983）

Dunn（1959）给出砂和黏性土混合土的冲刷临界剪切应力的表达，如图 8-6 所示，

$$\tau_c = 0.02 + \frac{\tau_f + 180}{1000}\tan(30 + 1.73 I_p) \tag{8-11a}$$

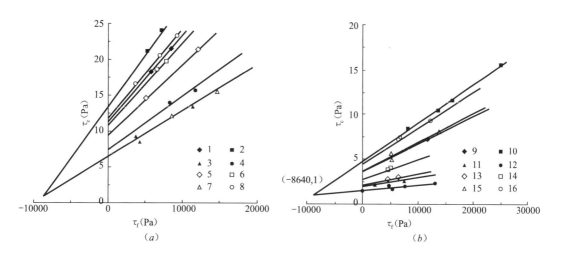

图 8-6 冲刷临界剪切应力与剪切强度的关系

式中，τ_c 是冲刷临界剪切应力（Pa），τ_f 是剪切强度（Pa），I_p 是塑性指数。塑性指数 I_p
介于 5～16，根据塑性指数和剪切强度可以估算冲刷临界剪切应力。Garde 和 Raju（2000）
给出冲刷临界剪切应力与剪切强度的相关关系：

$$\tau_c = (\tau_f + 8612)\tan(30 + 1.73 I_p) \tag{8-11b}$$

除了剪切强度外，土性参数还包括塑性指数、分散率、平均直径和黏粒含量等，土粒
冲刷临界剪切应力与土性参数的相关关系列于表 8-1 中。在表 8-1 中，分散率定义为：

$$分散率 = \frac{微团聚体分析结果中 < 0.05mm\ 颗粒含量}{机械分析结果中 < 0.05mm\ 颗粒含量} \times 100 \tag{8-12}$$

土粒冲刷起动剪切应力经验公式 表 8-1

序号	公式	参数说明	出处
1	$\tau_c = 0.16\,(I_p)^{0.84}$	I_p—塑性指数	Smerdon&Beasley, 1961
2	$\tau_c = 10.2\,(R_d)^{-0.63}$	R_d—分散比	
3	$\tau_c = 3.54 \times 10^{-28.1 D_{50}}$	D_{50}—平均粒径	
4	$\tau_c = 0.493 \times 10^{0.0182 P_c}$	P_c—黏粒含量	
5	$\tau_c = 0.1 + 0.18(SC) + 0.002\,(SC)^2 - 5\,(SC)^3 - 2.34E$	SC—粉粒和黏粒含量	Julian&Torres, 2006

8.3　海砂的冲刷模型

　　砂粒冲刷起动模型如图 8-7 所示。图 8-7
(a) 是砂粒滑动冲刷，图 8-7 (b) 是滚动冲刷。
对于滑动冲刷的砂粒，假设砂粒为球状体，流
水对砂粒作用的剪切应力方向是沿冲刷面方向，
相邻砂粒以相同速度冲刷移动，所以颗粒间没
有相互作用力，砂粒间没有电作用。水流剪切
应力超过土粒间的摩擦力后，砂粒开始冲刷起
动，水流剪切应力就是冲刷临界剪切应力。

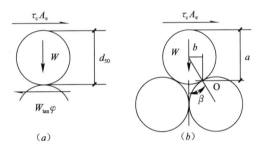

图 8-7　砂粒冲刷模型

$$\tau_c A_e = W' \tan\varphi \tag{8-13}$$

式中，τ_c 是冲刷临界剪切应力，A_e 是水流过砂粒的有效面积，W' 是砂粒在流体中的有效
质量，φ 是砂粒间的摩擦角。假设水流过砂粒的有效面积用砂粒的表面积表示为：

$$A_e = \alpha \pi d_{50}^2 \tag{8-14a}$$

式中，A_e 是冲刷面积，α 是比例系数，$0 \leqslant \alpha \leqslant 1.0$，$d_{50}$ 是平均粒径。

$$\tau_c \alpha \pi d_{50}^2 = (\rho_s - \rho_w) g \frac{\pi d_{50}^3}{6} \tan\varphi \tag{8-14b}$$

即得到临界剪切应力为：

$$\tau_c = \frac{(\rho_s - \rho_w) g \tan\varphi}{6\alpha} d_{50} \tag{8-15}$$

式中，ρ_s 是砂粒密度，ρ_w 是水的密度，g 是重力加速度。冲刷临界剪切应力与砂粒的平均
粒径成正比。

　　Briaud 等（1999）根据砂粒冲刷试验，冲刷临界剪切应力等于砂粒的平均粒径。

$$\tau_c (Pa) = d_{50} (mm) \tag{8-16}$$

结合式（8-15）和式（8-16），得到

$$\alpha = 1.5 \tag{8-17}$$

冲刷面积的比例系数不符合实际取值范围，无意义。

砂粒冲刷模型显然不符合颗粒滑动冲刷特性，不能只采用砂粒滑动解释砂粒冲刷。假设采用砂粒滚动为冲刷模型，如图 8-7（b）所示，砂粒滚动平衡条件为：

$$\tau_c A_e a = W'b \tag{8-18a}$$

$$\tau_c \alpha \pi d_{50}^2 \left(\frac{d_{50}}{2} + \frac{d_{50}}{2}\cos\beta \right) = (\rho_s - \rho_w)g\frac{\pi d_{50}^3}{6}\frac{d_{50}}{2}\sin\beta \tag{8-18b}$$

由此得到：

$$\tau_c = \frac{(\rho_s - \rho_w)g\sin\beta}{6\alpha(1+\cos\beta)}d_{50} \tag{8-19}$$

令 $\alpha=1/4$，得到 $\beta=10°\sim12°$，β 值合理。砂粒冲刷临界剪切应力与平均粒径成正比，比例系数与砂粒的密实度有关。Laursen（1962）试验结果给出砂粒冲刷临界剪切应力与平均粒径的相关关系：

$$\tau_c = 0.63d_{50} \tag{8-20}$$

砂粒冲刷起动流速和剪切应力与土粒平均粒径的相关关系如图 8-8 所示。图 8-8（a）中的试验数据引自 Neillr（1967），是关于砾石冲刷数据；图 8-8（b）中的试验数据引自 White（1971）和 Mantz（1977）；图 8-8（c）中的数据引自 Wilcock（1993）；图 8-8（d）中的数据引自 Sheppard（1993）；图 8-8（e）中的数据引自 Gaucher 等（2010）。冲刷临界剪切应力随颗粒平均粒径相关公式的比例系数分别为 0.45、1.15 和 1.9、0.26、0.45 和 0.50。

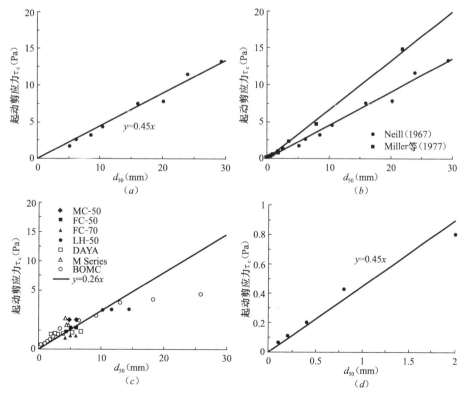

图 8-8　砂粒的冲刷临界剪切应力与平均粒径的相关关系（一）

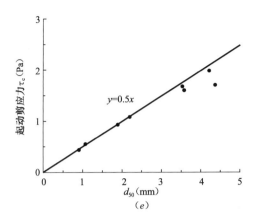

(e)

图 8-8　砂粒的冲刷临界剪切应力与平均粒径的相关关系（二）

　　无黏性土的冲刷临界剪切应力与平均粒径的相关关系如图 8-9 所示，数据包括粉粒、砂粒、砾石和碎石，图 8-9（a）和图 8-9（b）采用的双对数坐标表示。从粉土到砾石，颗粒粒径涵盖很广的范围。为了清楚表示无黏性土的临界冲刷剪切应力与平均粒径的关系，采用双对数坐标表示。对于无黏性土的冲刷特性，粉粒和细砂是最易被冲刷的。粉粒、砂粒、砾石和碎石颗粒冲刷临界剪切应力随颗粒平均粒径增加而呈正比例增加。

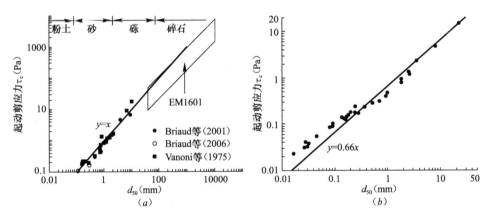

图 8-9　无黏性土的冲刷临界剪切应力与平均粒径的相关关系

(a) Briaud（2008）；(b) Miller 等（1977）

8.4　海砂的冲刷等级

　　海砂路基冲刷与以下要素有关：①土性：主要是土的抗冲刷能力；②水流特性：水流速度；③砂粒与水接触特性，主要是砂粒与流水接触尺寸大小。路基边坡抗冲刷能力取决于土性和水流速度，土的抗冲刷能力用砂粒冲刷临界剪切应力 τ_c 表示。因此，采用水流速度及由流水产生的剪切应力和砂粒的临界剪切应力划分冲刷等级。

8.4.1　管涌冲刷等级划分

表层径流引起砂粒冲刷的冲刷速度与剪切应力差（$\tau_0 - \tau_c$）成正比，

$$E = K(\tau_0 - \tau_c) \tag{8-21}$$

式中，E 是冲刷速度，单位面积上单位时间冲刷砂粒质量 $[\mathrm{kg/(s \cdot m^2)}]$，$K$ 是冲刷系数（$\mathrm{s/m}$），数量级为 $10^{-1} \sim 10^{-6}$。

Wan 和 Fell（2004）定义冲刷速度指数：

$$I_e = -\log(K) \tag{8-22}$$

式中，I_e 是冲刷速度指数，数值介于 $0 \sim 6$。I_e 的数值越大，冲刷速度越小。

海砂的冲刷临界剪切应力是衡量海砂冲刷难易的重要指标，临界剪切应力越大，海砂越难冲刷。冲刷速度指数反映海砂冲刷的难易程度，冲刷速度指数越大，冲刷速度越小，海砂越难冲刷。因此，推测海砂的冲刷起动剪切应力与冲刷速度指数呈正相关关系。海砂的冲刷起动剪切应力与冲刷速度指数的相关关系如图 8-10 所示，粗粒土和细粒土的冲刷起动剪切应力与冲刷速度指数均呈正相关关系，相关直线的斜率基本相同。因此，用冲刷速度指数衡量海砂冲刷程度和等级可行。

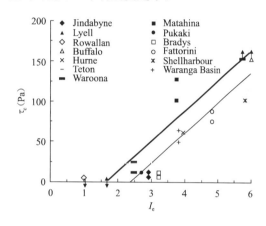

图 8-10　冲刷速度指数与起动剪切应力的关系

Govindasamy（2009）给出了用冲刷临界剪切应力和冲刷速率指数表示的冲刷等级划分标准，列于表 8-2。根据表 8-2 中冲刷等级按冲刷临界剪切应力和冲刷速率指数划分表示于图 8-11，冲刷等级分为 6 个等级：极快冲刷、易冲刷、中等快速冲刷、中等慢速冲刷、很慢速冲刷和极慢速冲刷。

基于冲刷临界剪切应力和冲刷速率指数的冲刷等级划分　　表 8-2

土样	I_e	τ_c（Pa）	冲刷等级
Rowallan	<2	<6.4	极快速冲刷
Pukaki	2~3	12.8	很快速冲刷
Bradys	3~4	25.6	中等快速冲刷
Fattorini	4~5	76.7~89.5	中等慢速冲刷
Waroona	5~6	102.3	很慢速冲刷
Buffalo	>6	>153.5	极慢速冲

8.4.2　坡面径流冲刷等级划分

流水速度是引起海砂冲刷的主要原因，水流速度越大，海砂冲刷速度越快。冲刷剪切应力是由水流流速引起的，可以用水流速度和剪切应力表示冲刷等级，如图 8-12 所示。

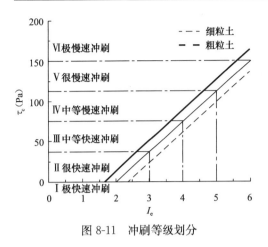

图 8-11　冲刷等级划分

水流速度越大，流水产生的剪切应力越大，海砂冲刷速度越快。根据水流速度和剪切应力，冲刷等级分为 6 个（Govindasamy，2009）：

（1）Ⅰ极易冲刷，主要是粉土和细砂；

（2）Ⅱ易冲刷，主要是中砂、低塑性粉土；

（3）Ⅲ中等冲刷，主要是裂隙间距<3cm节理岩体、细砾、粗砂、高塑性粉土、低塑性黏土和裂隙土；

（4）Ⅳ低冲刷，主要是裂隙间距介于3～15cm节理岩体、粗砾和高塑性黏土；

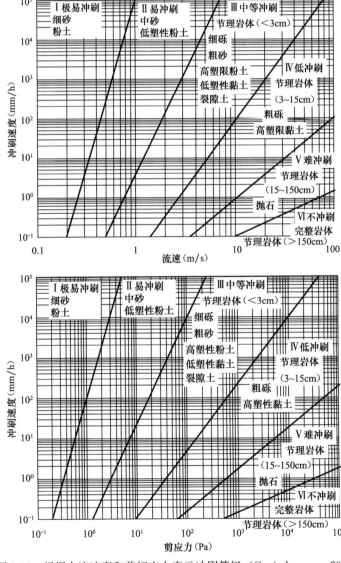

图 8-12　根据水流速度和剪切应力表示冲刷等级（Govindasamy，2009）

（5）Ⅴ难冲刷，主要是裂隙间距介于 15～150cm 节理岩体和抛石；

（6）Ⅵ不冲刷，主要是裂隙间距>150cm 节理岩体和完整岩体。

8.5　路基边坡冲刷的数值模拟

8.5.1　计算模型

Cundall 和 Strack 于 1979 年建立了基于离散元（DEM）的三维颗粒流理论（Particle Flow Code of Three Dimensions），用球的运动和受力关系反映实体的细观结构。与连续介质力学方法不同的是，PFC 试图从微观结构角度研究介质的力学特性和行为。PFC 中的颗粒为刚性体，但在力学关系上允许重叠，以模拟颗粒之间的接触力。颗粒之间的力学关系较为简单，满足牛顿第二定律。颗粒之间的接触破坏表现为剪切和张开两种形式，当介质中颗粒间的接触关系（如断开）发生变化时，介质的宏观力学特性受到影响，随着发生破坏的接触数量增多，介质宏观力学特性可以经历从峰值前的线性到峰值后的非线性的转化，即介质内颗粒接触状态的变化决定了介质的本构关系。因此，在 PFC 计算中不需要给材料定义宏观本构关系和对应的参数，这些传统力学特性和参数通过程序自动获得，定义它们的是颗粒的几何和力学参数，如颗粒级配、刚度、摩擦力、粘结介质强度等微力学参数。由平面内的平移和转动运动方程确定每一时刻颗粒的位置和速度，颗粒流方法作如下假设：

（1）颗粒单元为刚性体；

（2）接触发生在很小的范围内，即点接触；

（3）接触特性为柔性接触，接触处允许有一定的"重叠"量；

（4）"重叠"量的大小与接触力有关，与颗粒大小相比，"重叠"量很小；

（5）接触处有特殊的连接强度；

（6）颗粒单元为圆盘形（或球形）。

颗粒流理论把单元当作刚性球体，单元间接触方式采用柔性接触，以力—位移定律和牛顿第二定律为理论基础，对颗粒间接触力和位置关系进行显式循环计算，循环过程如图 8-13所示。

力—位移定律是根据矢量合成法则（见图 8-14），接触力 F_c 可分解为法向接触力 F_n 和切向接触力 F_s。

$$\vec{F_c} = \vec{F_n} + \vec{F_s} \tag{8-23}$$

式中，F_n 是法向接触力，F_s 是切向接触力。法向接触力 F_n 为

$$F_n = k_n U_n \tag{8-24}$$

式中，k_n 为接触点处法向刚度，U_n 为颗粒—颗粒间、颗粒—墙间重叠的法向位移量。位移 U_n 可以表示为：

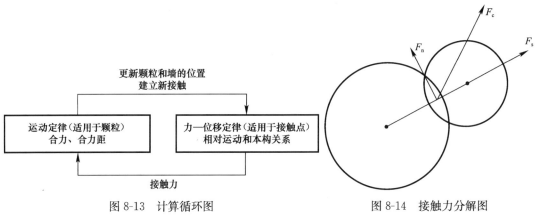

图 8-13　计算循环图　　　　　　　　图 8-14　接触力分解图

$$U_n = \begin{cases} R_a - R_b - d & (颗粒与颗粒间) \\ R_c - d & (颗粒与墙之间) \end{cases} \quad (8-25)$$

式中，R_a、R_b 和 R_c 分别为颗粒 A、B 和 C 的半径，d 表示颗粒 A 和 B 圆心间距离或颗粒圆心与墙体之间的距离。

PFC 模型建立的第一步是生成矩形试样，然后根据不同边坡要求删除矩形试样中的多余颗粒，变成所需的梯形形状（2D 中的颗粒厚度为单位 1），然后根据外力即冲刷力，等效给颗粒施加相应的冲刷速度，在冲刷作用下坡面上的颗粒将被冲走，黏土颗粒间的粘结键也会不断断裂。矩形试样中小颗粒的最大粒径是最小粒径的 1.66 倍；然后通过 Cycle 命令使颗粒达到压紧状态，生成的颗粒适应矩形区域，通过均匀减小所有颗粒的半径达到指定的初始压应力状态 σ_0；删除浮点颗粒（Floating particles），即与周围小颗粒接触小于 3 个的颗粒；再通过删除小颗粒达到所需的孔隙率，$n=0.16$。若是黏土边坡然后给颗粒之间设置联结力（法向和切向），联结力大小根据要求设定。具体参数列于表 8-3。

BPM 模型的微观参数　　　　　　　　　　　　　　　表 8-3

et2 _ xlen＝et2 _ xlen	$E_c＝8.8 \times 10^5 MPa$
$g＝9.8$	$\sigma_0＝1.5MPa$
$\rho＝2630kg/m^3$	et2 _ rlo＝2e-3（变化）
$\sigma_c＝0.1MPa$	cb _ sn _ mean＝3e4 cb _ sn _ sdev＝5×10^3
$d_{max}/d_{min}＝1.66$	

8.5.2　模型参数选取

1. 时间步长

边坡冲刷需要考虑颗粒重力的影响，计算的时间步长（Timestep）对于重力因素具有关键影响，因此，需要选取合适的时间步长，否则重力影响几乎无法考虑。时间步长可由下式计算得到：

$$\Delta t = \sqrt{\frac{m}{k_n}} \quad (8-26)$$

式中，$k_n = 2.0 \times md\_Ec \times md2\_thick$，其中 md_Ec 为颗粒杨氏模量，md_2_thick 表示颗粒厚度。取 $\Delta t = 10^{-5}$ 量级，可以考虑颗粒重力影响。

2. 颗粒的摩擦系数

颗粒间的摩擦角通过摩擦系数设定，摩擦系数与摩擦角之间没有明确的公式。在生成矩形试样后，删除顶墙和右边的墙，然后运行 500000 步（即 Cycle＝500000），运行结束后矩形试样会呈现一个坡度状态，即为休止角，近似取为摩擦角，得到 30°、40° 和 50° 摩擦角对应的摩擦系数分别为 0.5、1.0 和 2.0，列于表 8-4 中。计算结果如图 8-15 所示。边坡冲刷模拟结果表明：边坡冲刷破坏形式表现为表层土体结构开始破坏，坡面上出现了具有一定挟沙能力的薄层水流，使坡面上少量颗粒被剥蚀，对应于边坡侵蚀过程的片蚀阶段，在坡肩和坡脚处可见细沟的雏形；由于细小颗粒被水流逐渐淘蚀，导致坡体内部微结构产生差异性。水流能量的不均匀性，在抗冲刷能力较弱处形成细沟，表现在实际冲蚀过程中即细沟出现溯源侵蚀和下切侵蚀；颗粒侵蚀明显加剧，同时由于坡体内各部分颗粒抗冲刷能力的差异及水流冲蚀能力的差异导致细沟分叉、合并，细沟规模越来越大，此阶段对应于边坡侵蚀过程的细沟侵蚀阶段；进入冲沟侵蚀阶段之后，水流的冲刷能力变得更强，冲沟规模不断扩大，并有整体失稳块体被水流冲落，落入沟中堵塞通道，边坡破坏严重，加之土体强度的降低，最终导致边坡整体破坏。

<table>
<tr><td colspan="2" align="center">摩擦角与摩擦系数的对应关系</td><td align="right">表 8-4</td></tr>
<tr><td>摩擦角（°）</td><td colspan="2">摩擦系数</td></tr>
<tr><td>30</td><td colspan="2">0.5</td></tr>
<tr><td>45</td><td colspan="2">1.2</td></tr>
<tr><td>50</td><td colspan="2">1.5</td></tr>
<tr><td>60</td><td colspan="2">2.0</td></tr>
</table>

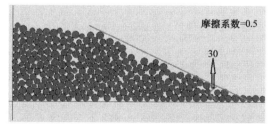
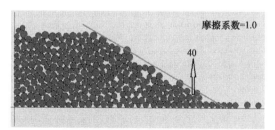

图 8-15　时步为 5000 时三种坡度边坡冲刷模拟结果

3. 黏聚力参数的选取

黏土颗粒之间需要设置黏聚力，黏聚力的大小由 cb_sn_mean 和 cb_sn_sdev 两个参数确定，通过试错法取 cb_sn_mean＝3×10^4，cb_sn_sdev＝5×10^3，其中，cb_sn_mean 表示法向接触力的平均值，cd_sn_sdev 表示法向接触力的方差。如果这两个参数的取值太大，在冲刷影响下边坡会出现整体向前滑动的现象；若参数取值太小，则在很小的冲刷速度下黏聚力就会断开，就失去了设置黏聚力的作用。计算参数选取列于表 8-5 中。

计算参数

表 8-5

土性	坡角（°）	粒径（mm）	摩擦角（°）	黏聚力（kPa）
砂土	30	0.2	45	0
	45	0.2	45	
	30	2.0	50	
	45	2.0	50	
	30	20	60	
	45	20	60	
	60	20	60	
黏土	30	0.01	30	20
	45			
	60			
	30			40
	45			
	60			
	30			80
	45			
	60			

8.5.3 砂土边坡冲刷模拟结果

下面给出的模拟结果是在 PFC^{2D} 中运行（Cycle）不同步数（以 50000 步为单位）的结果，为了更清楚地呈现颗粒的运动破坏过程，将颗粒颜色分成了蓝色、绿色、浅蓝色和红色四种，红色为边坡表面的颗粒，蓝色颗粒为路面下的颗粒，绿色和浅蓝色是边坡的上下部分。

1. 临界冲刷速度与粒径的关系

砂土的粒径分别取 $d＝0.2\text{mm}$，$d＝2\text{mm}$ 和 $d＝20\text{mm}$ 分别对应的细砂、粗砂和粗砾来模拟，即考虑重力对冲刷速度的影响。因为只考虑颗粒粒径对冲刷速度的影响，所以在模拟过程中取摩擦系数 $\mu＝2.0$，坡度分别取为 30°、45° 和 60°。图 8-16 中颗粒粒径不全相同，坡度为 30°，粒径 $d＝2\text{mm}$，运算过程以 5000 步为单位。

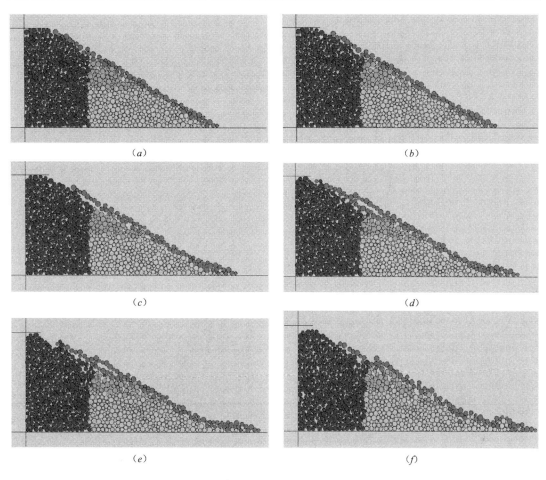

图 8-16　砂土边坡冲刷模拟结果（$d=2mm$，$v=0.003m/s$）

（a）5000 步；（b）100000 步；（c）200000 步；（d）300000 步；（e）400000 步；（f）500000 步

不同粒径颗粒位移的量级相差很大，粒径大的颗粒要发生冲刷需要产生很大的位移；随时步增加，颗粒位移呈正比例增加，且坡度不同、粒径不同的颗粒的相对冲刷位移基本相同。冲刷临界水流速度与颗粒粒径的相关关系如图 8-17 所示。随着颗粒粒径增加，冲刷临界速度增加，两者成幂函数相关关系。

2. 临界冲刷速度与坡角的关系

坡度角取 30°、45°和 60°，摩擦系数取与摩擦角 60°对应的摩擦系数 $\mu=2.0$，在模拟过程中颗粒粒径分别为 0.2mm、2mm 和 20mm。图 8-18 给出冲刷达到稳定的破坏形态。

随着时步增加，颗粒位移增加，粒径越大的颗粒位移越大。颗粒相对于粒径的位移（相对位移）基本相同。临界冲刷速度与坡度角的相关关系如图 8-19 所示。临界冲刷速度随坡度增加而增加，临界冲刷速度与边坡坡度呈幂函数相关。

3. 临界冲刷速度与摩擦角的关系

摩擦角取 45°、50°和 60°，对应取摩擦系数为 1.2、1.5 和 2.0。在模拟过程中，取粒径 $d=2mm$，坡度取 45°。图 8-20 给出边坡冲刷稳定的破坏形态。

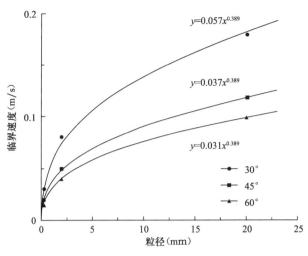

图 8-17　冲刷速度与粒径的关系

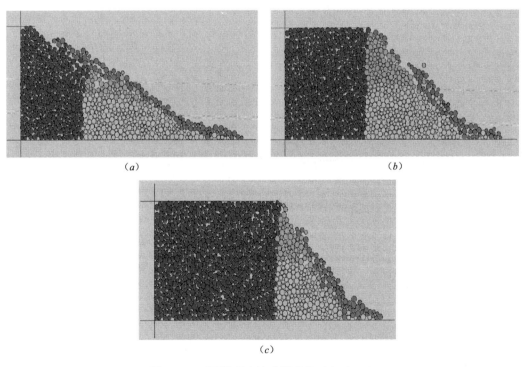

图 8-18　不同坡度边坡冲刷现象（$d=2$mm）
(a) 坡度角 30°；(b) 坡度角 45°；(c) 坡度角 60°

随着时步增加，颗粒位移增加。颗粒相对于粒径的位移（相对位移）基本相同。临界冲刷速度与摩擦角的相关关系如图 8-21 所示。临界冲刷速度随坡度增加而增大，临界冲刷速度与边坡坡度呈线性正相关。

砂土边坡冲刷的模拟结果表明：在冲刷影响下，边坡表面的颗粒开始沿边坡滑动，并会带动其他颗粒的移动，同时颗粒粒径、坡度角和摩擦系数都会对冲刷速度产生影响，粒径对冲刷临界速度的影响最显著，摩擦角和坡度角对冲刷临界速度的影响比粒径小。

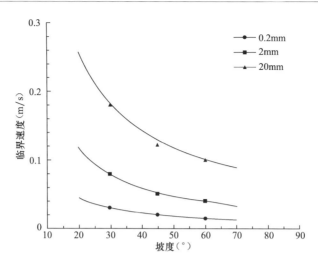

图 8-19　临界冲刷速度与坡度的关系

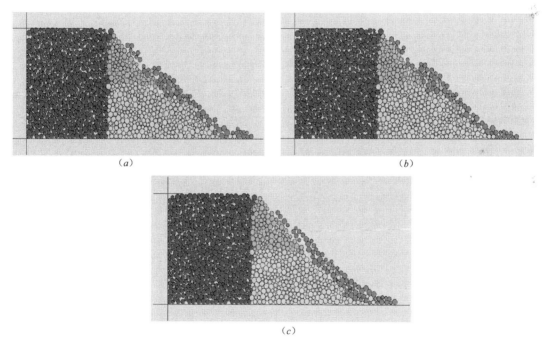

图 8-20　边坡的冲刷现象（$d=2$mm）

（a）摩擦角为 45°；（b）摩擦角为 50°；（c）摩擦角为 60°

8.5.4　黏土边坡冲刷模拟结果

　　黏土坡度分别取 30°、40°和 50°，粒径取 0.01mm 不变，表征颗粒间微观联结力的 c 值分别取 80Pa、40Pa 和 20Pa，颗粒摩擦系数取 0.5，对应的摩擦角为 30°。图 8-22 给出了 30°坡度角、c 值为 80Pa 的黏土边坡冲刷破坏形态。与图 8-16 相比，砂土边坡与黏土边坡冲刷破坏形态不同。砂土边坡以单颗粒冲刷滑动，黏土边坡是以黏土团块冲刷破坏为主，几乎看不出单颗粒冲刷破坏。

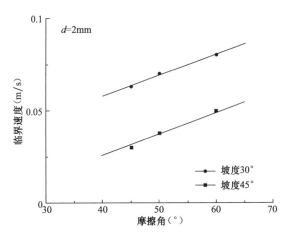

图 8-21　冲刷速度与摩擦角的关系

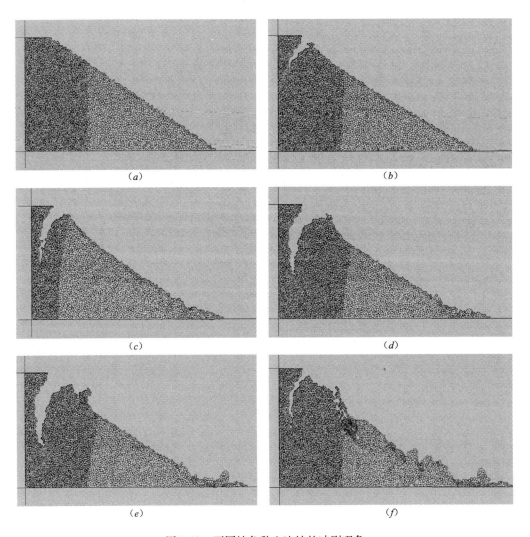

图 8-22　不同坡角黏土边坡的冲刷现象

（a）5000 步；（b）100000 步；（c）200000 步；（d）300000 步；（e）400000 步；（f）500000 步

图 8-23 表示了坡度为 45°，c 值分别为 20Pa、40Pa 和 80kPa 黏土边坡的冲刷破坏形态。在相同的冲刷步长（相同的冲刷强度）的情况下，c 值越小的黏土边坡冲刷破坏越严重。

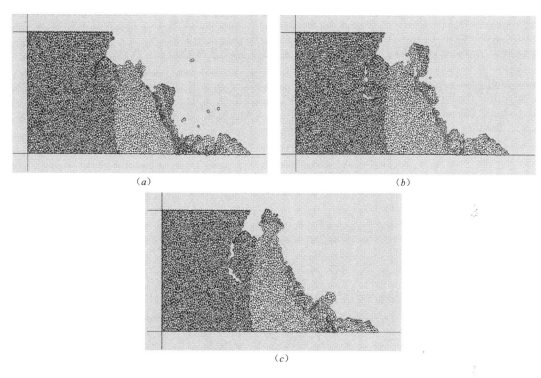

图 8-23　不同 c 值的黏土边坡（坡度 45°）的冲刷破坏形态

(*a*) c＝20Pa；(*b*) c＝40Pa；(*c*) c＝80Pa

1. 临界冲刷速度与 c 值的关系

黏土颗粒的冲刷位移随计算步长增加而增大，c 值不同黏土的冲刷位移不同，c 值越小，黏上颗粒的冲刷位移越大；坡度不同的黏土边坡冲刷位移差别不大。黏土边坡的临界冲刷速度与黏土黏聚力 c 值的关系如图 8-24 所示。随着边黏土黏聚力 c 值增加，黏土边坡的临界冲刷速度增加。黏土边坡的临界冲刷速度与边坡坡脚呈对数正相关关系。

2. 临界冲刷速度与坡角的关系

黏土边坡的临界冲刷速度与坡角的关系如图 8-25 所示。随着坡角增加，黏土边坡的临界冲刷速度减小。黏土边坡的临界冲刷速度与坡角呈线性负相关。黏土边坡冲刷模拟结果表明：黏聚力 c 值和坡度角都对临界冲刷速度产生影响。黏土边坡的破坏形态与砂土破坏形态有所不同，黏土边坡除了边坡表面的颗粒滑动以外，还会形成明显的冲刷"掏空"的现象。由于颗粒之间粘结力的存在，重力影响相对减弱，由于联结力存在，相同坡度角的黏土比砂的临界冲刷速度大。

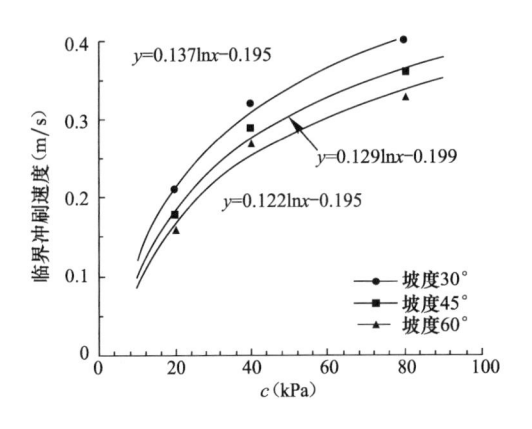
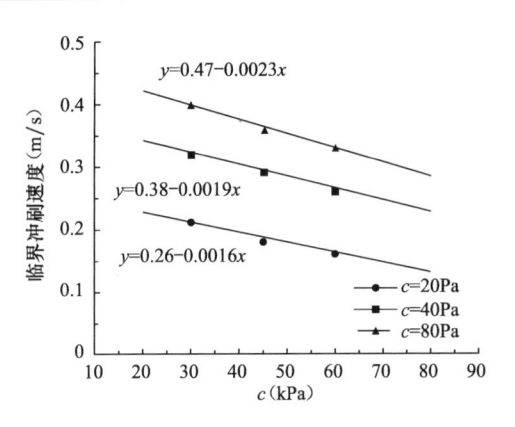

图 8-24 临界冲刷速度与黏聚力 c 值的关系　　　图 8-25 临界冲刷速度与坡角的关系

8.6 植物防护分析

路基边坡冲刷的防治措施主要有:

1. 排水措施

冲刷与水密切相关,排水是防治冲刷的根本措施。对边坡以外的地表水,应加以拦截和引出,修建一条或多条环形截水沟;对边坡以外的地下水,应修建截水盲沟;对边坡内的地下水,应疏干和引出,浅层地下水采用支撑盲沟,深层地下水采用泄水隧洞,亦可采用垂直孔群或仰斜孔群排水;对边坡坡面流水应尽快汇集引出以防下渗,在充分利用天然沟谷的基础上,修建排水系统。

2. 植物防护

海砂路基边坡可以采用植物护坡,防止雨水冲刷。

3. 支挡措施

对于可能产生冲刷滑坡的地方,采取支挡措施防护,主要方法有:

(1) 抗滑挡墙。挡墙施工方便,稳定滑坡收效快。抗滑挡墙多为重力式、石砌,也有用混凝土或钢筋混凝土的。

(2) 抗滑桩。抗滑桩是利用桩在稳定岩土中的嵌固力支挡滑体的建筑物,具有对滑体扰动少,操作简便,工期短,收效快,对行车干扰小,安全可靠等优点。抗滑桩多为挖孔或钻孔放入钢筋骨架灌筑混凝土而成。抗滑桩在滑动面以下的锚固深度,应根据滑体作用在桩上的主动土压力、桩前被动土压力、岩土性质等来确定。

(3) 锚杆挡墙。锚杆挡墙是一种新型支挡结构,由锚杆、肋柱和挡板三部分组成,用于薄层块状滑坡或基岩埋深较浅、滑体长、滑面较陡的滑坡。

植物护坡防冲刷的效果最理想,也是经常采用的防冲刷措施。下面主要介绍植物护坡的防冲刷效果。

8.6.1 植物根系土的力学特性

用于护坡的植物类型有两类:草本植物和木本植物。草本植物的根系直径一般小于

1mm，向下生长深度为 0.75～1.0m，其中 90% 的根数分布在 0～30cm 的土层内。木本植物的根系按其形态特征分为（Gray 和 Sotir，1996）：主直根型（Taproot）、散生根型（Heartroot）和水平根型（Flateroot）。主直根型的主根发达，垂直向下生长，深入土层可达 3m；水平根型根系的侧根或不定根发达，分布在 20～30cm 的土层中；散生根型根系向下生长深度介于主直根型和水平根型之间。草本植物与木本植物的水平根系属浅根类型，护坡深度为 0～30cm，木本植物的垂直根系的锚固深度能达到 3m（刘拴明等，2001）。植物根系在土壤中的分布规律如图 8-26 所示，由于根系跟人一样，需要吸收氧气，所以根系不可能深入到很大深度，只能贴附在边坡浅层。植物护坡只适用于浅层护坡，不适用于深层滑坡。

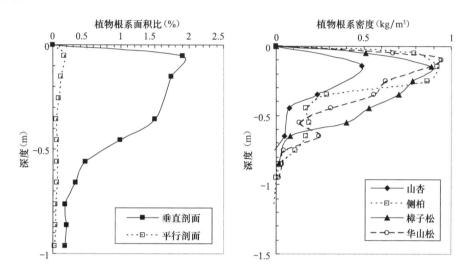

图 8-26　植物根系随深度分布特点（Grag 和 Sotir，1996）

植物根系的拉伸强度就是拉断时的拉力除以根系截面面积，拉伸强度随根系直径增大而减小，如图 8-27 所示，相关公式为（Gray 和 Sotir，1996）：

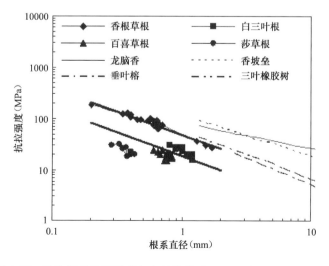

图 8-27　植物根系拉伸强度与直径的关系（Gray 和 Robbin，1996）

$$T_c = nd^m \qquad (8\text{-}27)$$

式中，T_r 是根系的抗拉强度，d 是植物根系直径，n 和 m 是统计常数，n 取值范围为 $20\sim 100$，m 取值范围为 $-0.45\sim -1.0$。植物根系土中，由于植物根的拉伸强度存在，使得根系土的强度增大，随着根含量增大，根系土的强度呈线性增加（图 8-28），植物根系每增加 $1\mathrm{kg/m^3}$，根系土的强度增加 $3.5\mathrm{kPa}$。根系土的强度与植物根系含量的关系可以写为：

$$\tau_r = a + 3.5\rho \qquad (8\text{-}28)$$

式中，τ_r 是根系土的剪切强度，ρ 是单位体积土体中植物根系的质量。

植物根系受剪切作用如图 8-29 所示。沿垂直植物根系受剪切的摩擦力：

$$\tau_r = 0.9\rho_s gz(1 - \sin\theta)\tan\varphi \qquad (8\text{-}29)$$

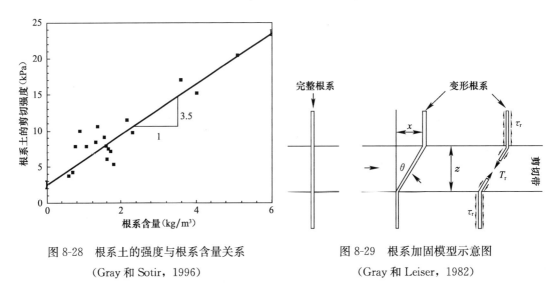

图 8-28　根系土的强度与根系含量关系
（Gray 和 Sotir，1996）

图 8-29　根系加固模型示意图
（Gray 和 Leiser，1982）

式中，ρ_s 是土粒密度，z 是根系受剪切的长度，φ 是内摩擦角，θ 是根系剪切位移角度，如图 8-30 所示。Gray 和 Leiser（1982）给出黏聚力与植物根系拉伸强度的关系为：

$$c_r = \frac{A_r}{A}T_r(\cos\theta\tan\varphi + \sin\theta) \qquad (8\text{-}30)$$

式中，A 是含根系土的截面面积，A_r 是根系截面面积，T_r 是根系的拉伸强度。

Wu 等（1979）根系与土之间的摩擦力为：

$$c_r = 1.2\frac{A_r}{A}T_r \qquad (8\text{-}31)$$

植物根系土的强度增量与根系含量的相关关系如图 8-30 所示。植物根系与土间产生摩擦力可以用拉拔试验确定。植物根系在土中错综盘结，相当于三维加筋材料。加筋土的强度随筋材量增加而增大。加筋土强度增量是由筋材强度引起的表观围压增量 $\Delta\sigma_3$，即 $\sigma_{1f} = (\sigma_3 + \Delta\sigma_3)K_p$，其中 σ_{1f} 是破坏时的大主应力，σ_3 是小主应力，K_p 是被动土压力系数。加筋土的强度破坏线的倾角与不加筋土几乎一致，强度坐标轴上的截距增加了，增加了一个"黏聚力"增量。Sidorchuck 和 Grigorev（1998）给出了植物根系引起的黏聚力增量的表达式：

$$\frac{c_r}{c_0} = e^{0.05RD} \tag{8-32}$$

式中，c_r 是植物根系土的黏聚力（$\times 10^5$ Pa），c_0 是无植物根系土的黏聚力（$\times 10^5$ Pa），RD 是 5cm 的根系密度（$\times 10^{-2}$ g/cm³）。De Baets 等（2008）根据现场试验结果，采用指数成长函数表示植物根系引起的黏聚力与根系含量的关系，如图 8-31 所示。

$$c_r = a - (a + b)\exp(-kRD^w) \tag{8-33}$$

式中，a、b、k 和 w 都是统计常数，RD 是植物根的密度。

赤桉树和沼泽白千层属植物加固土的黏聚力与地表下深度和离主根系距离的相关关系为（Abernethy 和 Rutherfurd，2001）：

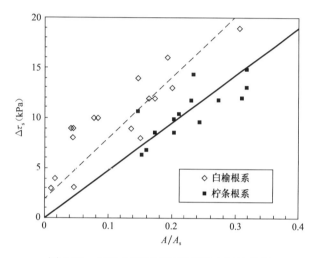

图 8-30　根系土强度增量随根系含量的关系

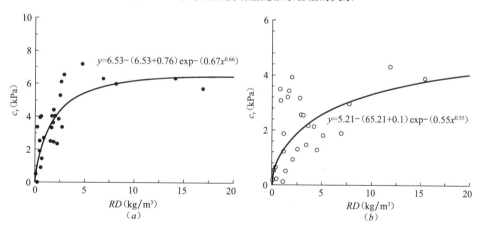

图 8-31　黏聚力与根系含量的相关关系

（a）草地；（b）灌木林

$$c = e^{\alpha - \beta z - \delta x} \tag{8-34}$$

式中统计参数列于表 8-6 中。植物根系土的黏聚力的空间分布如图 8-32 所示。在树根附近的黏聚力最大，随着远离树根和随深度增加，植物根系土的强度减小。

统计参数（Abernethy 和 Rutherfurd，2001）　　　　表 8-6

植物类型	α	β	δ
赤桉树	4.92	0.10	1.33
沼泽白千层属植物	4.77	0.54	1.89

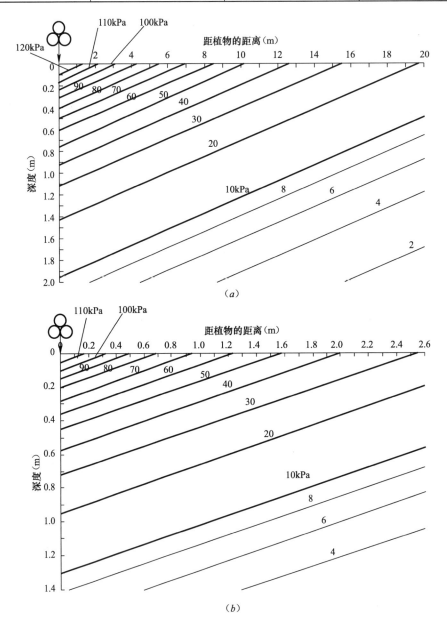

图 8-32　植被土黏聚力分布图（Abernethy 和 Rutherfurd，2001）

（a）赤桉树；（b）沼泽白千层属植物

8.6.2　植被率的影响

植物覆盖率（植被率）对雨滴溅蚀影响的表达式列于表 8-7 中。表中 S_r 是植被覆盖和无植被覆盖场地雨滴溅蚀量之比，C 是植被覆盖率，H 是植物覆盖高度。

植被率与雨滴溅蚀的关系式　　　　　　　　　　表 8-7

编号	公式	植物类型	适用地区	出处
Eq. 35	$S_r=1-0.0052C$　　$(H=2\text{m})$	各种植物	美国	Renard 等（1997）
Eq. 36	$S_r=1-0.0072C$　　$(H=1\text{m})$	各种植物	美国	Renard 等（1997）
Eq. 37	$S_r=1-0.011C$　　$(H=1\text{m})$	小麦	比利时	Rejman 等（1990）
Eq. 38	$S_r=e^{-0.025C}$	各种植物	美国	Sreenivas 等（1947）
Eq. 39	$S_r=e^{-0.032C}$	隐花植物	澳大利亚	Eldridge 和 Greene（1994）
Eq. 40	$S_r=e^{-0.035C}$	各种植物	美国	Renard 等（1997）
Eq. 41	$S_r=e^{-0.0477C}$	牧场	美国	Osborn（1997）

植被对雨滴溅蚀的影响表示于图 8-33 中。不同的经验公式在植被率大的情况下，差别很大；在低植被条件下，预测结果差别小一些。

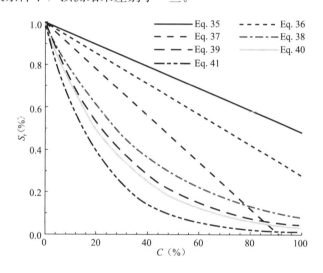

图 8-33　植物覆盖率与雨滴溅蚀的关系

植物覆盖率对相对冲刷速率影响的表达式列于表 8-8 中。表中 E_r 是植被覆盖和无植被覆盖场地雨滴溅蚀量之比，C 是植被覆盖率，H 是植物覆盖高度。植被对相对冲刷速率的影响表示于图 8-34 中。不同的经验公式在植被率大的情况下，差别很大；在低植被条件下，预测结果差别小一些。

植物覆盖率与雨滴溅蚀量的关系式　　　　　　　　表 8-8

编号	公式	植物类型	适用地区	出处
Eq. 42	$E_r=e^{-0.0168C}$			Rickson 和 Morgan（1988）
Eq. 43	$E_r=e^{-0.0235C}$	牧场	肯尼亚	Dunne 等（1990）
Eq. 44	$E_r=0.0996+0.9004e^{-0.037C}$	草地	美国	Dadkhah 和 Gifford（1980）
Eq. 45	$E_r=e^{-0.03C}$	牧场	肯尼亚	Snelder 和 Bryan（1995）
Eq. 46	$E_r=e^{-0.0411C}$　$(I=100.7\text{mm/h})$	常绿带刺灌木	西班牙	Francis 和 Thrones（1990）
Eq. 47	$E_r=e^{-0.0435C}$	草原	赞比亚	Elwell（1981）
Eq. 48	$E_r=e^{-0.0455C}$	牧场	肯尼亚	Moore 等（1979）

续表

编号	公式	植物类型	适用地区	出处
Eq. 49	$E_r = e^{-0.0477C}$		美国	Lang（1990）
Eq. 50	$E_r = e^{-0.0527C}$	草原	赞比亚	Elwell（1981）
Eq. 51	$E_r = e^{-0.0593C}$	草原	澳大利亚	Lang（1990）
Eq. 52	$E_r = e^{-0.0694C}$	草原	澳大利亚	Lang（1990）
Eq. 53	$E_r = e^{-0.079C}$	糖用甜菜	德国	Kainz（1989）
Eq. 54	$E_r = e^{-0.0816C}$（$I=25.8$mm/h）	常绿带刺灌木	西班牙	Francis 和 Thrones（1990）

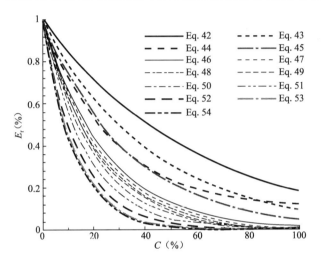

图 8-34　植被率对相对冲刷率的影响

8.6.3　植物根系对冲刷的影响

De Baets 等（2007）现场测量的草地和胡萝卜根系密度对冲刷速度的影响，测试结果如图 8-35 所示。图 8-35 中草地根系密度比胡萝卜小，但草地抗冲刷效果比胡萝卜好。随

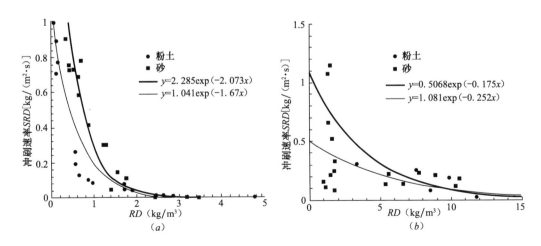

图 8-35　冲刷速度与根系密度的关系

（a）草地，植物根直径 0.18mm；（b）胡萝卜，根径 10～15mm

着根系密度增加，冲刷速度减小。冲刷速度与根系密度可以用指数函数表示。De Baets 等
（2007）采用不同的植物根系参数表示的指数函数及其相关系数列于表 8-9 中，表中 SDR
是冲刷速度，RD 是根系密度，RLD 是根系长度密度，RL 是根系总长度，D 是根系平均
直径。采用指数函数表示冲刷速度与根系密度的相关关系具有很好的精度。

统计公式的相关系数（R^2）（De Baets et al.，2007）　　　　表 8-9

公式	粉土	砂
$SRD=e^{-a\times RD}$	0.90	0.87
$SRD=e^{-a\times RLD}$	0.77	0.75
$SRD=e^{-a\times RD}e^{-b\times RD\times D}$	0.91	0.89
$SRD=e^{-a\times RLD}e^{-b\times RLD\times D}$	0.82	0.87
$SRD=e^{-a\times RLD}e^{-b\times RD\times RLD}e^{-c\times RD\times D}$	0.91	0.89
$SRD=e^{-a\times RLD}e^{-b\times RD\times RL}e^{-c\times RD\times D}$	0.91	0.89

注：SDR 是冲刷速度，RD 是根系密度，RLD 是根系长度密度，RL 是根系总长度，D 是根系平均直径。

第9章 海砂中盐离子迁移过程模拟

9.1 离子迁移机理

9.1.1 氯离子的迁移机理

气态（空气中的氮气、氧气、二氧化碳等）和液态物质（水，包括各种溶解于水中的离子）通过混凝土的孔隙侵入到混凝土的内部，水和离子在混凝土内部的迁移的基本机制是：水泥浆中毛细作用导致的毛细吸附、水压力差异导致的渗流、浓度差异导致的扩散和电场作用下的电迁移。氯离子在混凝土内部的迁移过程本质上是带电粒子在多孔介质的孔隙液中迁移过程，受以上四种机制控制。

1. 孔隙溶液的构成

混凝土的孔隙溶液影响了氯离子在混凝土中的迁移过程，混凝土孔隙溶液成分是影响氯离子在混凝土中迁移和氯离子在混凝土中分布的关键因素。水化的混凝土浆体，孔隙中包含一定量的水。混凝土孔隙中水的含量与外界环境的相对湿度有关。水泥水化导致离子溶解于混凝土孔隙水中，混凝土孔隙中包含具有一定离子浓度的溶液。孔隙溶液中包含的离子类型与混凝土的构成有关，主要是水泥的类型，混凝土的碳化以及外界盐分的侵入改变混凝土孔隙溶液的组成。

水泥水化产生的孔隙溶液中主要包含 NaOH 和 KOH。特别是波特兰水泥中，KOH 占有较大的一部分。水泥的不同组成使得孔隙溶液的 pH 值处于 13～14 之间。未发生碳化的混凝土在不受到氯离子侵蚀影响的时候，孔隙溶液中的氢氧根离子浓度为 0.1mol/L 至 0.9mol/L，其余离子，如 Ca^{2+}、SO_4^{2-} 的浓度很低。当波特兰水泥中添加了高炉渣或者粉煤灰，制成的混凝土中离子浓度下降，pH 值降低。波特兰水泥制备的混凝土孔隙溶液 pH 值一般为 13.4～13.9；加入添加物之后，pH 值降低至 13.0～13.5。如果水泥中添加压缩的硅灰，pH 值降到 13 以下。当混凝土发生碳化，碳化反应急剧减少了孔隙溶液中氢氧根离子的含量，孔隙溶液接近于中性（pH≈9）。

水在水化后水泥浆中的存在形式多种多样，主要分为毛细水、吸附水、内层水和化学结合水。毛细孔水占混凝土中水的大部分，在钢筋混凝土结构发生腐蚀的过程中起着重要的作用。当混凝土孔隙直径大于 50nm，孔隙溶液不受到混凝土颗粒的约束力作用。环境的相对湿度低于 100% 时，混凝土孔隙中的水分发生蒸发，且不影响孔隙结构。对于孔隙直径大于 50nm 的孔隙溶液，离子迁移特性，包括扩散系数、离子活性和电导率等，都与本体溶液相似。孔隙直径小于 50nm 时，当孔隙直径越小，水分蒸发的环境相对湿度越小，蒸发后水泥浆产生显著收缩。此时，受混凝土孔隙溶液与固体颗粒相互作用的离子活性比本体溶液的低，即使大部分水分从毛细孔中蒸发出来，还有一部分水吸附于颗粒表面，即吸附水，吸附水蒸发的相对湿度低于 30%。虽然吸附水含量降低会造成水泥浆体收缩，但对离子迁移影响较小。外部环境湿度低于 11%，处于 C—S—H 层间的内层水将被蒸发。由于凝胶孔隙小，离子迁移困难，所以内层水对离子迁移的影响可以忽略。环境湿度降低并不会使水化产物的化学结合水蒸发。化学结合水蒸发需要加热到 1000℃。氯离子侵入混凝土过程中，毛细孔隙中的孔隙溶液对于氯离子迁移过程的影响很大。

2. 氯离子与混凝土相互作用

氯离子侵入混凝土保护层内部，在孔隙溶液中的迁移过程可以由扩散、电迁移、毛细吸附以及压力渗流四种作用组合描述。侵入性物质进入混凝土保护层的方式主要为浓度梯度作用下的扩散。O_2、CO_2、Cl^- 和 SO_4^{2-} 通过混凝土内部孔隙从高浓度表面向低浓度内部区域迁移，最终达到浓度一致。气体在水中的扩散系数比在空气中的扩散系数低 4~5 个数量级，气体在含水量小的孔隙中的扩散速率大于饱和孔隙中的扩散速率，Cl^- 或者 SO_4^{2-} 等水溶性离子靠水为载体向混凝土深层扩散，在饱和孔隙中的扩散过程更为迅速。

氯离子在混凝土内部孔隙溶液中扩散时，混凝土固相对侵入的氯离子有吸附作用，称为氯离子的结合过程。混凝土对氯离子的结合作用分为化学吸附和物理吸附。化学吸附为氯离子和混凝土固相中的 C_3A 发生化学反应，生成 Friedel 盐；或者氯离子和混凝土固相中的 C_4AF 发生化学反应，生成类似 Friedel 盐的产物。物理吸附是 C—S—H 内层表面对侵入氯离子的吸附。混凝土的结合作用对氯离子在混凝土内部扩散过程有着重要影响：①减少内部钢筋表面氯离子浓度；②延缓混凝土内部氯离子侵入速率；③化学吸附形成的 Friedel 盐减小混凝土内部孔隙的大小，减小氯离子的扩散速率。

对于氯离子在混凝土内部的扩散过程，电势场为一种重要的影响因素，分为外加电场和离子扩散电势场。氯离子在混凝土中迁移时，其他离子在混凝土表面与内部之间也存在着浓度梯度，外界环境中的多种离子通过混凝土内部的孔隙侵入到混凝土深层。混凝土孔隙溶液中，电中性平衡条件应该处处满足，外界侵入的离子在溶液中的浓度应该匹配电中性平衡条件。不同离子在混凝土孔隙溶液中的扩散速率不同，故扩散速率快的离子携带的多余电量在溶液内部形成电势场，减慢扩散速率大的离子的扩散，加快扩散速率小的离子的扩散，并在混凝土内部产生电流。离子扩散电势对离子在混凝土孔隙溶液中的迁移有重要影响，即使存在外加电场，也不可忽略。

此外，毛细作用是影响氯离子扩散过程的另一种重要因素。当多孔介质混凝土与水分接触时，毛细作用产生的孔隙负压使外界环境中的水分迅速地吸入到孔隙内部。毛细作用与表面张力、溶液的黏度和密度、孔隙直径有关。理论上随着孔隙直径减小毛细作用增强，但小孔隙的摩擦阻力大，又减缓氯离子的扩散。所以，毛细作用对氯离子扩散过程的影响需要综合考虑。

9.1.2 硫酸根离子的迁移机理

硫酸盐侵蚀严重威胁着混凝土结构的耐久性。硫酸盐中的 SO_4^{2-} 通过孔隙进入混凝土内部，与混凝土固相发生化学反应生成难溶的盐类产物，难溶盐类矿物吸收水产生体积膨胀，形成膨胀应力。当膨胀应力超过混凝土抗拉强度时，导致混凝土破坏，硫酸盐对混凝土的侵蚀由密实与损伤过程叠加而成。硫酸根离子和氯离子共同侵蚀混凝土时，混凝土孔隙因硫酸盐侵蚀的密实过程影响到氯离子迁移，目前，研究主要集中在混凝土损伤破坏作用，较少考虑孔隙密实作用的影响。盐类矿物的生成过程不可逆，新生成的难溶矿物不断沉淀在混凝土孔隙中，这一过程随时间发展逐渐增强，填充混凝土孔隙，阻碍 SO_4^{2-} 迁移，影响氯离子在混凝土中的迁移。混凝土密实作用将直接影响混凝土腐蚀的时间和部位，考虑硫酸盐侵蚀导致的混凝土孔隙密实作用，分析混凝土内迁移，在 Fick 扩散定律基础上建立 SO_4^{2-} 和 Cl^- 迁移模型，利用 Comsol Multiphysics 软件模拟混凝土孔隙密实作用对硫酸根离子和氯离子迁移的影响，分析混凝土内硫酸根离子和氯离子随时间和空间的分布规律。

9.2 氯离子迁移模型

9.2.1 考虑结合作用

1. 扩散方程

Fick 扩散方程是描述氯离子在混凝土内部孔隙溶液中迁移过程的基本物理方程，在浓度梯度作用下，当表面氯离子浓度大于混凝土内部孔隙溶液中氯离子浓度时，氯离子以扩散形式侵入混凝土内部。氯离子的扩散过程只能发生在孔隙溶液中，混凝土孔隙饱和时，氯离子扩散速度大于混凝土不饱和情况。

混凝土中侵入的氯离子含量随深度分布如图 9-1 所示（Nilsson，2000）。外界氯盐以溶液的形式，依靠毛细作用进入到混凝土表层孔隙。水分蒸发造成氯盐在混凝土表层累积，与内部形成浓度差，驱使孔隙溶液中的氯盐，依靠扩散作用向混凝土深处迁移。Nilsson（2000）将表层区域（<10mm）作为对流区，区域内的氯离子浓度与外界环境联系紧密，水压力差和毛细作用改变了氯离子浓度。对流区内，氯离子浓度出现峰值的原因为干湿循环作用。风干时水分向外迁移，盐分则向内迁移。在下一次再被氯盐溶液润湿时，又有更多的盐分以溶液形式被带进混凝土的毛细管孔隙中，周而复始，盐分不断积累。在混凝土表层内存在一个向外降低的浓度差，在离表面一定深度处氯化物浓度出现峰值。深层区域（>10mm）为扩散区，扩散区内的氯离子主要依靠扩散作用向混凝土深层迁移。氯离子浓度随着侵入深度呈指数下降。另外，对流区的深度大小是变化的，主要与混凝土的内部结构和湿度等条件有关。

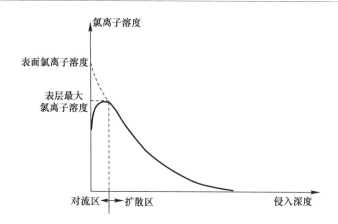

图 9-1　混凝土截面上氯离子浓度分布图（Nilsson，2000）

对于单向稳态质量扩散过程，用 Fick 第一定律表示，

$$F = -D \frac{\mathrm{d}C}{\mathrm{d}x} \tag{9-1}$$

式中，F 为扩散通量（kg/m²·s），C 为距离表面 x 处的氯离子浓度（kg/m³），D 为扩散系数（m²/s）。测定稳态扩散系数时，将厚度不超过 10mm 的混凝土试件放于容器中，如图 9-2 所示。两个不同的腔室中装有不同的溶液，上游溶液中的氯离子浓度大于下游溶液的浓度，经过一定过渡期（滞后时间 t_1），穿过混凝土试件的氯离子流量为一常数。C_1 和 C_2 分别代表从实验开始的时刻 t 之后上、下游的腔室内氯离子浓度，L 为混凝土试件的厚度，A 为横截面面积，V 为下游腔室的体积。

$$\frac{C_2 V}{A(t - t_1)} = \frac{DC_1}{L} \tag{9-2}$$

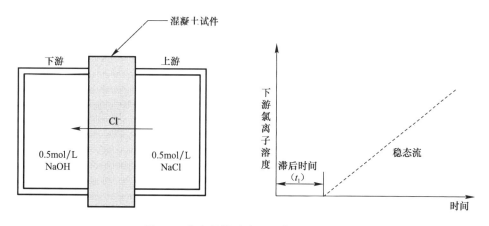

图 9-2　稳态扩散试验以及典型测试结果

当混凝土孔隙较小时，达到稳态扩散所需的滞后时间较长。对于不同的水泥添加物和水灰比，稳态扩散系数介于 $10^{-14} \sim 10^{-11} \mathrm{m}^2/\mathrm{s}$，氯离子在体积较大的混凝土中的扩散很难达到稳定扩散的状态。

氯离子的扩散通量是空间与时间的函数，即非稳态扩散过程，依赖于时间的扩散通量由 Fick 扩散定律描述，

$$\frac{\partial C}{\partial t} = D \frac{\partial^2 C}{\partial x^2} \tag{9-3}$$

式（9-3）中假定混凝土为均质的，D 不随时间与扩散深度变化。当混凝土表面的氯离子浓度维持恒定（任意时刻，$C = C_s$，$x = 0$），起始时刻混凝土内部氯离子含量为 0（$C = 0$，$x > 0$，$t = 0$）。氯离子分布表示为：

$$\frac{C(x,t)}{C_s} = 1 - erf\left(\frac{x}{2\sqrt{Dt}}\right) \tag{9-4}$$

式中，$erf(z)$ 是误差函数，$erf(z) = 2\int_0^z e^{-t^2} \mathrm{d}t / \sqrt{\pi}$。式（9-4）广泛用于氯盐环境中钢筋混凝土结构中氯离子含量分布的计算，作为结构物寿命预测的依据。实际上，混凝土的自身结构对于氯离子的侵入过程有着显著的影响。扩散系数依赖于混凝土的状况，受孔隙结构和孔隙饱和度影响。当混凝土内部孔隙越小，越密实，抗压强度越大。普通混凝土的渗透性（氯离子扩散系数）与抗压强度相关（张俊芝等，2009）：

$$D = 32.766 f_c^{-0.533} \tag{9-5}$$

式中，f_c 为混凝土的抗压强度（MPa），相关性指数 $R^2 = 0.920$。C30 强度标准普通混凝土 28d 龄期的氯离子扩散系数为 $5.35 \times 10^{-12} \mathrm{m}^2/\mathrm{s}$。

水泥完全水化是一个长期过程，内部孔隙结构随着水泥水化不断变化，相应的扩散系数也变化。水泥水化越完全，内部越密实，孔隙越小，扩散系数越小。因此，扩散系数是关于时间的函数。Mangat（1994）提出了扩散系数与时间的关系：

$$D = D_{ref}\left(\frac{t_{ref}}{t}\right)^m \tag{9-6}$$

式中，m 为扩散系数的时间衰减系数。Bamforth 等（1998）指出：普通的波特兰水泥，m 值取 $0.2 \sim 0.3$；掺加粉煤灰或者矿渣的水泥，m 应取 $0.5 \sim 0.7$。杨进波（2007）根据自然扩散系数试验，得出 C30 混凝土的 m 值取 0.34。

混凝土固相对外界侵入的氯离子有吸附作用，减小孔隙溶液中的氯离子浓度，即自由氯离子浓度，只有自由氯离子对钢筋腐蚀起作用。混凝土对侵入氯离子的结合作用有三种等温吸附方程（Martin-Pérez et al.，2000）：

（1）线性关系：

$$C_b = \alpha C_f \quad \frac{\partial C_b}{\partial C_f} = \alpha \tag{9-7}$$

线性关系假定氯离子的浓度变化不影响混凝土对氯离子的结合能力，即 α 为常数。在氯离子长期侵入的情况下，结合氯离子与自由氯离子的关系并不呈现线性关系。

（2）Langmuir 等温线：

$$C_b = \frac{\alpha C_f}{1 + \beta C_f} \quad \frac{\partial C_b}{\partial C_f} = \frac{\alpha}{(1 + \beta C_f)^2} \tag{9-8}$$

（3）Freundlich 等温线：

$$C_b = \alpha C_f^\beta \qquad \frac{\partial C_b}{\partial C_f} = \alpha \beta C_f^{\beta-1} \tag{9-9}$$

式中，α 和 β 为常数。Tang 等（1993）认为当孔隙溶液中氯离子的浓度小于 1.773kg/m^3 时，结合氯离子和自由氯离子的关系用 Langmuir 等温线表示比较合适。由于新鲜的混凝土内部氯离子含量较低，所以采用 Langmuir 等温线描述混凝土固相对侵入氯离子的结合作用是合适的。

海砂中高浓度氯离子分布在地表下 2m 的范围内，海砂环境中的混凝土的内外水压力差异可以忽略。扩散作用是海砂中氯离子向混凝土内部迁移的主要方式。在如下假设的基础上：

（1）氯离子侵入过程的主要方式为一维扩散；

（2）混凝土是均质、各向同性的；

（3）混凝土内部是饱和的；

（4）混凝土是处于等温状态。

氯离子在混凝土中的扩散方程为：

$$\frac{\partial(C_b + \omega_e C_f)}{\partial t} = \frac{\partial}{\partial x}\left[D_{ref} \left(\frac{t_{ref}}{t} \right)^m \cdot \omega_e \cdot \frac{\partial C_f}{\partial x} \right] \tag{9-10}$$

结合 Langmuir 吸附方程得到，

$$\left[\omega_e + \frac{\alpha}{(1+\beta C_f)^2} \right] \frac{\partial C_f}{\partial t} = D_{ref} \left(\frac{t_{ref}}{t} \right)^m \frac{\partial}{\partial x}\left(\omega_e \frac{\partial C_f}{\partial x} \right) \tag{9-11}$$

式中，C_b 为结合氯离子浓度（g/cm^3，相对于混凝土体积），C_f 为自由氯离子浓度（g/cm^3，相对于混凝土孔隙溶液体积）。ω_e 为混凝土的体积含水率，α 和 β 为描述自由氯离子与结合氯离子的关系。Sergi 等（1992）给出普通混凝土的 α 和 β 分别取 1.67 和 4.08，其中 C_b 和 C_f 的单位分别表示为相对于混凝土的 mmol/g 和 mol/L。Langmuir 等温吸附的 C_b 和 C_f 不呈线性关系，C_b 和 C_f 的单位不同时，α 和 β 值也发生改变。

初始条件为：

$$C = 0, \quad t = 0, \quad x > 0 \tag{9-12}$$

边界条件为：

$$x = 0, \quad C = C_0, \quad t > 0$$
$$x = L, \quad \frac{\partial C}{\partial x} = 0, \quad t > 0 \tag{9-13}$$

式（9-13）中混凝土表面氯离子浓度被设为定值。海砂环境中，混凝土干湿循环过程不显著，表面氯离子浓度在化学平衡作用下，很快达到恒定值。取表面氯离子浓度为定值，忽略随时间的累积作用，是偏安全的算法。

2. 计算方法

海砂中的氯离子浓度采用图 9-3 中线性和抛物线函数关系表示，盐分含量在地表下 2m 范围内变化。盐分含量随深度增大逐渐减小，表层含盐量最大。由于地下水位低，海砂的积盐效果明显。混凝土表层的氯离子浓度大的情况下，有利于分析结合作用、扩散电场和毛细作用对氯离子迁移的影响，混凝土表层的氯离子浓度采用最大浓度。在分析地表以下 2m 范围内不同氯离子浓度对混凝土保护层的影响，对土层进行分层，计算各自深度对应的混凝土内部氯离子浓度，组合成整个混凝土保护层内部的氯离子浓度分布。

考虑了混凝土固相对氯离子的结合作用，物理方程包含非线性项，难以得到解析解，采用有限差分的方法求解。将 $\omega_e \cdot C_f$ 作为一个整体，采用隐式差分格式：

$$\left[1 + \frac{\alpha\omega_e}{(\omega_e + \beta C_j^n)^2}\right]\frac{C_j^{n+1} - C_j^n}{\tau} = D_{ref}\left(\frac{t_{ref}}{t}\right)^m \frac{C_{j+1}^{n+1} - 2C_j^{n+1} + C_{j-1}^{n+1}}{h^2} \tag{9-14}$$

$$x = L, \quad \frac{C_{j+1}^{n+1} - C_j^{n+1}}{h} = 0, \quad t > 0 \tag{9-15}$$

式中，τ 为时间步长，h 为空间步长。通过隐式有限差分方法，转化为求解 $AX = B$ 形式的矩阵问题，且隐式差分格式保证了数值计算的稳定性，避免计算结果出现数值振荡。混凝土保护层厚度取 75mm，模型尺寸为 75mm×2m，如图 9-4 所示，计算参数列于表 9-1。

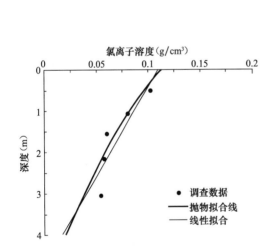

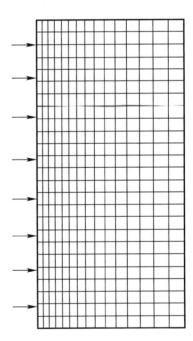

图 9-3　海砂中氯离子浓度随深度分布　　　图 9-4　考虑电迁移过程的扩散方程计算网格

混凝土内部氯离子含量分布计算参数　　　　　　　表 9-1

$C_0(g/cm^3)$（相对于孔隙溶液体积）	保护层厚度 L(mm)	$D_{ref}(m^2/s)$	t_{ref}(d)
$0.11 - 2.29 \times 10^{-2}z$	75	5.35×10^{-12}	28
$0.9 - (z/163.0534 + 7.8335 \times 10^{-3})^{1/2}$	75	5.35×10^{-12}	28

3. 计算结果

取海砂地表的氯离子浓度，考虑结合作用时，氯离子浓度比不考虑结合作用时要小，如图 9-5 所示，以 10 年和 50 年的氯离子浓度分布图为例，说明结合作用对混凝土孔隙溶液中氯离子含量的减小作用。50 年时，考虑结合作用与不考虑结合作用的自由氯离子浓度值差异明显比 10 年小。Langmuir 等温吸附方程描述的混凝土固相对氯离子结合作用，在侵入氯离子浓度不断增大的情况下，吸附氯离子浓度慢慢减小，体现了混凝土固相对侵入氯离子结合能力的减弱。混凝土固相对氯离子的结合作用有上限，与实际情况符合。预测混凝土结构寿命时，若忽略混凝土固相的结合作用，将造成混凝土内部氯离子含量偏大，低估结构寿命，混凝土保护层厚度偏大，造成浪费。

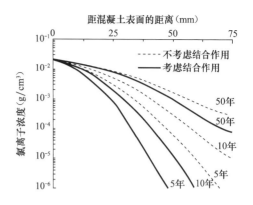

图 9-5　结合作用对氯离子浓度的影响

　　绘制混凝土内的氯离子含量等值线，直观地反映了氯离子侵入峰值位置和最可能发腐蚀生的区域。氯离子在混凝土内的扩散方程一维的，将混凝土保护层沿深度方向分层，对应各层的边界浓度，计算一定时间后各层不同侵入深度的氯离子浓度，绘制整个混凝土内的氯离子浓度分布的等值线，如图 9-6 和图 9-7 所示。根据直线和抛物线两种不同拟合曲线求得的氯离子含量差异较小，混凝土内部氯离子浓度等值线的分布相似。浓度等值线缓慢地向混凝上深处侵入，侵入速率随时间增加而减小。

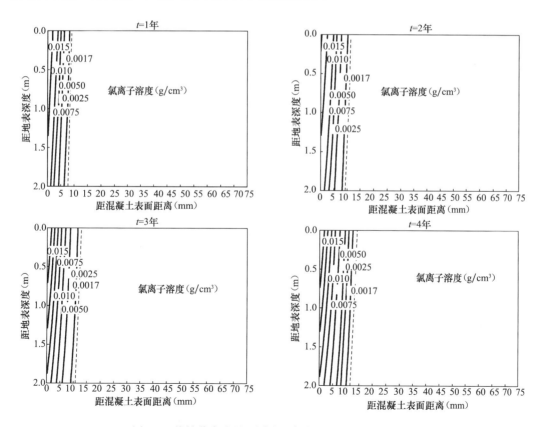

图 9-6　线性分布边界不同阶段氯离子含量分布图（一）

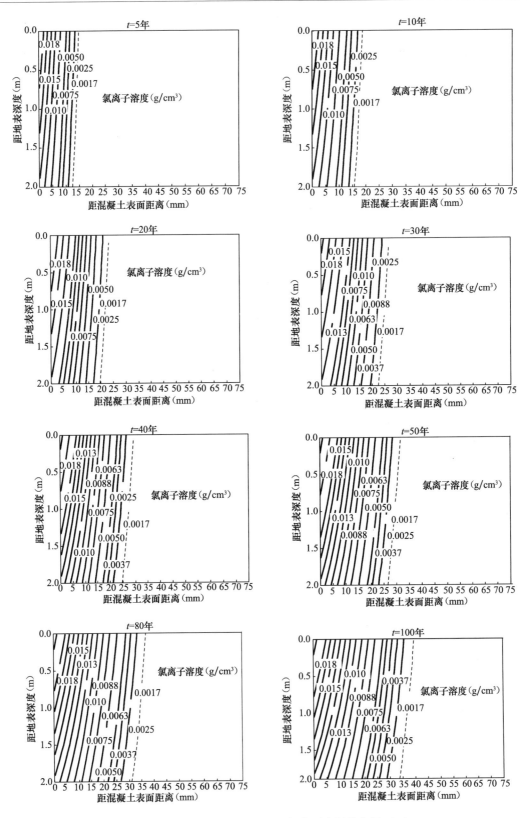

图 9-6 线性分布边界不同阶段氯离子含量分布图（二）

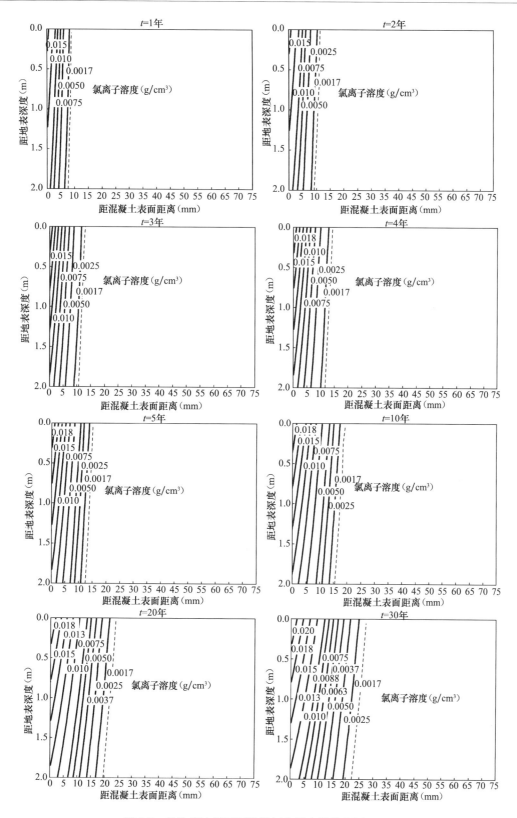

图 9-7　抛物线边界不同阶段氯离子含量分布图（一）

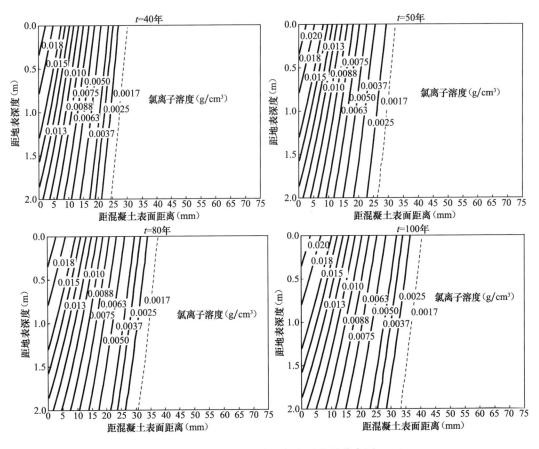

图 9-7 抛物线边界不同阶段氯离子含量分布图（二）

当边界氯离子浓度随土层深度增加呈线性减小时，氯离子浓度等值线呈上部向混凝土保护层深层倾斜的形状。在固定的深度上，侵入氯离子含量随着侵入深度的增大不断地减小。距离混凝土表面固定深度处，从上到下，侵入氯离子的含量逐渐地减小。随着氯盐侵蚀过程的加剧，氯离子不断向混凝土内部侵入，孔隙溶液中氯离子浓度不断增长。从 1～2年和 3～4 年的浓度等值线来看，1.70×10^{-3} g/cm^3 浓度等值线（以混凝土体积计算）不断地往混凝土深处推进，但推进速度减小，对应着扩散系数随着时间减小。氯离子侵入到混凝土内部 75mm 深度处，需要 16662d，大约 47 年的时间；100 年时，钢筋表面最大氯离子浓度增加到 5×10^{-4} g/cm^3。

如图 9-7 所示，当边界氯离子浓度随土层深度增加呈抛物线减小时，氯离子侵入到混凝土保护层 75mm 深度需要 16348d，大约 45 年的时间。100 年时，钢筋表面最大氯离子浓度同样达到 5.00×10^{-4} g/cm^3，在混凝土保护层 35mm 深度处达到钢筋锈蚀的临界氯离子浓度（1.70×10^{-3} g/cm^3）。

9.2.2 考虑电场作用

1. 扩散方程

多重离子在混凝土孔隙溶液中的扩散过程在孔隙溶液中产生扩散电场，对氯离子的扩散过程有着不可忽略的影响。不同于本体溶液，混凝土孔隙溶液中的离子不能沿着最短路径运动，只能沿着混凝土内部连通的孔隙迁移。且孔隙内必须含有一定的水分。所以，离子迁移速度受到混凝土孔隙大小、形状和分布的影响。本体溶液中离子的迁移速度与电场强度、离子电荷数和离子大小呈比例。在混凝土中，即使是饱和孔隙溶液，离子迁移速度也比本体溶液低 2～3 个数量级。离子活度 u_i（描述离子在电场作用下的运动）与扩散系数 D_i 有着直接的联系：

$$u_i = D_i z_i \frac{F}{RT} \tag{9-16}$$

式中，R 为气体常数 [J/(K·mol)]，T 为温度（K），F 为法拉利常数（96485C/mol），z_i 为离子 i 的电荷数。

不考虑侵入离子间的化学作用，饱和混凝土孔隙中的离子扩散和电迁移过程用 Nernst-Planck 方程表示，

$$\boldsymbol{J}_i = - D_i \left(\nabla C_i + \frac{z_i F}{RT} C_i \, \nabla V \right) \tag{9-17}$$

式中，$\boldsymbol{J}_i$ 代表离子 i 的流量（mol/(m²·s)），D_i 为扩散系数（m²/s），C_i 为离子浓度（mol/m³），z_i 为离子的价态，F 为法拉第常数，$F = 96485$C/mol；R 为理想气体常数，$R = 8.314$J/(K·mol)，T 为温度，V 为孔隙溶液中侵入离子产生的电势。

混凝土孔隙溶液中的各离子组分满足质量守恒定律。

$$\frac{\partial C_i}{\partial t} + \nabla \cdot \boldsymbol{J}_i = 0 \tag{9-18}$$

$$\frac{\partial C_i}{\partial t} - \nabla \cdot \left[D_i \left(\nabla C_i + \frac{z_i F}{RT} C_i \, \nabla V \right) \right] = 0 \tag{9-19}$$

氯离子在混凝土孔隙溶液中扩散过程受到孔隙结构的影响，水泥水化越完全，孔隙越小，离子扩散系数越小。侵入混凝土内部的离子的扩散系数受到孔隙结构变化的影响，随着时间增长而减小。另外，混凝土固相与氯离子存在结合作用，主要是混凝土对氯离子的吸附作用、对氢氧根离子的解吸附作用。混凝土孔隙溶液中离子应该满足电中性平衡条件，氯离子的吸附量和氢氧根离子的解吸附量应相等。混凝土固相与氯离子结合作用采用 Langmuir 等温吸附方程描述，氯离子与氢氧根离子的扩散方程为：

$$\frac{\partial (\omega_e C_i)}{\partial t} \pm \frac{\partial S_i}{\partial t} = \nabla \left[D_{\text{ref},i} \left(\frac{t_{\text{ref}}}{t} \right)^m \left(\nabla (\omega_e C_i) + \frac{z_i F}{RT} \omega_e C_i \, \nabla V \right) \right] \tag{9-20}$$

$$S_i = \frac{\alpha C_i}{1 + \beta C_i} \tag{9-21}$$

式中，S_i 为固相吸附离子浓度（mol/m³），ω_e 为混凝土体积含水率。假定电中性平衡条件处处满足：

$$\sum_{i=1}^{N} z_i C_i + w = 0 \tag{9-22}$$

式中，N 为离子数目，w 为区域内固定电荷密度（mol/m³）。满足电中性平衡条件，通过某截面的电量即为 0：

$$\sum_{i=1}^{N} z_i j_i = 0 \tag{9-23}$$

电势 V 与电荷密度满足 Poisson 方程，

$$\nabla^2 V + \frac{\rho}{\varepsilon} = 0 \tag{9-24}$$

$$\rho = F\left(\sum z_i C_i + w\right) \tag{9-25}$$

式中，ρ 为电荷密度，ε 为多孔介质的介电常数。混凝土的介电常数为 $3.98 \times 10^{-11} \mathrm{F/m}$。

初始条件为：

$$C_i = C_{i_0}, t = 0, x > 0 \tag{9-26}$$

$$V = 0, t = 0, x > 0 \tag{9-27}$$

边界条件为：

$$\begin{aligned} x = 0, C = C_0, t > 0 \\ x = L, \frac{\partial C}{\partial x} = 0, t > 0 \end{aligned} \tag{9-28}$$

$$\begin{aligned} x = 0, V = 0, t > 0 \\ x = L, \frac{\partial V}{\partial x} = 0, t > 0 \end{aligned} \tag{9-29}$$

2. 计算方法

结合 Poisson 方程，考虑离子扩散电场作用分析混凝土内部的空间电势分布，采用有限元方法求解。混凝土边界处的离子浓度与保护层内部离子浓度存在巨大差异，对边界处的网格加密，单元数为 375 个矩形单元，7905 个自由度。氯离子浓度沿着土层深度变化较小，由于直线与抛物线拟合曲线计算的侵入氯离子分布接近，只采用线性拟合曲线计算混凝土保护层内的氯离子浓度分布。混凝土孔隙溶液主要包含 Na^+、K^+、OH^-，计算中加上 Cl^-，考虑四种离子侵入过程中产生的离子扩散电场对混凝土孔隙溶液中离子浓度的影响。

混凝土内部孔隙结构对离子扩散过程有重要影响，与离子在本体溶液中的扩散系数不同，离子在混凝土中的扩散系数是考虑了多孔介质孔隙分布和曲折度的有效扩散系数：

$$D_e = \frac{D s \delta}{\tau} \tag{9-30}$$

式中，D_e 为离子在多孔介质中的有效扩散系数，D 为离子在本体溶液中的扩散系数，s 为多孔介质的孔隙率，δ 为多孔介质的孔隙约束度，τ 为孔隙曲折度。孔隙约束度 δ 依赖于扩散离子直径与孔隙直径的比例 λ_p：

$$\lambda_p = \frac{\text{粒子直径}}{\text{孔隙直径}} < 1 \tag{9-31}$$

Renkin（1954）、Beck 和 Schultz（1970）基于有机溶质在薄膜中的稳态扩散过程，提出了孔隙约束度 δ 的经验公式：

$$\delta = (1 - \lambda_p)^2 (1 - 2.014\lambda_p + 2.09\lambda_p^3 - 0.95\lambda_p^5) \tag{9-32}$$

$$\delta = (1 - \lambda_p)^4 \tag{9-33}$$

计算 Na^+、K^+、OH^- 在混凝土中的有效扩散系数列于表 9-2 中。离子扩散过程主要是在孔径为 0~50nm 的毛细孔隙溶液中进行，混凝土孔隙的平均孔径取 25nm。

新鲜混凝土孔隙溶液中主要包括 Na^+、K^+、OH^-，孔隙溶液的离子浓度满足电中性平衡条件，假定钠离子浓度和钾离子浓度分别占据氢氧根离子浓度的 1/3 和 2/3。混凝土表面边界处离子浓度等于海砂中离子浓度。相对于氯离子浓度而言，海砂中氢氧根离子浓度非常小，几乎为 0（表 9-3）。

混凝土离子扩散系数计算参数　　　　　　　　　　　　　　　　　　　　表 9-2

	K^+	Na^+	OH^-
$D(m^2/s$，溶液中)	3.90×10^{-11}	2.70×10^{-11}	5.28×10^{-10}
离子直径（10^{-10}m）	2.66	1.80	2.97
λ_p	0.0106	0.0072	0.0119
孔隙曲折度 τ		1.90	
孔隙率 s		0.193	

混凝土内部氯离子含量分布计算参数　　　　　　　　　　　　　　　　　表 9-3

	K^+	Cl^-	Na^+	OH^-
龄期 28d 参考扩散系数（m^2/s）	3.78×10^{-12}	5.35×10^{-12}	2.66×10^{-12}	5.10×10^{-11}
初始浓度（mol/m^3）（以孔隙溶液体积计算）	300	0	150	450
边界浓度（mol/m^3）（以孔隙溶液体积计算）	$300(2.34 + y)$	$750(2.34 + y)$	$450(2.34 + y)$	0

3. 计算结果

图 9-8 中分别列出了 1 年、5 年、10 年、20 年时离子扩散过程产生的电势随离子侵入深度的分布。混凝土内部的电势要大于混凝土表层的电势。阴离子往电势高的地方迁移，阳离子往电势低的地方迁移，离子扩散电场对氯离子扩散有促进作用。随时间增加，表层的电势逐渐减小，内部的电势增大，混凝土表层的离子扩散电场对氯离子扩散的促进作用减小，在混凝土深层的电场对氯离子扩散过程起促进作用。从电场的变化趋势看，电势梯度越来越小，电场作用对氯离子的后期扩散过程影响很小。

取海砂地表氯离子浓度，考虑电迁移作用，氯离子浓度比不考虑电迁移过程大，如图 9-9 所示。10 年和 50 年时，考虑电迁移过程的氯离子浓度明显都要比不考虑电迁移过程的大。50 年时，考虑电迁移过程的混凝土 75mm 深处的氯离子浓度为 $1.27 \times 10^{-3} g/cm^3$；不考虑电迁移过程，混凝土 75mm 深处的氯离子浓度为 $3.89 \times 10^{-4} g/cm^3$，考虑电迁移过程的氯离子浓度大约为不考虑电迁移过程的 3.25 倍。在 100 年时，考虑电迁移过程，混凝土

75mm深处的氯离子浓度为 $7.53 \times 10^{-3} \mathrm{g/cm^3}$；不考虑电迁移过程的为 $3.03 \times 10^{-3} \mathrm{g/cm^3}$，考虑电迁移过程的氯离子浓度为不考虑电迁移过程的 2.48 倍。多种离子侵入混凝土内部形成的离子扩散电场对氯离子扩散的促进作用不可忽略。随着时间增长，电场对氯离子扩散的促进作用有所减弱。

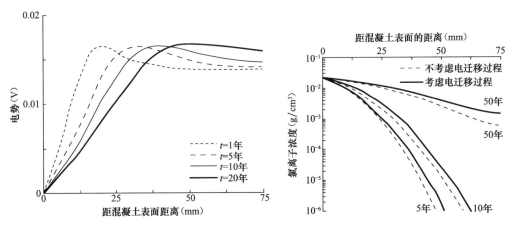

图 9-8　不同年限混凝土内部电势分布　　　　图 9-9　电迁移过程对氯离子浓度的影响

在地下不同深度处，混凝土内部氯离子浓度从混凝土表面到深部呈指数下降，如图 9-10 所示。侵入初期，混凝土内的氯离子浓度差异较大，但是在混凝土深处的氯离子浓度差异较小。随着氯离子侵入过程的加剧，混凝土内部氯离子逐渐累积，氯离子浓度梯度变小，混凝土表面的离子浓度与内部的离子浓度差异随时间增长不断地减小。

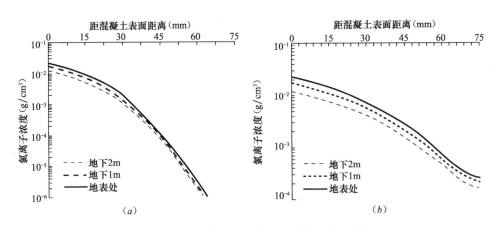

图 9-10　地下不同深度处混凝土内部氯离子浓度分布
(a) 10年；(b) 50年

随着时间增长，混凝土内部氯离子的浓度不断变大，浓度等值线自上而下呈现倾斜形状，如图 9-11 所示。100 年时，考虑电场迁移作用，$1.7 \times 10^{-3} \mathrm{g/cm^3}$ 浓度等值线（以混凝土体积计算）侵入到距混凝土表面 60mm 深处；只考虑混凝土固相结合作用时，$1.7 \times 10^{-3} \mathrm{g/cm^3}$ 浓度等值线到达 35mm 深处，扩散电场对氯离子的扩散作用不可忽视。

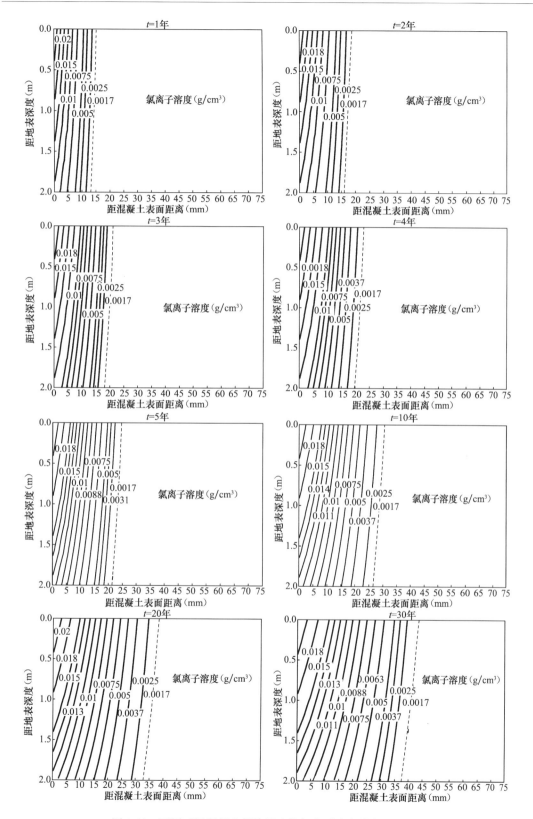

图 9-11　不同时间混凝土保护层内部氯离子浓度分布图（一）

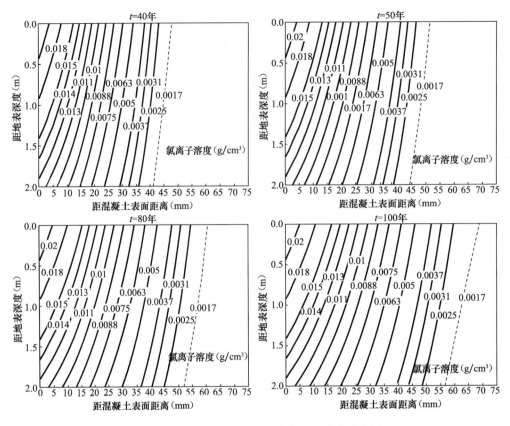

图 9-11　不同时间混凝土保护层内部氯离子浓度分布图（二）

9.2.3　考虑毛细作用

1. 扩散方程

考虑结合作用和扩散电场作用的氯离子迁移模型是基于混凝土内部孔隙处于饱和状态。实际情况是，混凝土内部孔隙为非饱和状态，即使在海洋环境中，外界环境湿度变化引起的干湿循环，使混凝土内部孔隙处于非饱和状态。新鲜混凝土埋置在海砂中，混凝土内部孔隙处于非饱和状态，外部水分在毛细作用下侵入混凝土孔隙中。水分迁移过程需要一定的时间，达到混凝土内外水分平衡。

理论上，稀溶液中离子迁移可以近似看作是水的迁移。如果忽略离子在水分迁移过程中的渗流作用，离子溶液侵入到多孔介质的过程近似看成水分侵入混凝土内部的过程。引起水分在混凝土内部迁移的原因是压力梯度作用和毛细作用，压力梯度由 Darcy 定律描述，毛细作用由非饱和渗流描述。海砂中的水压力梯度可以忽略，水分主要在毛细作用下渗入非饱和的混凝土内部。非饱和渗流的流速表示为：

$$v = - D_{\mathrm{w}}(\theta)\, \nabla \theta \tag{9-34}$$

式中，v 为水的流速（m/s），θ 为混凝土孔隙的饱和度，D_{w} 为水力传导系数（m²/s）。水力传导系数与孔隙含水量的关系为：

$$D_{\mathrm{w}} = D_0 \exp(B\theta_{\mathrm{r}}) \tag{9-35}$$

式中，D_0 为干燥状态下的水力传导系数（$\mathrm{m^2/s}$），B 为经验系数，θ_{r} 为归一化含水量，$\theta_{\mathrm{r}} = (\theta - \theta_0)/(\theta_1 - \theta_0)$。$\theta_1$ 为完全饱和的混凝土内部孔隙饱和度，$\theta_1 = 1$；θ_0 为干燥状态下混凝土内部孔隙饱和度，$\theta_0 = 0$。Hall（1989）提出普通波特兰水泥制备的混凝土的水力传导系数 D_{w} 的表达式为：

$$D_{\mathrm{w}} = 0.49 \exp(6.55\theta_{\mathrm{r}}) \, (\mathrm{mm^2/min}) \tag{9-36}$$

根据混凝土孔隙结构中水分质量守恒，假定水与混凝土固相不发生化学反应，混凝土内部任意位置处的孔隙含水量满足：

$$\frac{\partial \theta}{\partial t} = -\nabla \cdot v \tag{9-37}$$

$$\frac{\partial \theta}{\partial t} = \nabla \cdot (D_{\mathrm{w}} \nabla \theta) \tag{9-38}$$

考虑混凝土固相对侵入氯离子的结合作用、离子扩散电场作用和毛细作用，根据质量守恒定律，建立氯离子在混凝土内部孔隙中迁移方程：

$$\frac{\partial C_i^{\mathrm{t}}}{\partial t} = \nabla \cdot \left[sD_i \nabla(\theta C_i^{\mathrm{f}}) + \frac{z_i F}{RT} D_i s\theta C_i^{\mathrm{f}} \nabla V + sC_i^{\mathrm{f}} D_{\mathrm{w}} \nabla \theta \right] \tag{9-39}$$

$$C_i^{\mathrm{t}} = C_i^{\mathrm{b}} + s\theta C_i^{\mathrm{f}} \tag{9-40}$$

$$\nabla^2 V + \frac{F\left(\sum z_i C_i^{\mathrm{f}} + w \right)}{\varepsilon} = 0 \tag{9-41}$$

式中，s 为混凝土的孔隙率。C_i^{t}、C_i^{b}、C_i^{f} 分别为总氯离子浓度、结合氯离子浓度、自由氯离子浓度（$\mathrm{mol/m^3}$）。混凝土固相主要对氯离子有吸附作用和对氢氧根离子有解吸附作用；对于其他离子，可以认为 $C_i^{\mathrm{t}} = s\theta C_i^{\mathrm{f}}$。

初始条件为：

$$C_i - C_{i_0}, t = 0, x > 0 \tag{9-42}$$

$$V = 0, t = 0, x > 0 \tag{9-43}$$

$$\theta = \theta_{\mathrm{int}}, t = 0, x > 0 \tag{9-44}$$

边界条件为：

$$\begin{aligned} x &= 0, C = C_0, t > 0 \\ x &= L, \frac{\partial C}{\partial x} = 0, t > 0 \end{aligned} \tag{9-45}$$

$$\begin{aligned} x &= 0, V = 0, t > 0 \\ x &= L, \frac{\partial V}{\partial x} = 0, t > 0 \end{aligned} \tag{9-46}$$

$$\begin{aligned} x &= 0, \theta = 1, t > 0 \\ x &= L, \frac{\partial \theta}{\partial x} = 0, t > 0 \end{aligned} \tag{9-47}$$

2. 计算方法

求解考虑毛细作用的氯离子扩散方程，首先求解非饱和渗流方程，得到混凝土内部随时间变化的含水量分布情况，再代入到扩散方程中得到混凝土内部氯离子浓度的分布状况。海砂与混凝土保护层接触的边界处，网格进行加密，避免边界处离子浓度梯度过大导致计算结果产生振荡，共有375个单元，9486个自由度。计算中，混凝土孔隙溶液中的离子主要为 Na^+、K^+、Cl^-、OH^-。混凝土内部孔隙溶液处处满足电中性平衡条件，混凝土固相对氯离子的吸附量与氢氧根离子的解吸附量相等。计算中将 $s\theta C_i^f$ 看作一个整体 $C_i^{f'}$。采用 Langmuir 等温线方程描述混凝土固相对氯离子的吸附作用。

$$\frac{\partial C_i^{f'}}{\partial t} + \frac{\alpha s\theta}{(s\theta + \beta C_i^{f'})^2}\frac{\partial C_i^{f'}}{\partial t} - \frac{\alpha s C_i^{f'}}{(s\theta + \beta C_i^{f'})^2}\frac{\partial \theta}{\partial t} =$$
$$\nabla \cdot \left[D_i \nabla(C_i^{f'}) + \frac{z_i F}{RT} D_i C_i^{f'} \nabla V + \frac{C_i^{f'}}{\theta} D_w \nabla\theta \right]$$

(9-48)

氯离子侵蚀混凝土是一个非常缓慢的长期过程，相比之下，水分迁移和混凝土内外水分平衡过程是一个相对短期的过程。在混凝土内外水分达到平衡之前，计算时间步长采用小步长；水分平衡后，时间步长修改为大步长。

考虑非饱和渗流作用的计算参数列于表9-4。参考扩散系数取考虑混凝土内部孔隙分布和孔隙曲折度的有效扩散系数，混凝土内部的离子初始浓度折算成以混凝土体积表示的浓度，乘以孔隙饱和度。海砂与混凝土边界处的盐离子浓度随深度呈线性减小，盐离子在边界处满足电中性平衡条件。

混凝土内部氯离子含量分布计算参数　　　　　　　　　　　　表 9-4

	K^+	Cl^-	Na^+	OH^-
龄期 28d 的参考扩散系数 （m²/s）	3.78×10^{-12}	5.35×10^{-12}	2.66×10^{-12}	5.10×10^{-11}
初始浓度（mol/m³）（以孔隙溶液体积计算）	$57.9\cdot\theta$	0	$28.95\cdot\theta$	$86.85\cdot\theta$
边界浓度（mol/m³）（以孔隙溶液体积计算）	$57.85(2.34+y)$	$144.63(2.34+y)$	$86.78(2.34+y)$	0

3. 计算结果

非饱和混凝土与海砂接触初始时刻，海砂中水分通过毛细作用迅速吸入混凝土内部，混凝土内外水分达到平衡，水分吸入过程是相对短暂的过程。假定混凝土内部孔隙初始饱和度 θ 为 0.8，混凝土内外水分达到平衡所需时间仅为 1.6h。图 9-12 为 1min、5min 和 10min 的孔隙饱和度在混凝土内部分布。1min 时孔隙饱和度随着侵入深度增加呈现指数分布。随时间增加，混凝土内部孔隙饱和度逐渐增大，孔隙饱和度的梯度越来越小。水分在混凝土孔隙中累积，最终充满整个孔隙，孔隙饱和度 θ 处处等于 1。

取海砂地表的氯离子浓度作为边界条件，假定混凝土内部初始孔隙饱和度 θ 为 0.8。早期混凝土孔隙处于非饱和状态，毛细作用导致外界水分渗入，带入部分氯离子。氯离子在混凝土保护层的表层累积，如图 9-13 所示。10min 时，距表面 2mm 的混凝土内，氯离子浓度接近边界处的氯离子浓度。距表面大于 2mm 的混凝土内，氯离子浓度急剧减小。不考虑毛细作用时，氯离子浓度随着侵入深度的增加呈现指数型下降。考虑了毛细作用，氯离子浓度的数量级明显比不考虑毛细作用时要小，毛细作用对混凝土内部氯离子浓度的分布产生显著影响。

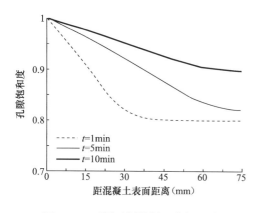

图 9-12　不同时刻混凝土内部孔隙
饱和度的变化

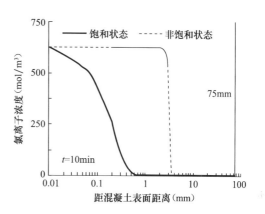

图 9-13　早期毛细作用对氯离子
浓度分布的影响

混凝土内部孔隙达到饱和后，非饱和渗流过程消失。氯离子迁移过程变为浓度梯度和扩散电场主导下的迁移过程，混凝土内 2mm 深度范围内，氯离子浓度与外界海砂环境的氯离子浓度近乎相等。在后续的氯离子侵入过程中，混凝土保护层的有效厚度减少了 2mm，导致了考虑毛细作用的长期计算结果比饱和混凝土大，如图 9-14 所示。10 年时，初始非饱和混凝土内 75mm 处的氯离子浓度相比初始饱和状态增大了 1.6 倍；在 50 年时，初始非饱和混凝土内 75mm 处的氯离

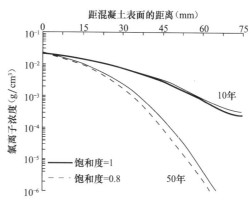

图 9-14　考虑非饱和渗流与不考虑
非饱和渗流计算结果对比

子浓度比饱和状态增加了 0.3 倍。初始非饱和混凝土内部孔隙内的氯离子浓度有所增大，随着氯离子扩散，混凝土表层氯离子的累积效果逐渐消失，氯离子浓度随侵入深度呈指数曲线减小。50 年时氯离子浓度增加的幅度相比 10 年时要小。

假定混凝土内部初始孔隙饱和度 θ 为 0.8，图 9-15 列举了不同年份对应的考虑初始非饱和状态下混凝土内部氯离子浓度的分布。与初始孔隙饱和的状态相比，混凝土内部氯离子浓度明显增大。1.7×10^{-3} g/cm^3 的氯离子浓度等值线（以混凝土体积计算）在 80 年的时候已近达到 60mm 深度处，非饱和渗流促进了氯离子扩散。

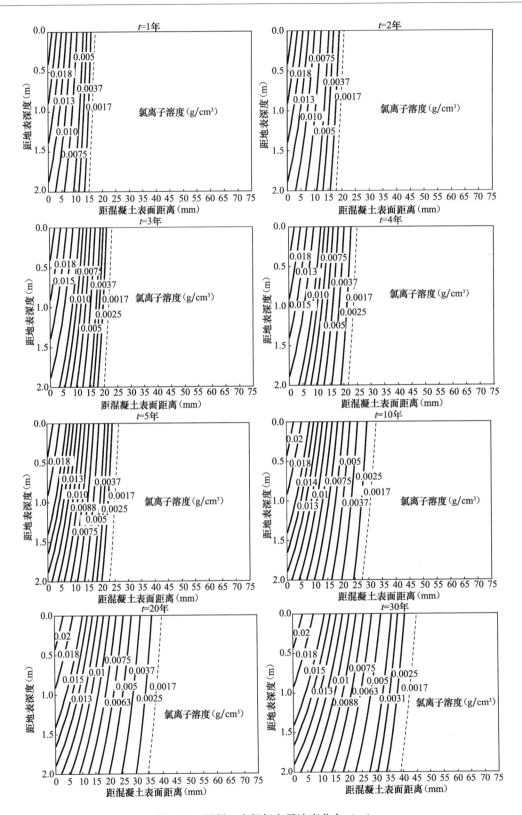

图 9-15　混凝土内部氯离子浓度分布（一）

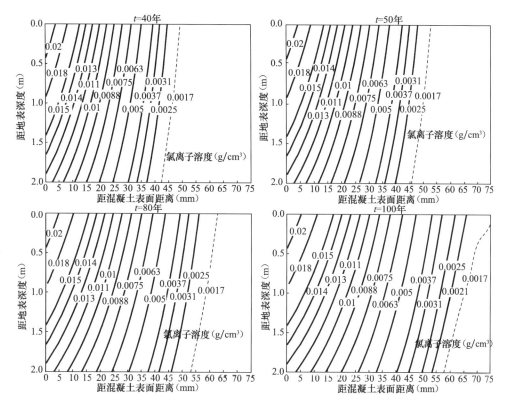

图 9-15　混凝土内部氯离子浓度分布（二）

图 9-16 对比了不同初始饱和度对混凝土内部氯离子浓度分布的影响。早期混凝土内外水分未达到平衡，侵入的氯离子在混凝土表层累积。初始孔隙饱和度越小，水分充填混凝土内部孔隙所需的时间越长，累积的氯离子越多。10min 时，当初始孔隙饱和度 θ 为 0.2，表层发生氯离子累积的混凝土厚度大约为 7mm。初始孔隙饱和度增加后，氯离子累积的范围减小。当初始孔隙饱和度 θ 为 0.6 时，累积的范围大约减小到 5mm。从累积区域的氯离子浓度来看，θ 分别为 0.2、0.4、0.6 时，累积区域氯离子浓度接近。初始孔隙饱和度对混凝土表层氯离子累积区域的氯离子浓度大小影响不大。初始孔隙饱和度小导致混凝土表层累积了更多的氯离子，累积区域更大。经过长时间的扩散和电迁移过程后，混凝土内部深处的氯离子浓度更大。100 年时，初始孔隙饱和度 θ 为 0.2 的氯离子浓度在不同深度都要比 θ 为 0.6 的氯离子浓度大。

图 9-17 列举了混凝土不同位置处的氯离子浓度随孔隙饱和度的变化。初始孔隙饱和度越小，氯离子浓度越大。50 年时，初始孔隙饱和度不同，混凝土浅层的氯离子浓度梯度比混凝土深层的大；100 年时，混凝土内部不同深度处的浓度梯度几乎相等。随着时间增长，初始非饱和状态导致的毛细作用和表层氯离子浓度累积对氯离子侵入过程产生的影响逐渐消失，控制氯离子后期侵入过程的因素为扩散和电迁移。初始孔隙饱和度越小，混凝土内部氯离子浓度越大。初始时刻混凝土孔隙含水量越小，后期混凝土内部的氯离子浓度增长越快，钢筋发生腐蚀的可能性越大。

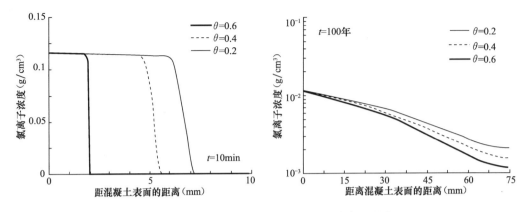

图 9-16　不同初始饱和度对氯离子浓度分布的影响

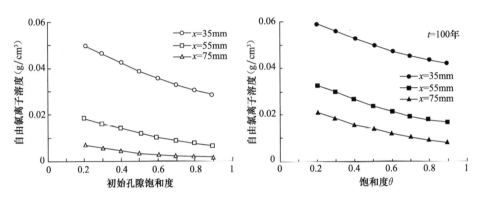

图 9-17　不同位置氯离子浓度随孔隙饱和度的变化

9.2.4　海砂与海洋环境中氯离子迁移对比

　　海砂环境中混凝土内的氯离子侵入过程为浓度梯度导致的扩散作用、多离子迁移产生的扩散电场导致的电迁移作用和毛细作用导致的毛细吸附共同控制。非饱和混凝土初始吸入含盐水分和产生的扩散电场，加速氯离子侵蚀混凝土的过程。海洋环境中，钢筋混凝土受到海水浸渍，海水中高浓度的氯离子逐渐进入混凝土保护层内，对混凝土内部钢筋构成了腐蚀威胁。海水浸渍条件下的氯离子侵入过程与海砂环境中不同，海洋环境中氯离子的侵入过程主要由扩散作用控制。

　　海水为一种复杂的多组分水溶液，溶解各种盐分。海水中的盐分主要来源于地壳岩石风化产物和火山喷出物。此外，河流补给也给海水中输入可溶性盐。图 9-18 显示了 1kg海水中易溶盐的组成，氯离子和钠离子为海水盐分的主要组成部分，海水可以近似看作纯氯化钠溶液，即海水浸渍条件可以简化为混凝土浸泡在高浓度 NaCl 溶液中，电迁移作用可以忽略，氯离子迁移过程为单一的扩散过程。

　　海洋环境中氯离子侵入混凝土的扩散方程为：

$$\frac{\partial C_t}{\partial t} = \frac{\partial}{\partial x}\left(D\,\frac{\partial C_f}{\partial x}\right)$$

（9-49）

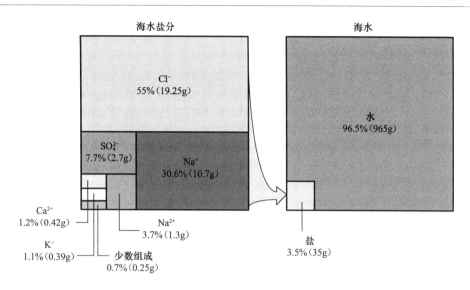

图 9-18　海水盐分组成

式中，C_t 为混凝土的总氯离子浓度（g/cm^3），$C_t = C_b + w_e C_f$。C_b 为结合氯离子浓度（g/cm^3），w_e 为混凝土的孔隙含水量（cm^3/cm^3）。氯离子在混凝土孔隙溶液中的迁移过程受混凝土固相吸附影响。结合作用由 Langmuir 等温吸附方程描述，

$$C_b = \frac{\alpha C_f}{1 + \beta C_f} \tag{9-50}$$

海洋环境的计算参数列于表 9-5 之中。

海洋环境中氯离子迁移分析参数　　　　　　　　　　　　　　　　表 9-5

C_0（g/cm^3）（相对于孔隙溶液体积）	保护层厚度 L（mm）	D_{ref}（m^2/s）	t_{ref}（d）
0.0198	75	5.35×10^{-12}	28

图 9-19 给出了暴露在海洋环境中的混凝土内氯离子分布。随时间增长，混凝土孔隙溶液中的氯离子含量明显增大。由于氯离子扩散系数随着时间衰减，孔隙溶液中氯离子浓度的增长幅度逐渐减小。暴露在海洋环境 20 年后，自由氯离子浓度比 10 年增长了 2.213 倍；暴露 30 年后，自由氯离子浓度比 20 年只增长了 1.17 倍。

图 9-20 对比了海洋环境与海砂环境的氯离子迁移过程。海砂中的氯离子含量比海水中的略高，在这两种不同环境中混凝土内氯离子的含量分布也有所不同。1 年时，海砂环境中，氯离子的侵入过程受到毛细作用影响，混凝土表层存在氯离子累积现象。海洋环境中，氯离子的侵入过程主要受扩散作用控制，氯离子含量随着侵入深度增加逐渐减小。混凝土早期暴露在两种不同环境中，混凝土深层孔隙溶液中的氯离子浓度相差不大。由于海砂中氯离子含量略大于海水的氯离子含量，海砂环境中扩散电场与毛细作用加速氯离子的侵入过程。在两种不同环境中，混凝土孔隙溶液中后期的氯离子浓度差异逐渐变大。暴露在两种不同环境 100 年后，距混凝土表面 75mm 处，海砂环境中自由氯离子浓度为 4.45×

$10^{-3}\,\mathrm{g/cm^3}$，海洋环境中自由氯离子浓度为 $6.93\times10^{-4}\,\mathrm{g/cm^3}$，海砂环境对埋设在其中的钢筋混凝土结构腐蚀的危害更大。

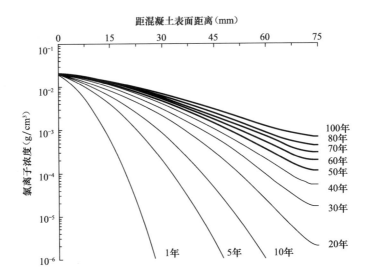

图 9-19　海洋环境中不同年份混凝土内氯离子浓度分布

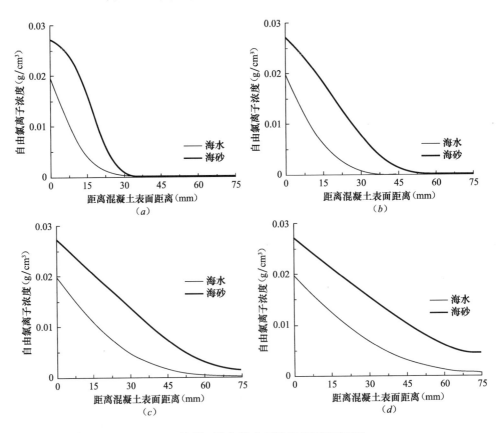

图 9-20　海洋环境与海砂环境氯离子迁移对比

(a) 1 年；(b) 10 年；(c) 50 年；(d) 100 年

9.3　硫酸根离子的迁移模型

9.3.1　硫酸根离子的扩散方程

Fick 扩散方程是描述混凝土结构孔隙溶液内离子迁移机制的基本物理方程，基于此，考虑硫酸根离子扩散的耦合作用，建立硫酸根离子在混凝土内的迁移模型，分析硫酸根离子在混凝土内的分布。

1. 化学反应

硫酸根离子进入混凝土孔隙内部，与混凝土固相发生化学反应生成难溶的盐类产物。混凝土孔隙中既存在物化反应又有离子的迁移运动，假设混凝土体积不因硫酸根离子侵蚀发生改变，且混凝土孔隙不相互影响。混凝土内的硫酸根离子浓度为：

$$\frac{\partial C}{\partial t} = \frac{\partial}{\partial t}\left(D \frac{\partial C}{\partial x}\right) - kC \tag{9-51}$$

式中，C 为混凝土内的硫酸根离子浓度，D 为混凝土内硫酸根离子的扩散系数，k 为硫酸根离子与混凝土固相的化学反应速率（s^{-1}），k 值与和硫酸根离子相接触的混凝土孔隙周长相关。Gospodinov 等（1999）建议 k 取 $3.05 \times 10^{-8} \, s^{-1}$。

2. 混凝土孔隙密实效应

硫酸根离子与混凝土固相反应生成难溶矿物，这一过程不可逆，随着时间增加逐渐产生（Gospodinov et al.，1999）。反应物填充在混凝土孔隙，新生成物不断吸附在混凝土孔隙壁上，减小孔隙横截面面积，如图 9-21 所示。吸附层厚度为 $\delta(x, t)$，R_0 为混凝土孔隙的平均半径。$\delta(x, t)$ 在靠近接触面的区域最大，这个区域的硫酸根离子与混凝土固相反应的最早也最充分，反应生成物最多。硫酸根离子沿着混凝土单一孔隙迁移，不受其他孔隙和孔隙中硫酸根离子迁移影响，Gospodinov 等（1999）给出混凝土孔隙填充过程中的修正硫酸根离子扩散系数

$$D_{\text{eff}} = D \frac{F(x)}{F_0} \tag{9-52}$$

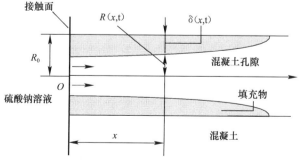

图 9-21　混凝土孔隙纵截面图

式中，x 为硫酸根离子在混凝土孔隙中的迁移距离，F_0 是时间为 0 时混凝土孔隙平均横截面面积。t 时刻硫酸根离子迁移到混凝土内 x 深度处的孔隙横截面面积 $F(x)$ 为

$$F(x) = \pi R(x,t)^2 = \pi[R_0 - \delta(x,t)^2]$$ (9-53)

混凝土孔隙填充过程中的硫酸根离子等效扩散系数，

$$D_{\text{eff}} = D\left[1 - \frac{\delta(x,t)}{R_0}\right]^2$$ (9-54)

式中，D_{28} 为 28d 时混凝土内硫酸根离子的扩散系数，$\delta(x,t)/R_0$ 为混凝土孔隙壁上的吸附层与混凝土孔隙半径之间的比率。$\delta(x,t)/R_0$ 与混凝土内化学反应消耗的侵入硫酸根离子数量 $q(\text{kg/m}^3)$ 成正比，

$$\frac{\delta(x,t)}{R_0} = k_z q$$ (9-55)

式中，k_z 为相关系数。

3. 结合作用

混凝土固相能吸附一定的自由氯离子，这一过程除了物理吸附，氯离子还会与 C_3A 反应生成 Friedel 盐。普通混凝土和高性能混凝土的自由氯离子与总氯离子之间存在较明显的比例关系，为 $0.77\sim0.89$。建议偏安全取值为 0.85。

基于等效扩散方法，混凝土内的硫酸根离子和氯离子等效扩散系数表示为

$$D_{i,\text{eff}} = K_0 D_{i,28}$$ (9-56)

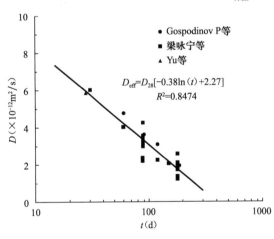

图 9-22　硫酸根离子扩散系数随时间的变化

式中，K_0 为等效系数，混凝土在硫酸根离子与氯离子同时侵蚀时，混凝土内的孔隙填充密实过程主要是因为硫酸根离子与混凝土固相的反应生成物吸附在孔隙壁上，减小了混凝土孔隙截面面积，离子扩散系数变化主要是因为混凝土孔隙截面面积的改变。根据已有硫酸根离子扩散系数随时间的变化规律如图 9-22 所示，

$$K_0 = -0.38\ln(t) + 2.27$$ (9-57)

式中，t 为混凝土龄期（d）。混凝土内硫酸根离子和氯离子扩散系数因混凝土孔

隙填充作用呈时间依赖关系，

$$K_0 = \left[1 - \frac{\delta(x,t)}{R_0}\right]^2$$ (9-58)

$$k_z q = 1 - (K_0)^{1/2}$$ (9-59)

在硫酸根离子侵入导致的混凝土密实阶段，不考虑温度变化，假设孔隙饱和，且离子沿着混凝土单一的孔隙迁移，不受其他混凝土孔隙及孔隙中硫酸根离子的迁移影响，混凝土密实过程中混凝土内修正的硫酸根离子迁移方程为

$$\frac{\partial C}{\partial t} = \frac{\partial}{\partial t}\left(D_{i,\text{eff}}\frac{\partial C}{\partial x}\right) - (K_0)^{\frac{1}{2}}kC \tag{9-60}$$

式中，$(K_0)^{1/2}$ 反应了化学反应速率的影响；当 i 为氯离子时，考虑到混凝土固相对氯离子的吸附作用，氯离子扩散系数应乘以 0.85，进行折减。

9.3.2　计算模型

基于混凝土内修正的离子迁移方程，利用 Comsol Multiphysics 软件建立混凝土保护层中离子的迁移模型，模型尺寸为 80mm×80mm。由于混凝土与外界溶液接触的边界附近离子浓度波动较大，为避免边界附近区域求得的离子浓度异常，加密网格。边界和初始条件分别为：

$$\begin{cases} t=0 \quad 0<x<L \quad C_i=C_{i,\text{init}} \\ t>0 \quad x=0 \quad C_i=C_{i,\text{b}}; \quad x=L \quad \frac{\partial C_i}{\partial x}=0 \end{cases} \tag{9-61}$$

式中，L 为保护层厚度（即模型的宽）。

当外界离子浓度较大时，有利于分析混凝土孔隙填充过程中离子迁移机制和混凝土内离子分布，边界处离子浓度分别可以取 5% 和 10% 硫酸钠溶液中的硫酸根离子浓度，约为 350mol/m³ 与 700mol/m³。海砂与混凝土接触边界处氯离子含量取南通滨海区域氯盐含量内氯离子浓度的上限值，约为 250mol/m³。计算参数列于表 9-6 中。

计算参数　　　　　　　　　　　　　　　　　　　　　　表 9-6

	SO_4^{2-}	Cl^-
D_{28}(m²/s)	5.90×10^{-12}	4.72×10^{-11}
$C_{i,\text{init}}$（初始浓度）(g/cm³)	0	0
$C_{i,\text{b}}$（边界浓度）(mol/m³)	350	250
	700	

9.3.3　计算结果

1. 硫酸根离子扩散的时间效应

图 9-23（a）是硫酸根离子迁移模型与 Fick 扩散模型（未考虑混凝土密实过程，简称扩散模型）的混凝土内硫酸根离子分布，模型边界为 5% 硫酸钠溶液。随时间的增长，混凝土内硫酸根离子的浓度逐渐增加，增加的速度减小。硫酸根离子迁移的修正模型中，混凝土内的硫酸根离子随着时间增加，增长的速度急剧降低，说明混凝土密实过程对硫酸根离子迁移的影响很大。在硫酸根离子侵蚀混凝土早期，随时间增长，混凝土与硫酸根离子的反应生成物，填充混凝土孔隙，使混凝土内部的孔隙结构细化，降低了混凝土内部缺陷，提高混凝土的致密度，阻碍硫酸根离子的迁移；与此同时，侵入混凝土内的硫酸根离子与混凝土固相发生物化反应，减小了混凝土孔隙内侵入的自由硫酸根离子含量。混凝土孔隙密实阶段延缓硫酸根离子侵入。但随着生成的难溶盐类矿物越来越多，新生矿物将吸

收大量水分子，体积膨胀。当膨胀应力大于混凝土抗拉强度时，导致混凝土破坏。随着离子侵入深度增加，混凝土内硫酸根离子浓度逐渐降低。图 9-23（b）表示了由硫酸根离子迁移修正模型计算的硫酸根离子分布，边界为 10% 硫酸钠溶液。混凝土内硫酸根离子随时间和空间的分布规律与边界硫酸钠溶液浓度没有关系，外界离子浓度越高，混凝土内相同深度处的硫酸根离子含量越大。随着时间增加，硫酸根离子浓度越大、分布深度越大。

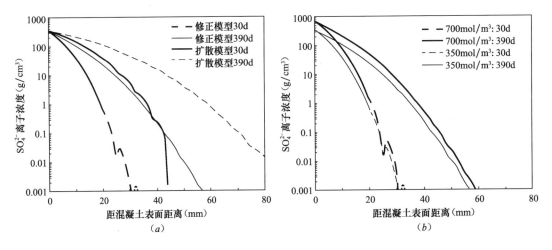

图 9-23　混凝土内 SO_4^{2-} 分布

(a) 5% Na_2SO_4；(b) 修正模型

2. 硫酸根离子空间分布

图 9-24 是孔隙密实作用对硫酸根离子扩散的影响。混凝土孔隙密实作用对混凝土深层的硫酸根离子分布影响明显。混凝土内不同深度处的硫酸根离子随着时间的增加而增大，但一定时间后，混凝土内不同深度处的硫酸根离子含量几乎保持不变。

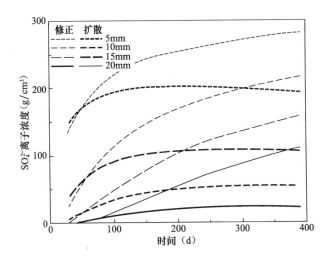

图 9-24　孔隙密实对硫酸根离子扩散的影响

图 9-25 是硫酸根离子的初始浓度对扩散的影响。10％硫酸钠溶液中，混凝土内硫酸根离子随时间和空间的分布规律与 5％硫酸钠溶液的情况相似。混凝土内 5mm 深度处，在硫酸根离子侵入一段时间后，硫酸根离子浓度略有下降。随着离子侵入时间增加，混凝土固相与硫酸根离子发生化学反应或物理结晶，填充混凝土孔隙，混凝土浅层致密，延缓了硫酸根离子向混凝土深处迁移；同时，混凝土内的硫酸根离子会进一步向混凝土深层迁移，外界没有硫酸根离子补充，导致硫酸根离子略有减小。

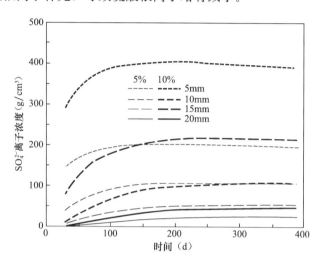

图 9-25　酸根离子初始浓度对硫酸根离子扩散性的影响

图 9-26 是混凝土孔隙中硫酸根离子填充密实作用对氯离子迁移的影响。考虑混凝土孔隙填充密实作用的修正模型与 Fick 扩散模型计算的混凝土内氯离子分布不同，在混凝土孔隙填充阶段，如 30d 时，随着时间增加，混凝土内氯离子含量快速增加，硫酸根离子扩散产生的电场作用促进了氯离子扩散；混凝土孔隙被硫酸盐结晶物填满密实后，如 390d 时，混凝土内氯离子含量随时间增加缓慢增加。这是因为硫酸根离子与混凝土固相的物化反应产物填满孔隙、减小孔隙横截面面积，阻碍了氯离子向混凝土内部侵入。

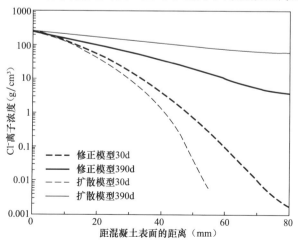

图 9-26　混凝土内氯离子浓度分布

图 9-27 是混凝土孔隙密实作用对混凝土内氯离子分布的影响。由于混凝土孔隙的充填和密实作用，氯离子侵入混凝土一段时间后，氯离子含量随着时间几乎不变。

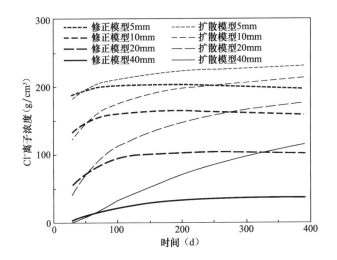

图 9-27　混凝土不同深度处的氯离子浓度分布

9.4　氯离子迁移的影响因素

9.4.1　温度变化的影响

1. 温度季节性变化模拟方法

驱动离子和水分扩散的力为热动力，所以温度变化对氯离子侵入混凝土的过程有明显影响，氯离子扩散系数和水力传导系数与外界温度变化密切联系。水泥水化过程为长期过程，孔隙结构随着水泥水化不断变化，导致离子扩散系数发生变化。水泥水化程度越高，内部孔隙越少，离子扩散系数越小，离子扩散系数是时间的函数。温度降低，离子运动能力下降，离子扩散系数减小，扩散系数是温度的函数。离子在饱和孔隙中的扩散速率大于非饱和孔隙中的扩散速率，离子扩散系数与孔隙饱和度有关。为了反映时间 t、温度 T 和孔隙饱和度 θ 对氯离子扩散系数的影响，氯离子在混凝土中的有效扩散系数 D_c 表示为：

$$D_c = D_{c,ref} \left(\frac{t_{ref}}{t}\right)^m \exp\left[\frac{U_c}{R}\left(\frac{1}{T_{ref}} - \frac{1}{T}\right)\right]\theta^{7/3} \qquad (9\text{-}62)$$

式中，$D_{c,ref}$ 为参考时刻 t_{ref} 和参考温度 T_{ref} 时的参考扩散系数（m^2/s），U_c 为氯离子扩散过程的活化能（kJ/mol）。海砂环境中氯离子在混凝土内的迁移过程伴随着多重离子扩散过程，氯离子扩散系数同样受到周围环境温度变化的影响。

毛细作用导致的水分吸附过程是氯离子侵入钢筋混凝土结构过程中不可忽视的组成部分，表征水分迁移速率的水力传导系数 D_w 与温度 T 相关：

$$D_w = D_0 \exp(B\theta_r) \exp\left[\frac{U_w}{R}\left(\frac{1}{T_{ref}} - \frac{1}{T}\right)\right] \qquad (9-63)$$

式中，D_0 为孔隙干燥状态下的水力传导系数（m^2/s），B 为经验系数，θ_r 为归一化含水量，U_w 为水分扩散过程的活化能（kJ/mol）。

基于能量守恒，外界环境温度变化导致的热量迁移采用 Fourier 定律描述，

$$\rho c \frac{\partial T}{\partial t} = \nabla \cdot (\lambda \nabla T) \qquad (9-64)$$

式中，ρ 为混凝土的密度（kg/m^3），c 为混凝土的比热容 [$J/(kg \cdot K)$]，T 为混凝土内的温度（K），$268.15K \leqslant T \leqslant 308.15K$，$\lambda$ 为混凝土的热传导系数 [$W/(m \cdot K)$]。

综合考虑氯离子侵入混凝土过程中伴随的扩散、电迁移和毛细吸附的氯离子迁移方程，结合混凝土温度分布，分析周围环境温度变化对氯离子迁移过程的影响。为了考虑周围环境温度季节性变化，边界条件分别设置为周期变化的三角函数型温度条件（图9-28）和无流量边界：

$$\begin{cases} T_{en} = 288.15 + 20\sin\left(2\pi t - \dfrac{\pi}{2}\right) \\ \dfrac{\partial T}{\partial x} = 0 \end{cases} \qquad (9-65)$$

式中，T_{en} 为环境温度（K），t 为暴露时间

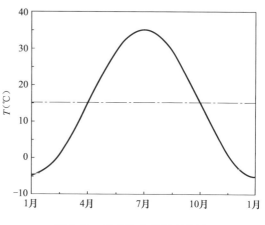

图 9-28　季节性变化温度条件

（年）。采用有限元方法计算，混凝土的参数列于表 9-7，混凝土保护层厚度取 75mm。

计算参数 表 9-7

	K^+	Cl^-	Na^+	OH^-
边界浓度（$\times 10^{-2} g/cm^3$）	1.78	2.71	1.05	0
初始浓度（$\times 10^{-3} g/cm^3$）	11.70	0	3.45	7.65
$\rho(kg/m^3)$	2400			
$c(J/(kg \cdot K))$	1000			
$\lambda(W/(m \cdot K))$	2			
$U_c(kJ/mol)$	41.8			
$U_w(kJ/mol)$	25			
$L(mm)$	75			

2. 计算结果

图 9-29 对比了暴露在海砂环境 1 年，考虑温度变化的混凝土内部氯离子浓度分布。由于时间增长，氯离子在混凝土中的侵入过程加剧，混凝土孔隙溶液中氯离子浓度逐渐增大。从春季到夏季，孔隙溶液中的氯离子含量增长明显，进入秋冬季节后，自由氯离子溶度增长速率放缓。特别是秋季到冬季，距混凝土表面 45mm 深处，孔隙溶液中的自由氯离

子含量增长百分比为 65%，占夏季到秋季自由氯离子含量增长比例的 1/3。不同季节的温度变化对外界侵入氯离子在混凝土内部的累积过程产生了一定的影响。从春季到夏季，外界环境气温逐渐升高。由于热量的迁移非常迅速，混凝土温度与环境温度很快达到平衡，氯离子扩散系数随温度升高而增大。从春季到夏季，孔隙溶液中的侵入氯离子含量有着很大的增长；进入秋冬季节，环境温度下降导致氯离子扩散系数减小，氯离子的侵蚀过程也相应放缓，自由氯离子含量相比春夏季节的增长幅度减小。

图 9-30 对比了不同年份混凝土孔隙溶液中氯离子含量的分布。考虑温度变化未改变自由氯离子含量分布曲线的形状。1 年时，毛细作用引起的水分吸入导致侵入氯离子在混凝土表层累积。1 年时表层自由氯离子含量比 100 年时的大。随着时间增长，氯离子表层累积效应逐渐消失，随侵入距离增长，氯离子含量呈指数减小。随着时间增长，孔隙中氯离子浓度逐渐增大，自由氯离子含量分布曲线的斜率逐渐增大。因此，温度变化只影响自由氯离子含量。

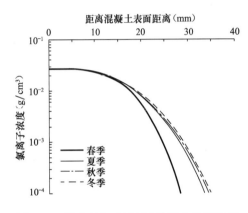

图 9-29 温度变化对氯离子浓度分布的影响

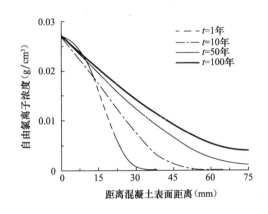

图 9-30 考虑温度变化的氯离子浓度分布

考虑环境温度变化后，不同季节的自由氯离子含量分布与等温状态的自由氯离子含量有所不同，如图 9-31 所示。等温状态的氯离子扩散系数与温度变化无关，参考温度 T_{ref} 为常温 20℃。春季时，考虑外界环境温度变化，虽然气温逐渐回升，但氯离子扩散系数仍小于参考氯离子扩散系数，自由氯离子含量比等温状态的略小。距混凝土表面 45mm 深处，等温状态下的自由氯离子含量为变温状态下的 5.85 倍。进入夏季，随着环境温度的大幅度升高，氯离子扩散系数逐渐变大。较高的温度促进了氯离子的扩散，考虑外界温度变化自由氯离子含量比等温状态下的大。距混凝土表面 45mm 深处，变温状态下的自由氯离子含量为等温状态下的 12.6 倍。进入秋季后，气温逐渐降低，氯离子扩散系数减小，考虑温度变化自由氯离子含量相比等温状态下的增长幅度减小。距混凝土表面 45mm 深处，变温状态下的自由氯离子含量减小为等温状态下的 1.96 倍。冬季氯离子的扩散系数明显小于参考扩散系数，变温状态自由氯离子含量比等温状态小，距混凝土表面 45mm 深处，等温状态的自由氯离子含量为变温状态的 1.81 倍。

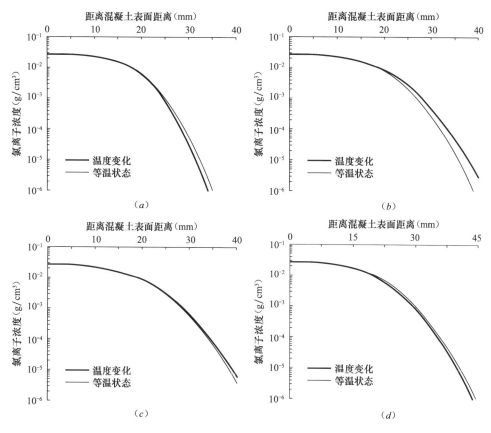

图 9-31 不同季节温度变化对氯离子迁移的影响

(*a*) 春季；(*b*) 夏季；(*c*) 秋季；(*d*) 冬季

图 9-32 是 50 年和 100 年时分别考虑温度变化与等温状态下的混凝土中自由氯离子含量分布。当参考氯离子扩散系数与温度无关，自由氯离子含量比变温状态的略大。考虑温度影响，100 年时，距混凝土表面 75mm 深处的自由氯离子浓度为 $3.912 \times 10^{-3}\,\mathrm{g/cm^3}$，相比等温状态，缩小了 12%。忽略温度对氯离子侵入过程的影响，将导致自由氯离子含量偏大。

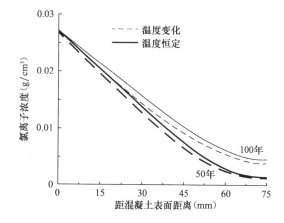

图 9-32 不同年份温度变化对氯离子迁移的影响

9.4.2 盐分变化的影响

1. 盐分季节性变化模拟方法

海砂中盐分累积的普遍方式为，高矿化度的地下水通过的毛细管上升蒸发，水中溶解的盐分累积于表层土中。地下水矿化度、地下水位变和气候变化引起的蒸发作用对海砂中易溶盐累积有明显的影响。此外，降雨过程的淋滤作用引起海砂中的易溶盐溶解，降低易溶盐在表层中累积。海砂中的水分对易溶盐累积起到关键作用。

海砂中水分迁移有两种方式：一种是地表蒸发存在时，水分在基质势的作用下向地表迁移，盐分以水分作为载体；另一种是降雨存在时，雨水导致海砂饱和，水分在重力势和基质势共同作用下向海砂深层迁移，盐分向深层迁移。海砂中的盐分含量变化与水分运动有着密切的联系。赵耕毛（2003）利用海砂原状土柱，结合江苏地区自然降雨特性，研究了开放体系中海砂一周年的盐分运动规律，如图 9-33 所示。海砂表层（5～20cm）盐分含量在 1 月到 9 月逐渐减小，盐分以向下迁移为主；10 月以后降水减少、蒸发作用增强，海砂中的盐分含量逐渐增大。对于地表 20～100cm 以下，盐分周年变化呈现周期性，1 月到 2 月蒸发作用和表层盐分的向下运动，土中的盐分含量增加。2 月到 4 月盐分处于动态平衡，盐分含量的变化不大。5 月以后，进入夏季，降水增多，盐分随降水进入地下水中，海砂中的盐分含量随时间增加逐渐减小。10 月以后，秋冬季节降水偏少、蒸发作用强烈，海砂中的盐分含量随时间增长逐渐增大，海砂的盐分周年变化近似简化为三角函数。

海砂包含的易溶盐中主要阴离子为氯离子，氯离子含量大约占据了易溶盐含量的一半，海砂中的氯离子含量季节性变化采用三角函数描述：

$$C_{en} = \frac{C_{max} + C_{min}}{2} + \frac{C_{max} - C_{min}}{2}\sin(2\pi t) \tag{9-66}$$

式中，C_{max} 为海砂中盐分含量较高的 3 月、4 月时的氯离子含量，C_{min} 为盐分含量较小的 10 月对应的氯离子含量，t 为时间（年）。图 9-34 是海砂中氯离子含量周期变化与环境温度变化的关系。

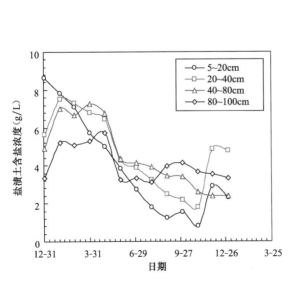

图 9-33　江苏滨海盐渍土周年盐分动态变化

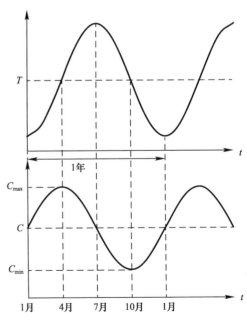

图 9-34　氯离子含量季节性变化模型

综合考虑氯离子的扩散、电迁移和毛细吸附过程的氯离子迁移方程，结合热量迁移方程，分析盐分季节性变化对氯离子迁移过程的影响。计算中，将式（9-66）设为氯离子的浓度边界条件以模拟海砂中盐分随时间变化。此外，为了保证海砂中离子含量满足电中性平衡条件，其余离子的含量同样按照式（9-66）随时间变化，计算参数列于表9-8。

计算参数				表 9-8
	K^+	Cl^-	Na^+	OH^-
边界浓度 C_{max}（$\times 10^{-2}\,g/cm^3$）	1.78	2.71	1.05	0
边界浓度 C_{min}（$\times 10^{-3}\,g/cm^3$）	4.75	11.80	4.20	0
初始浓度（$\times 10^{-3}\,g/cm^3$）	11.70	0	3.45	7.65

2. 计算结果

图 9-35 对比了暴露在海砂环境中 1 年内，考虑盐分变化时不同季节混凝土孔隙溶液中的氯离子含量。外界环境盐分含量的周期性变化对混凝土中自由氯离子浓度的分布产生明显影响，改变了自由氯离子含量分布曲线的形状。与混凝土表层的自由氯离子浓度分布相比，不考虑盐分季节性变化时有较大的波动。春季时混凝土表层自由氯离子含量分布出现明显的台阶状，夏季和秋季时混凝土表层自由氯离子含量分布出现明显的峰值，冬季混凝土表层自由氯离子浓度先减小再增大再减小，波峰与波谷同时出现。虽然混凝土表层自由氯离子含量有较大波动，但混凝土深层的自由氯离子浓度随着时间增长逐渐增大。距离混凝土表面 45mm 处，从秋季到冬季自由氯离子含量增加了 1.26 倍。

图 9-36 列举了各季度不同月份混凝土内自由氯离子浓度的变化。第一季度开始时，由于毛细吸附作用侵入氯离子在混凝土表层累积。随着时间的增长，边界处氯离子浓度逐渐增大，较大的浓度梯度促进氯离子扩散，更多的氯离子进入混凝土深层，表层氯离子浓度累积的台阶现象逐渐消失。进入夏季，由于降水造成海砂中盐分含量逐渐减小，外界氯离子含量小于混凝土表层的含量。混凝土表层的自由氯离子在两个不同的浓度梯度作用下，向混凝土深层迁移，

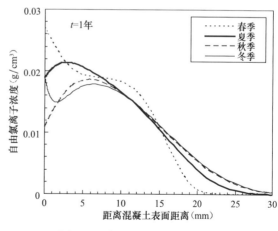

图 9-35　考虑盐分变化不同季节
混凝土内氯离子浓度分布

混凝土表层自由氯离子含量分布出现明显的波峰。7 月至 10 月，由于海砂中盐分含量的进一步减小，混凝土表层自由氯离子外流现象加剧。表层自由氯离子在浓度梯度的作用下继续向混凝土深层迁移，造成表层自由氯离子含量分布的波峰内移，且峰值随时间减小。10

月以后，海砂进入积盐状态，随着海砂中氯离子含量增加，边界处浓度梯度方向重新转变为朝着混凝土深层方向，外界环境中的氯离子和波峰处的氯离子同时补给混凝土表层。随着时间增加，自由氯离子含量分布曲线的波峰逐渐消失，转变为台阶形状。

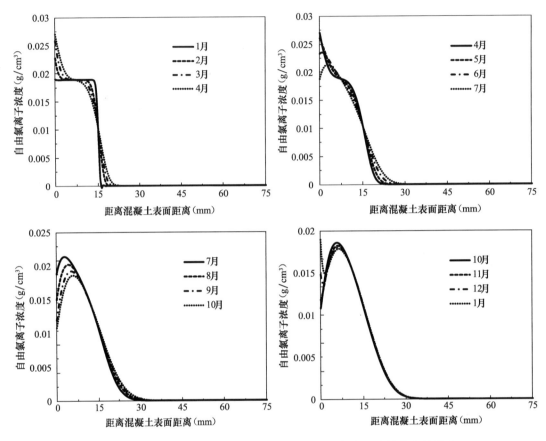

图 9-36　不同月份盐分季节性变化对混凝土自由氯离子含量分布的影响

　　考虑海砂中盐分含量季节性变化后，混凝土孔隙溶液中氯离子含量的分布将产生较大变化。最显著的特征为：在混凝土表层，自由氯离子含量分布曲线随时间呈周期性台阶和波峰。将盐分中各离子含量的均值 $(C_{max}+C_{min})/2$ 设为恒定浓度边界，海砂环境中1年后孔隙溶液中氯离子浓度与考虑盐分季节变化对比于图 9-37 中。不同季节考虑盐分周期变化，自由氯离子浓度不同于外界盐分含量恒定的氯离子浓度。外界环境盐分含量季节性变化对氯离子浓度分布曲线的影响范围为混凝土浅层，即距混凝土表面15mm的范围。随着时间增长，该区域内的自由氯离子浓度与外界海砂环境中的氯离子含量密切相关，呈现周期性变化。在混凝土深层，两种不同情况计算得到的自由氯离子浓度分布曲线基本重合，边界处的盐分周期变化并没有影响混凝土深层的氯离子浓度。

　　图 9-38 对比了考虑盐分季节变化与外界环境盐分含量恒定时不同年份的自由氯离子浓度分布。经过较长的暴露时间后，海砂中盐分的季节性变化影响混凝土表层的自由氯离

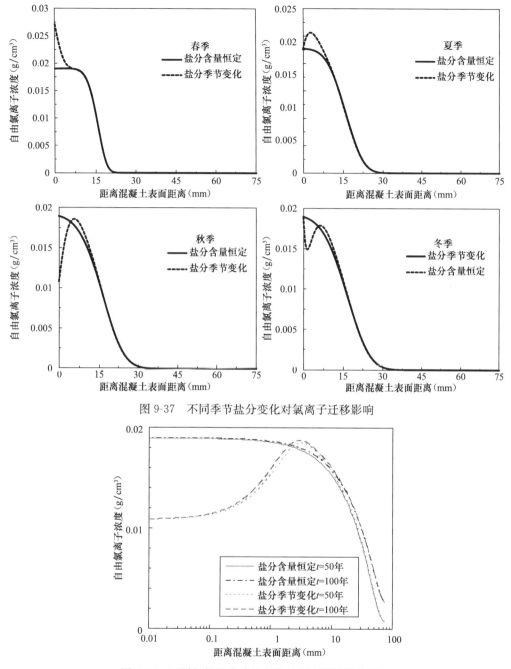

图 9-37　不同季节盐分变化对氯离子迁移影响

图 9-38　不同年份盐分季节变化对氯离子迁移的影响

子浓度分布。混凝土深层的自由氯离子浓度基本相等。距混凝土表面 75mm 处，考虑盐分季节性变化，50 年时的自由氯离子浓度为 $7.81 \times 10^{-4}\,g/cm^3$；100 年时，自由氯离子浓度为 $2.74 \times 10^{-3}\,g/cm^3$。外界环境盐分含量恒定，50 年时的自由氯离子浓度为 $7.71 \times 10^{-4}\,g/cm^3$。100 年时的自由氯离子浓度为 $2.71 \times 10^{-3}\,g/cm^3$。忽略海砂中盐分季节性变化，将边界条件简化为恒定浓度边界，混凝土表层的自由氯离子浓度分布曲线有所差异，但混凝土深层钢筋表面的自由氯离子浓度基本相同。在预测海砂环境中钢筋混凝土结构寿命时，将边界条件简化为恒定盐分含量是可行的。

9.4.3 裂缝对氯离子迁移的影响

随着氯离子侵入，海砂中混凝土内钢筋表面的氯离子浓度不断增加，最终达到阈值，钢筋锈蚀。给定了保护层的厚度，钢筋锈蚀的初始时间依赖于混凝土内氯离子扩散系数。裂缝是导致混凝土结构耐久性降低的主要因素，且钢筋混凝土结构的裂缝是不可避免的。碳化、冻融循环、腐蚀等引起的混凝土劣化最终都反映到微裂缝增加或混凝土剥落。微裂缝提高了混凝土渗透性，加速了氯离子侵入。

针对存在单一裂缝的混凝土，建立了裂缝混凝土中扩散作用、结合作用和电场迁移作用的耦合模型，在南通海砂环境中，运用 Comsol Multiphysics 软件分析了裂缝的宽度和深度对混凝土中氯离子迁移的影响。

1. 氯离子迁移方程

氯离子在混凝土裂缝溶液中的迁移速度远大于在孔隙溶液中，氯离子侵入过程中，裂缝内与裂缝周边会形成一个很大的浓度梯度，氯离子不仅沿裂缝方向迁移，而且沿垂直于裂缝方向迁移，裂缝混凝土中氯离子为二维扩散。根据 Fick 扩散定律和离子质量守恒，裂缝混凝土中氯离子扩散方程为：

$$\frac{\partial C_{cr}}{\partial t} = D_x \frac{\partial^2 C_{cr}}{\partial x^2} + 2D_y \frac{G}{w} \tag{9-67}$$

式中，G 为垂直于裂缝方向的氯离子浓度梯度，C_{cr} 为裂缝混凝土中的氯离子浓度，D_x 和 D_y 分别为沿裂缝方向和垂直裂缝方向的氯离子扩散系数。氯离子二维扩散方程等效简化为：

$$\frac{\partial C_{cr}}{\partial t} = D_{eff} \frac{\partial^2 C_{cr}}{\partial x^2} \tag{9-68}$$

式中，D_{eff} 为裂缝混凝土中氯离子等效扩散系数。等效扩散系数 D_{eff} 比裂缝中的氯离子扩散系数 D_{cr} 小，比孔隙溶液中的氯离子扩散系数 D_0 大；当 D_0 为 0 时，D_{eff} 即为 D_{cr}。随 D_0 增加，D_{eff} 减小，

$$D_{eff} = D_{cr} - KD_0 \tag{9-69}$$

式中，D_{cr} 取 $5×10^{-10} m^2/s$（Leung 和 Hou，2014），D_0 表示为（Boddy et al.，1999）：

$$D_0 = D_{28} \left(\frac{t_{28}}{t}\right)^m \exp\left[\frac{U}{R}\left(\frac{1}{T_{28}} - \frac{1}{T}\right)\right] \tag{9-70}$$

式中，D_{28} 为 T_{28} 温度下 t_{28} 时刻的表观扩散系数，C30 粉煤灰混凝土的 D_{28} 为 $3.96×10^{-12} m^2/s$（杨跃等，2008），m 为扩散系数的时间衰减系数，对高性能混凝土，m 取 0.64（余红发，2002），U 为氯离子扩散的活化能，R 为气体常数，T 为绝对温度，K 是经验系数，表示为（Leung 和 Hou，2014）：

$$K = \left(\frac{D_{cr}}{D_0} - 1\right) \frac{k\left(\frac{D_{cr}t}{x^2}\right)^b}{1 + k\left(\frac{D_{cr}t}{x^2}\right)^b} \tag{9-71}$$

式中，参数 b 与 k 表示为，

$$b = 0.057 \left(\frac{D_{cr}}{D_0}\right)^{-0.145} \left(\frac{x}{w}\right)^{0.305} + 0.48 \tag{9-72}$$

$$k = \frac{\left(\frac{x}{w}\right)^{0.533}}{0.748 \left(\frac{D_{cr}}{D_0}\right)^{0.187} - 0.521 \left(\frac{x}{w}\right)^{0.139}} \tag{9-73}$$

式中，w 为混凝土裂缝宽度。

2. 氯离子扩散的劣化系数

碳化、冻融循环、腐蚀等引起的混凝土劣化反映在裂缝增加、混凝土剥落等方面。混凝土内的微裂缝等能够提高混凝土渗透性，等效扩散系数为，

$$D_{eff} = K_0 D_0 \tag{9-74}$$

式中，K_0 为考虑氯离子侵蚀的混凝土劣化效应系数。

$$K_0 = \frac{D_{cr}}{D_0} - K \tag{9-75}$$

3. 考虑电势场与结合作用

海砂与混凝土中的离子主要有 K^+、Na^+、Cl^-、OH^-，不同离子在混凝土内的扩散系数不同，扩散形成不同的浓度梯度。多种离子以不同的速率向混凝土深部迁移，迁移过程中混凝土内部产生电势场，电势场影响氯离子迁移，采用 Nernst-Planck 方程模拟。

混凝土内的氯离子分为自由氯离子与结合氯离子，混凝土固相吸附一定的自由氯离子，这一过程除了物理吸附，氯离子还与 C_3A 反应生成 Friedel 盐。普通混凝土与高性能混凝土中，自由氯离子与结合氯离子间都存在较明显的比例关系，偏安全取值为 0.85。海砂环境中的裂缝的混凝土，在恒温、饱和、忽略不同离子间化学作用的假设下，裂缝混凝土中考虑电势场和结合作用场的氯离子迁移方程为：

$$\frac{\partial C_i}{\partial t} = 0.85 \nabla \left(K_0 D_0 \nabla C_i + \frac{s_i F}{RT} C_i D_i \nabla V \right) \tag{9-76}$$

式中，C_i 为离子浓度，D_i 为离子 i 的有效扩散系数，F 为法拉利常数，s_i 为离子 i 的电荷数，V 为离子迁移过程中产生的电势。根据高斯静电理论，

$$\begin{cases} \nabla^2 V + \dfrac{\rho}{\varepsilon} = 0 \\ \rho = F\left(\sum z_i C_i + \omega\right) \end{cases} \tag{9-77}$$

式中，ρ 为电荷密度，ω 为有效颗粒表面电荷密度，ε 为混凝土介电常数。

4. 计算模型

基于裂缝混凝土中氯离子迁移的修正方程，利用 Comsol Multiphysics 软件建立氯离子的迁移模型。模型的尺寸为 80mm×80mm，加密裂缝周围的网格，模型左边界氯离子定浓度，模型的右边界和上、下边界为无通量边界，如图 9-39 所示。边界条件和初始值分别为

$$\begin{cases} t = 0 \quad 0 < x < L \quad C_i = C_{i,init}, V = 0 \\ t > 0 \quad x = 0 \quad C_i = C_{i,b}; x = L \quad \dfrac{\partial C_i}{\partial x} = 0, \dfrac{\partial V}{\partial x} = 0 \end{cases} \tag{9-78}$$

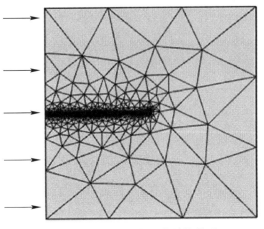

图 9-39 裂缝混凝土的计算模型

式中，L 为混凝土保护层的厚度。

5. 计算参数

南通地区海砂中氯离子浓度在地表下 $0\sim2m$ 范围随深度增加逐渐减小，易溶盐含量在 $0.4\%\sim1.2\%$ 之间，氯盐含量介于 $0.2\%\sim0.6\%$，氯盐对钢筋的侵蚀性为中等腐蚀。模型边界的氯离子浓度取氯盐含量的上限值 0.55%，换算后取整为 $250mol/m^3$。海砂内 OH^- 的含量很小，模型边界上可取 0。K^+ 与 Na^+ 的初始浓度分别为 OH^- 浓度的 2/3 和 1/3，满足孔隙溶液的初始电中性条件，计算参数列于表 9-9。

计算参数				表 9-9
	Cl^-	Na^+	K^+	OH^-
D_i（$\times10^{-12}m^2/s$）	3.96	2.66	3.78	51.00
初始浓度 $C_{i,init}$（mol/m^3）	0	100	50	150
边界浓度 $C_{i,b}$（mol/m^3）	250	200	50	0

6. 计算结果

（1）裂缝内的氯离子分布规律

C30 粉煤灰混凝土中，不同宽度 w 或深度 L_{cr} 的裂缝对混凝土内的氯离子浓度分布的影响如图 9-40 所示，裂缝宽度和深度对混凝土内氯离子迁移影响很大。因为氯离子迁移速度在混凝土裂缝溶液中与混凝土孔隙溶液中不同，氯离子在裂缝溶液中迁移速度快，裂缝内聚集的氯离子含量相对较高，氯离子在裂缝周边形成新的浓度梯度，影响氯离子迁移方式。

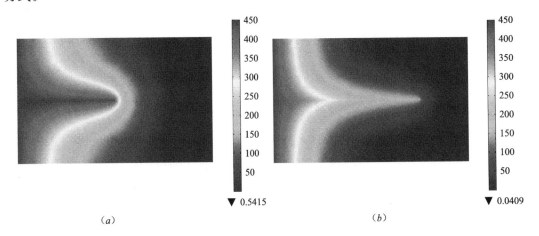

（a）　　　　　　　　　　　　（b）

图 9-40　模型混凝土内氯离子浓度分布（一）

（a）20 年，$w=0.5mm$，$L_{cr}=40mm$；（b）10 年，$w=0.1mm$，$L_{cr}=60mm$；

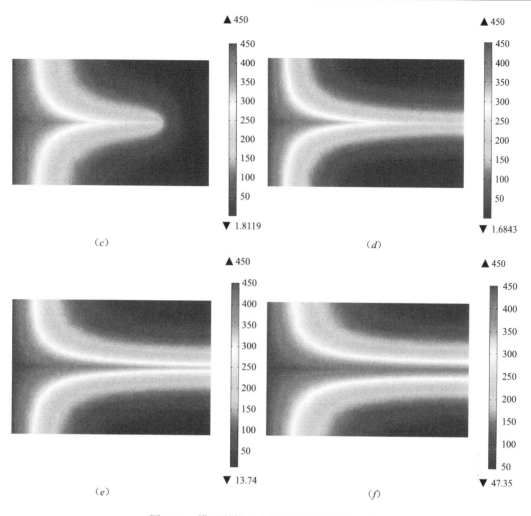

图 9-40　模型混凝土内氯离子浓度分布（二）

（c）20 年，$w=0.1mm$，$L_{cr}=60mm$；（d）5 年，$w=0.5mm$，$L_{cr}=80mm$；
（e）10 年，$w=0.5mm$，$L_{cr}=80mm$；（f）20 年，$w=0.5mm$，$L_{cr}=80mm$

　　无裂缝混凝土与裂缝贯穿保护层（$L_{cr}=80mm$、$w=0.05mm$）混凝土内氯离子分布对比图 9-41。图中，L_{cr} 是裂缝长度，w 是裂缝宽度。与无缝混凝土类似，随着时间增加，裂缝混凝土中的氯离子浓度逐渐增加；无裂混凝土与裂隙混凝土中氯离子分布曲线形状相似，在混凝土内相同深度处，裂缝混凝土内氯离子浓度高，这是因为混凝土裂缝中的氯离子迁移比混凝土孔隙溶液中快得多，氯离子沿裂缝形成浓度梯度，导致裂缝混凝土中氯离子扩散速度增加，但扩散速度增量减小。随时间增加，混凝土内氯离子浓度梯度逐渐减小，扩散作用减弱；离子扩散产生的电势逐渐减小，电场迁移作用减弱。

　　不同裂缝长度混凝土内的氯离子分布如图 9-42 所示。氯离子从裂缝中迁移到无裂缝混凝土中时，浓度突降；氯离子在裂缝混凝土中随时间和空间的分布规律与无裂缝混凝土中基本相同。裂缝宽度相同的混凝土中，随着裂缝长度 L_{cr} 增加，混凝土内氯离子含量

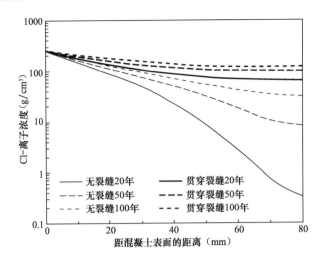

图 9-41　裂缝混凝土与无裂缝混凝土内部氯离子浓度分布

逐渐增加。虽然裂缝长的混凝土内氯离子含量整体相对较高，但氯离子从裂缝中迁移到无裂缝混凝土前，氯离子迁移受阻在裂缝前端，造成长度小的裂缝前端局部氯离子含量相对较高，随裂缝长度增加，这种现象逐渐减弱。

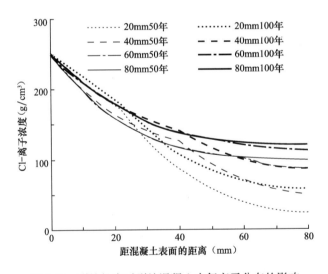

图 9-42　裂缝长度对裂缝混凝土内氯离子分布的影响

（2）裂缝长度和宽度对氯离子迁移的影响

裂缝长度和宽度对裂缝混凝土内氯离子浓度的影响如图 9-43 所示。图 9-43（a）中，不同裂缝长度的裂缝混凝土中氯离子沿混凝土深度分布，裂缝长度对裂缝混凝土中氯离子扩散影响明显。裂缝长度越大，相同时间内，氯离子侵入深度越大。图 9-43（b）中，不同裂缝宽度的混凝土内氯离子沿混凝土深度分布，裂缝宽度对裂缝混凝土中氯离子扩散影响明显。随着裂缝宽度增大，裂缝混凝土内氯离子浓度增加，相同时间内，氯离子侵入深度增加。

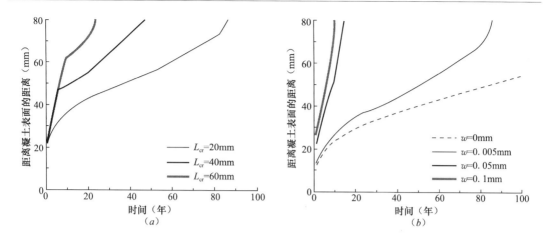

图 9-43　裂缝长度和宽度对裂缝混凝土内氯离子浓度的影响

（a）$w=0.05$mm；（b）$L_{cr}=80$mm

第 10 章　海砂中混凝土的防腐措施

10.1　氯离子的扩散系数

外部环境氯离子的侵入是造成混凝土内部钢筋腐蚀的重要原因之一。氯离子扩散系数试验是测试氯离子在混凝土中渗透性能的重要试验手段，氯离子扩散系数试验手段主要有：包括自然扩散试验和电加速试验。通过测试混凝土内部氯离子浓度分布与下游腔室中侵入氯离子浓度的变化，计算氯离子扩散系数。

10.1.1　自然扩散试验

氯离子扩散系数试验采用盐溶液浸泡的方法（AASHTO T259、NT BUILD 443）。AASHTO T259 试验方法是将龄期 28d 的混凝土试件，侧面涂上环氧树脂，只留上下两个暴露面，混凝土试件顶面与 3.0%NaCl 溶液接触，溶液高度维持 15mm。普通混凝土浸泡在 NaCl 溶液中 35d，高强度混凝土浸泡 90d。浸泡结束后，移除顶部的 NaCl 溶液，将混凝土试件干燥。对顶面的结晶盐处理后，钻孔取芯。对每个混凝土芯样，按一定的厚度切片，研磨成粉、过筛。将混凝土粉末溶解于 HNO_3 中，利用 $AgNO_3$ 滴定的方法测定混凝土粉末中的酸溶性氯离子浓度，即总氯离子浓度，确定混凝土试件内的氯离子浓度沿混凝土深度的分布，如图 10-1 所示。氯离子在扩散作用下在混凝土试件中迁移，氯离子浓度按照 Fick 扩散定律分析，确定混凝土的氯离子扩散系数。Climent 等（2002）提出，在半无限空间介质中，假定氯离子的总量 m 初始时刻存在半无限空间介质表面，在整个扩散过程中，没有其他氯离子来源。初始条件设为：

（1）氯离子的总量为常数：

$$m = \int_0^\infty C\mathrm{d}x, t \geqslant 0 \tag{10-1}$$

（2）距离扩散开始表面足够远的位置处，氯离子含量为 0：

$$C = 0, x = \infty, t \geqslant 0 \tag{10-2}$$

（3）初始时刻，氯离子集中在接触表面：

$$C = 0, x > 0, t = 0 \tag{10-3}$$

$$C = \infty, x = 0, t = 0 \tag{10-4}$$

在上述初始条件和边界条件下，Fick 扩散方程的解析解为：

$$C = \frac{m}{\sqrt{\pi Dt}} \exp\left(-\frac{x^2}{4Dt}\right) \tag{10-5}$$

采用对数线性化为：

$$\ln C = \ln \frac{m}{\sqrt{\pi Dt}} - \frac{x^2}{4Dt} \tag{10-6}$$

直线回归建立 x^2 与 $\ln C$ 的关系，斜率为 $-1/4Dt$，截距为 $\ln (m/\sqrt{\pi Dt})$，根据回归直线斜率和截距求扩散系数 D 和扩散物质总量 m。

　　欧洲标准 NT BUILD 443 的试验方法与 AASTHO T259 相似，将制备好的混凝土试件浸泡在浓度为 2.8mol/L 的 NaCl 溶液中 35d 后，测定沿混凝土顶面至底面氯离子浓度的分布，根据式（10-6）推算氯离子扩散系数，如图 10-2 所示，混凝土试件仅保留顶面一个暴露面。

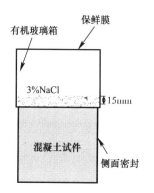

图 10-1　AASTHO T259 试验装置

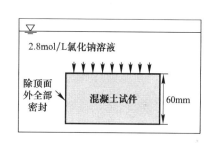

图 10-2　NT BUILD 443 试验装置

10.1.2　电加速试验法

　　盐溶液浸泡的方法能准确描述氯离子在混凝土中的扩散过程，但试验周期长，混凝土试件在 NaCl 溶液浸泡长达 35～90d。外加电场加快离子在溶液中的扩散，采用电加速氯离子扩散试验方法快速测定氯离子在混凝土中的扩散系数。电加速试验方法主要有氯离子快速渗透试验 RCPT 和氯离子加速迁移试验 ACMT。ACMT 试验方法减小了溶液通电升温对氯离子扩散过程的影响，是对 RCPT 试验方法的改进。

基于通电量的氯离子渗透性　　　　表 10-1

通过的电量（C）	氯离子渗透性	典型混凝土
＞4000	大	高水灰比（＞0.6）传统波特兰水泥混凝土
2000～4000	中等	中等水灰比（0.10～0.5）传统波特兰水泥混凝土
1000～2000	小	低水灰比（＜0.4）传统波特兰水泥混凝土
100～1000	非常小	橡胶改性混凝土或者内部密封混凝土
＜100	可忽略	聚合物混凝土

在氯离子快速渗透试验 RCPT 中，50mm 厚度的混凝土试件被放置在两个有机玻璃腔室中间，有机玻璃腔室容积为 0.25L，一个腔室装有 0.3mol/L 的 NaOH 溶液，另一个腔室装有 0.3％的 NaCl 溶液。试验装置接通 60V 的直流电，NaOH 电极为阳极，NaCl 电极为阴极，如图 10-3 所示。利用数据采集仪，每 5min 测量一次电流，对电流和时间采用 Simpson 积分方法，计算通过整个混凝土试件的电量，整个试验过程为 6h。通过混凝土试件的总电量表征混凝土的抗氯离子渗透能力，与表 10-1 数值对比，划分出混凝土试件的氯离子渗透等级。

RCPT 试验虽然周期短，但是相对较高的 60V 电压产生的电流导致溶液和混凝土试件温度升高（RCPT 的焦耳效应），对于龄期小的混凝土或者水灰比高的混凝土，升温现象尤为明显。混凝土电导性对温度非常敏感，电流产生的高温影响混凝土氯离子渗透性。此外，通过混凝土试件的电量与孔隙溶液中所有离子都有关，不仅是氯离子。RCPT 试验以 6h 通过混凝土试件的总电量表征氯离子渗透性能不准确，且也只能定性地给出氯离子的渗透性。

RCPT 试验可重复使用，是美国公路运输局认定的标准试验方法，即 AASHTO T277。欧洲标准提出了通过非稳定迁移试验确定氯离子在混凝土中的迁移系数，即 NT BUILD 492。NT BUILD 492 采用的混凝土试件与 RCPT 试验相同，直径为 100mm、厚度为 50mm。试验中，在混凝土试件轴向施加外加电场，促进外部阴极溶液中的氯离子向混凝土内部迁移。一定通电时间后，将混凝土试件沿着轴向切开。在新鲜的切面上喷洒硝酸银溶液，出现明显的白色氯化银沉淀析出，量测氯离子的侵入深度。通过氯离子侵入深度，计算非稳定状态下的氯离子迁移系数，如图 10-4 所示。试验中阳极溶液为 0.3mol/L 的 NaOH 溶液（大约 12g NaOH 溶解于 1L 去离子水中），阴极溶液为 10％的 NaCl 溶液（100g NaCl 溶解于 900g 自来水中，大约 2mol/L），初始电压设置为 30V，测量初始时刻通过混凝土的电量，根据表 10-2 和初始时刻的电量，调整外加电压，确定测试过程的时长。

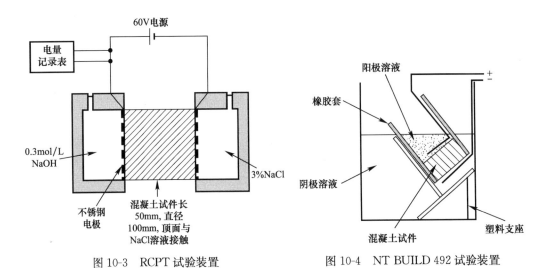

图 10-3　RCPT 试验装置　　　　　　图 10-4　NT BUILD 492 试验装置

表 10-2

普通混凝土试件测试电压和时长

初始电流 I_{30V}(mA)	调整后的电压(V)	新初始电流 I_0(mA)	测量时长 t(h)
$I_0 < 5$	60	$I_0 < 10$	96
$5 \leqslant I_0 < 10$	60	$10 \leqslant I_0 < 20$	48
$10 \leqslant I_0 < 15$	60	$20 \leqslant I_0 < 30$	24
$15 \leqslant I_0 < 20$	50	$25 \leqslant I_0 < 35$	24
$20 \leqslant I_0 < 30$	40	$25 \leqslant I_0 < 40$	24
$30 \leqslant I_0 < 40$	35	$35 \leqslant I_0 < 50$	24
$40 \leqslant I_0 < 60$	30	$40 \leqslant I_0 < 60$	24
$60 \leqslant I_0 < 90$	25	$50 \leqslant I_0 < 75$	24
$90 \leqslant I_0 < 120$	20	$60 \leqslant I_0 < 80$	24
$120 \leqslant I_0 < 180$	15	$60 \leqslant I_0 < 90$	24
$180 \leqslant I_0 < 360$	10	$60 \leqslant I_0 < 120$	24
$I_0 \geqslant 360$	10	$I_0 \geqslant 120$	6

根据氯离子侵入深度 x_d，非稳定状态下的氯离子迁移系数为：

$$D_{nssm} = \frac{RT}{zFE} \cdot \frac{x_d - \alpha \sqrt{x_d}}{t} \tag{10-7}$$

$$E = \frac{U-2}{L} \tag{10-8}$$

$$\alpha = 2\sqrt{\frac{RT}{zFE}} \cdot \text{erf}^{-1}\left(1 - \frac{2c_d}{c_0}\right) \tag{10-9}$$

式中，D_{nssm} 为非稳定状态下的氯离子迁移系数，z 为离子价态的绝对值，氯离子为 1；U 为外加电压值；T 为初始时刻与结束时刻阳极溶液温度的平均值；L 为混凝土试件的厚度；c_d 为氯离子侵入界限处的氯离子浓度，对于波特兰水泥制备的混凝土，c_d 约等于 0.07mol/L；c_0 为阴极溶液中氯离子浓度，大约为 2mol/L。

$$D_{nssm} = \frac{0.0239(273+T)L}{(U-2)t}\left(x_d - 0.0238\sqrt{\frac{(273+T)Lx_d}{U-2}}\right) \tag{10-10}$$

NT BUILD 492 试验与 RCPT 试验的原理基本相同。对于渗透性不高的混凝土，采用较高的 60V 电压，试验过程中溶液和混凝土试件的升温现象无法避免，且测试过程中的离子迁移未达到稳定状态。氯离子的扩散过程未稳定，非稳定状态下的氯离子迁移系数不能作为氯离子在混凝土中的扩散系数。

克服 RCPT 试验过程中升温的方案主要有：改变溶液腔室的容积大小，采用较低的加速电压，缩短测试时间至 30min，减小或者消除 RCPT 试验的焦耳现象。Yang 和 Cho (2003) 提出了氯离子加速迁移试验 ACMT，采用电压低的外加电场加速氯离子在混凝土中的迁移过程，溶液腔室的体积增加到 4.75L，外加电压为 24V，混凝土试件的厚度减小为 30mm，如图 10-5 所示，定期测量通过混凝土试件的电量和阳极腔室中氯离子浓度的变化。Yang 和 Cho (2003) 监测了 ACMT 试验过程中阳极 NaOH 溶液的温度变化，发现试验结束时的温度比试验开始时的温度只上升了 1~2℃，ACMT 在减小 RCPT 试验中的焦耳现象的效果显著。阳极 NaOH 溶液中氯离子浓度随时间变化过程分为两个阶段：非稳

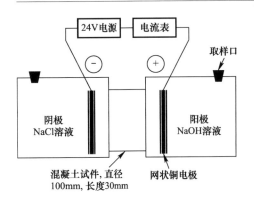

图 10-5 ACMT 试验装置

定状态和稳定状态。非稳定状态时，阴极溶液中的氯离子还未到达阳极腔室；稳定状态时，通过混凝土试件的氯离子流量为定值。

ACMT 试验中氯离子在外加电场作用下，在混凝土中迁移。通过对外加电场作用的修正，非稳定状态的扩散系数为：

$$\frac{\partial C}{\partial t} = D_n\left(\frac{\partial^2 C}{\partial x^2} - \frac{|z|FE}{RT}\frac{\partial C}{\partial x}\right) \quad (10\text{-}11)$$

式中，D_n 为非稳定扩散系数（m^2/s），z 为氯离子的带电量，E 为阳极与阴极之间的电场强度（V/m）。

初始条件设为：$C=0$，$x>0$，$t=0$。边界条件设为：$C=C_0$，$x=0$，$t>0$；$C=0$，$x\to\infty$，$t\to\infty$。非稳定状态下的氯离子浓度为：

$$C(x,t) = \frac{C_0}{2}\left[\exp\alpha x\,\mathrm{erfc}\left(\frac{x+\alpha D_n t}{2\sqrt{D_n t}}\right) + \mathrm{erfc}\left(\frac{x-\alpha D_n t}{2\sqrt{D_n t}}\right)\right] \quad (10\text{-}12)$$

式中，$\alpha=|z|FE/RT$，C_0 为阴极溶液中氯离子浓度，erfc 为互补误差函数。非稳定扩散系数为：

$$D_n = \frac{1}{\alpha}\left[\frac{x-\beta\sqrt{x}}{t}\right] \quad (10\text{-}13)$$

$$\beta = 2\sqrt{\frac{1}{\alpha}}\,\mathrm{erf}^{-1}\left(1-\frac{2C}{C_0}\right) \quad (10\text{-}14)$$

稳定状态时，通过混凝土试件的氯离子流量为恒定值。阳极溶液中氯离子浓度随时间变化的回归方程为：

$$C_a = Kt + a \quad (10\text{-}15)$$

式中，C_a 为阳极溶液中氯离子浓度，K 为阳极溶液中氯离子的扩散率。$T_s=-a/K$，为氯离子穿过整个混凝土试件所需要的时间。稳定状态时，氯离子的迁移过程用 Nernst-Planck 方程描述，阳极溶液中流入氯离子总流量由三部分组成：扩散、电迁移和对流：

$$J = -D\frac{\partial C}{\partial x} - \frac{zF}{RT}DC\frac{\partial E}{\partial x} + Cu \quad (10\text{-}16)$$

式中，u 为溶质的流速。在 ACMT 试验中，混凝土试件是处于饱和状态的，对流部分可以忽略。在外加电场作用下，氯离子的扩散流量相对于电迁移流量较小，可以忽略。通过测量阳极溶液中氯离子浓度，计算稳定状态下的氯离子扩散系数 D_s：

$$D_s = \frac{RTV}{|z|C_0 FEA}K \quad (10\text{-}17)$$

式中，V 为阳极室中溶液的体积，A 为混凝土试件与阴极 NaCl 溶液接触的面积。

Halamickova 等（1995）通过与压汞试验中孔隙率比较，指出稳定状态的扩散系数与临界孔隙半径存在良好的线性关系。由 ACMT 试验得到的稳定状态的氯离子扩散系数主要依赖于混凝土孔隙大小与孔隙结构，真实地反映出混凝土试件的抗氯离子渗透性能。当水灰比 w/b 提高，混凝土内部形成更多的孔隙和离子扩散通道，稳定状态的扩散系数增大；添加了粉煤灰和矿渣，形成了更多 C—S—H 凝胶结构，改善了混凝土内部的孔隙大小和分布，稳定状态的氯离子扩散系数减小。

10.1.3　氯离子扩散系数

采用电加速快速试验方法测定氯离子扩散系数，具有时间上的优势，但温度对氯离子扩散系数的影响不可避免。采用自然扩散试验或者低电压加速法的氯离子扩散系数较为准确。表 10-3 列举了采用自然扩散试验得到的普通混凝土的氯离子扩散系数。

氯离子扩散系数　　　　　　　　　　表 10-3

混凝土试件		时间（d）	试验方法	扩散系数 D ($10^{-12}\mathrm{m^2/s}$)	参考文献
水灰比 W/B	立体抗压强度（MPa）				
0.35	未知	28	低电压加速	4.95	Yang 和 Cho（2003）
0.45				8.12	
0.55				10.29	
0.65				13.44	
0.30	未知	28	自然扩散	9.64	Nokken 等（2006）
		90		5.87	
		140		5.39	
		1095		3.43	
0.35	未知	118	自然扩散	1.67	Chiang 和 Yang（2007）
0.45				3.70	
0.55				4.41	
0.65				6.65	
0.60	36.1	90	自然扩散	2.75	杨进波等（2007）
				3.56	
				4.05	
0.40	33.8	28	低电压加速	4.99	张俊芝等（2009）
0.45	30.5			5.25	
0.50	25.5			5.56	
0.55	25.0			5.89	
0.59	21.1			6.40	
0.61	21.0			6.69	

10.2　钢筋锈蚀的临界氯离子浓度

钢筋锈蚀的临界氯离子浓度是预测结构寿命的重要依据，临界氯离子浓度 C_{crit} 被定义为钢筋脱钝开始腐蚀时钢筋表面的氯离子浓度。临界氯离子浓度的测试试验程序包括：

（1）钢筋电极嵌入水泥制品中（水泥石、砂浆试块、混凝土试块）或者人工模拟的混凝土孔隙溶液；

（2）钢筋表面氯离子的引入；

（3）钢筋去钝化的检测；

（4）氯离子浓度的测定。

临界氯离子浓度的测试方法没有统一的标准，最简便的试验方案是将钢筋电极直接放入碱性溶液中。氯离子浓度和 pH 值能迅速准确地调节，但是由于完全忽略了混凝土自身的性质，且碱性溶液并不适合模拟混凝土孔隙溶液。当使用水泥石、砂浆试块、混凝土试块等硬化试件，氯离子的引入将消耗较长时间。钢筋表面氯离子浓度的测定比较困难。另一种试验方案是预先将氯盐添加到水泥制品中，临界氯离子浓度试验中氯离子的引入方法列于表 10-4。预先在水泥制品试件中添加氯离子，氯离子的引入非常迅速、且氯离子在混凝土内部的分布非常均匀，总氯离子浓度的确定很容易。另一方面，钢筋表面均匀分布的氯离子与实际情形不符，混凝土内部钢筋腐蚀为典型的点蚀，点蚀要求钢筋表面存在氯离子浓度梯度。

氯离子引入砂浆或者混凝土试件的方法　　　　　　　表 10-4

氯离子引入方式	优点	缺点
事先添加	快速 均匀分布 已知的总氯离子浓度	初期钝化膜形成困难 氯离子均匀分布 氯离子结合程度不同 孔隙影响 与实际不符
纯扩散	与实际类同	非常耗时 试件通常是饱和的（影响氧气活度）
扩散和毛细吸附	与实际相似 比纯扩散快速	耗时 干燥过程使孔隙结构变粗糙
电迁移	快速	外加电场 氢氧根离子的电迁移改变 pH 值 试件通常是饱和的（影响氧气活度）

钢筋去钝化的检测手段包括：测量钢筋电势、线性极化电阻、质量损失和宏观腐蚀电流。与混凝土内部处于钝化状态的钢筋相比，处于腐蚀状态钢筋的负电势的绝对值较大。钢筋去钝化腐蚀可以根据电势明显变化进行判断，线性极化电阻与腐蚀电流成反比。一般当钢筋出现锈蚀时，溶液和砂浆试块的腐蚀电流都不小于 $0.1\mu A/cm^2$，且腐蚀发生时的腐蚀电流增大。当观测到线性极化电阻明显变化时，认为钢筋发生去钝化。测量钢筋质量损失，首先测量钢筋嵌入水泥制品试件前的质量，在试验完成时从试件中取出，清洗干净后再次测重，钢筋从试件中取出直观地反映钢筋表面的腐蚀状况。当钢筋质量发生损失时，一般钢筋已经受了一段时间的腐蚀，此时氯离子浓度不能作为钢筋脱钝的临界氯离子浓

度。钢筋的腐蚀率可以通过添加辅助阴极，测量辅助阴极与钢筋之间的宏观腐蚀电流确定。宏观腐蚀电流明显增加，钢筋开始腐蚀。

氯离子浓度的测定一般分为总氯离子浓度测定和自由氯离子浓度测定。总氯离子浓度测定需要对硬化的混凝土试件进行钻孔、切片、研磨，然后将混凝土粉末溶解于硝酸中，利用滴定的方法测定氯离子浓度，获得氯离子浓度分布。采用 X 射线荧光光谱准确测量混凝土粉末的总氯离子浓度，但费用昂贵。自由氯离子浓度测定是采用压力式提取混凝土的孔隙溶液，当混凝土是低水灰比、骨料颗粒较粗糙或者试件很干燥时，压力提取孔隙溶液的方法不太适用。结合不太紧密的氯离子在压力的作用下，会释放到孔隙溶液中，导致测得的自由氯离子浓度偏大，对混凝土粉末加水溶解，测定水溶性氯离子浓度作为自由氯离子浓度。

钢筋表面氯离子改变了钢筋的阳极极化曲线，表面累积的氯离子导致钢筋的点蚀电位 E_{pit} 变为更小的负值，如图 10-6 所示，从 A 处到 B 处。钢筋表面的腐蚀电位是钢筋发生腐蚀的关键参数，钢筋腐蚀电位与钢筋表面的氧气活度相关。不同环境中钝化钢筋的腐蚀电位不同，钢筋暴露在空气中的腐蚀电位最大，为 $+100mV$；钢筋完全缺氧状态的腐蚀电位最小，为 $-1V$。钢筋腐蚀电位 E_{corr} 大于点蚀电位 E_{pit}，腐蚀开始发生，如图 10-6 的 B 处；$E_{corr} < E_{pit}$，钢筋不发生腐蚀，如图 10-6 的 A 处。钢筋腐蚀电位越小，钢筋腐蚀的氯离子浓度越高。Alonso 等（2002）指出，当钢筋的电位高于 $-200mV$（SCE）时，临界氯离子浓度与

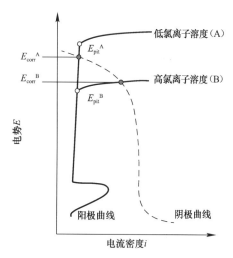

图 10-6　氯离子对阳极极化曲线的影响
（Angst et al.，2009）

电位的关系不明确；当钢筋的电位更小时，随着电位减小，临界氯离子浓度增大。

临界氯离子浓度的影响因素主要有：钢筋与混凝土接触面的状况、孔隙溶液的 pH 值、钢筋的电势、结合物类型、混凝土含水量、钢筋表面的氧气活度、水灰比、混凝土的电阻。钢筋的腐蚀电位超过点蚀电位是引起钢筋腐蚀的必要条件，点蚀电位主要由氯离子浓度和 pH 值决定，氯离子浓度增大会导致点蚀电位下降，当氯离子浓度一定时，点蚀电位随 pH 值下降而减小。确定临界氯离子浓度，首先明确氯离子浓度与点蚀电位的关系，然后根据腐蚀电位的变化幅度，判定钢筋的腐蚀状态。

砂浆与混凝土类似，浇注小型砂浆试块更为方便，选择砂浆试块代替混凝土作为试验环境。在浇注过程中，不掺入氯离子。养护完成后，将试块浸泡在含有氯离子的溶液中，让氯离子逐渐渗入到试块中。在氯离子渗透过程中，保持钢筋的电位不变，直至钢筋腐蚀。钢筋开始腐蚀时宏电流的突然增大。试验结束后测量钢筋周围氯离子浓度，即为临界氯离子浓度。

试验方法主要有：

（1）电位测量。试验中，电位测量采用半电池电位法，将饱和甘汞电极作为参比电极，参比电极与被测钢筋电极之间构成通路。测量仪器为高阻抗伏特计（UT56 万用表），伏特计的负极接参比电极，正极接被测钢筋电极，电位即为钢筋的半电池电位。

（2）宏电流测量。宏电流测量将钢筋电极作为研究电极，将 10cm×10cm 的不锈钢薄板作为辅助电极，采用低阻抗的电流表（UT56 万用表）测量两电极间的电流。钢筋电极电位低于不锈钢，钢筋作为阳极，不锈钢电极作为阴极；钢筋电极表面积较小，为 $0.785cm^2$，不锈钢电极表面积为 $100cm^2$，阴阳极面积比为 $100/0.785=127$，宏电流腐蚀占主要地位。

（3）控制电位恒定。采用 PS—1 恒电位仪，钢筋电极作为研究电极，不锈钢电极作为辅助电极，饱和甘汞电极作为参比电极，控制钢筋电位为目标电位，恒电位仪显示钢筋电极的极化电流大小，根据极化电流大小判断钢筋的腐蚀情况。

（4）测量氯离子浓度。取钢筋电极表面 3mm 内砂浆试样，磨成粉末，取 0.5g 粉末，溶于 20ml 蒸馏水中（测量自由氯离子浓度），或溶于 20ml 稀硫酸中（测量总氯离子浓度）；充分搅拌震荡后，静置 24h。使用 PCLS—10 型氯度计测量溶液中 pCl 值（pCl=$-\log[Cl^-]$），转化为氯离子摩尔浓度和氯离子占水泥质量百分比。

钢筋未脱钝，电流表的读数一般小于 $1\mu A$，个别电流大于 $1\mu A$，随着时间增加，电流保持稳定或者逐渐减小。钢筋电极仍处于钝态。随着氯离子的渗入，钢筋表面氯离子浓度逐渐上升，当氯离子浓度达到某一特定浓度时，电流将在短时间内产生一到两个量级的大幅度增长。当电流发生突变时，钢筋电极已经脱钝开始腐蚀。将砂浆试块从浸泡溶液中取出并晾干，取出电极，取试块中钢筋表面附近砂浆试样，测量总氯离子浓度和自由氯离子浓度，用占水泥质量的百分比表示。

砂浆试件氯离子浓度试验数据的离散性大，混凝土多孔介质特性对临界氯离子浓度的影响大，混凝土内部的钢筋腐蚀问题不能简单地看成是钢筋浸泡在盐溶液中的电化学问题。临界氯离子浓度的平均值随点蚀电位减小而增加，如图 10-7 所示，两者近似呈线性的关系：

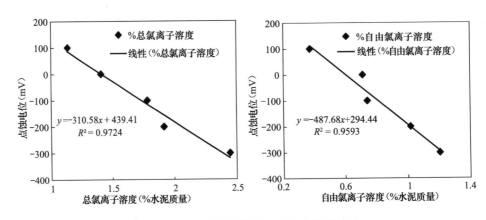

图 10-7　临界氯离子浓度与点蚀电位的关系

$$C_{\mathrm{Cl_t}} = 1.41 - 3.22 \times 10^{-3} E_{\mathrm{p}} \tag{10-18}$$

$$C_{\mathrm{Cl_f}} = 0.60 - 2.05 \times 10^{-3} E_{\mathrm{p}} \tag{10-19}$$

式中，$C_{\mathrm{Cl_t}}$ 和 $C_{\mathrm{Cl_f}}$ 分别为总氯离子浓度和自由氯离子浓度（占水泥质量的百分比），E_{p} 为半电池电位表示的钢筋点蚀电位（mV）。

　　临界氯离子浓度 C_{crit} 的表示方法主要有：总氯离子浓度、自由氯离子浓度和 $[\mathrm{Cl^-}]/[\mathrm{OH^-}]$。混凝土是一种非常复杂的多孔介质，对内部钢筋脱钝的临界氯离子浓度产生的影响非常大。孔隙溶液中氢氧根离子浓度关系到钢筋表面钝化膜的稳定性，却不能完全反映混凝土对外部环境侵入氯离子的抑制作用，混凝土固相物质对侵入的氯离子有一定的吸附作用。只有孔隙溶液中的自由氯离子才能到达钢筋的表面，在钢筋表面聚集，引发钢筋腐蚀。当孔隙溶液 pH 值下降时，混凝土固相会释放一定量的结合氯离子，成为自由氯离子，同样在钢筋腐蚀启动过程中产生作用。以总氯离子浓度的形式表示临界氯离子浓度 C_{crit} 比较准确，混凝土中的总氯离子浓度更加容易用试验手段测量。

钢筋锈蚀危险性与 $[\mathrm{Cl^-}]$ 的关系　　　　　　　　　表 10-5

$[\mathrm{Cl^-}]$（%）		危险性
相对于水泥的含量	相对于水泥用量为 440kg/m³ 的混凝土的含量	
>2.0	>0.36	肯定
1.0~2.0	0.18~0.36	很可能
0.4~1.0	0.07~0.18	可能
<0.4	<0.07	可忽略

　　表 10-5 为氯离子浓度与钢筋腐蚀危险性的关系（Helland，1999）。当混凝土中 Cl⁻ 浓度大于 0.4%（以水泥含量计算），钢筋有可能锈蚀；当混凝土中氯离子浓度大于 2%（以水泥含量计算），钢筋肯定锈蚀。对于普通波特兰水泥制成的混凝土，临界氯离子浓度（以总氯离子浓度占水泥含量计算）离散度较大，最小值为 0.04%，最大值为 3.08%。混凝土中钢筋腐蚀的临界氯离子浓度不仅是与单纯铁质腐蚀相关的电化学问题，与钢筋电极外包裹的混凝土性质密切相关。钢筋与混凝土接触状况、孔隙溶液的 pH 值、结合物类型、混凝土含水量、水灰比、混凝土的电阻、水化程度等混凝土性质都对钢筋腐蚀的临界氯离子浓度产生重大的影响。低水灰比，添加粉煤灰、矿渣等掺和物，提高混凝土的抗压强度等级，增大混凝土的密实性，减小混凝土的渗透性，都能增大钢筋腐蚀的氯离子临界浓度。水下持续保水、供氧量不足或者持续干燥也会增大临界氯离子浓度。钢筋表面粗糙度高（钢筋表面预先有锈蚀痕迹），临界氯离子浓度将提高。

　　钢筋的腐蚀电位超过点蚀电位是钢筋脱钝开始腐蚀的充要条件。基于钢筋腐蚀的电化学原理，临界氯离子浓度随着点蚀电位下降而上升，两者呈现近似线性关系。钢筋混凝土结构暴露在空气中时，腐蚀电位介于 +100mV 和 -200mV（SCE）之间；加筋混凝土浸泡在水中时，钢筋表面的氧气浓度较小或者氧气供给不足，钢筋的腐蚀电位降低到 -400mV。海砂环境中，氧气的流通环境不佳，但也不是像浸泡在水中氧气供给非常不足。从安全的角度考虑，取海砂环境中钢筋的腐蚀电位为 -200mV，氯离子的侵入将点蚀电位降低到-200mV 以下，钢筋才可能腐蚀。临界氯离子浓度为 1.9%（占水泥质量百分比）。结合氯离子吸附方程，考虑水泥的容重为 400kg/m³，临界氯离子浓度以自由氯离子浓度（以混凝土体积计算）表示，临界氯离子浓度值取 1.7×10^{-3} g/cm³。

10.3 海砂中氯离子迁移

为了研究南通海砂环境中的钢筋混凝土结构的腐蚀特性，首先对不同地点采集的海砂进行了含盐量分析。离子含量沿土层深度的分布如图 10-8 所示。南通地区海砂为氯盐海砂。随着距地表深度增加，氯离子的含量逐渐减小。氯离子含量随深度分布近似地呈线性减小。不同取样点的氯离子含量与深度的拟合关系为 $Z = 2.73510 - 1.8191C$。

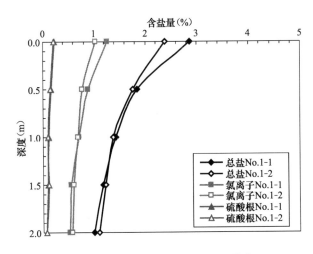

图 10-8　南通海砂含盐量沿深度分布

取地表氯离子浓度的平均值 1.5%，作为南通海砂的代表值，以线性拟合方程作为混凝土与海砂接触边界的氯离子浓度分布规律。氯离子迁移模型综合考虑扩散、电迁移和毛细吸附等的影响。假定混凝土初始孔隙饱和度为 0.8，采用有限元方法计算不同年份时混凝土内部不同位置的氯离子浓度，绘制等值线图，如图 10-9 所示。南通海砂中侵入混凝土内部的氯离子含量小，100 年时南通海砂中结构物内部钢筋发生腐蚀的概率较小。对于南通海砂，0.0017g/cm³ 的浓度等值线在 100 年时侵入深度最大为 42mm。随着时间增长，混凝土孔隙溶液中的氯离子浓度逐渐增高，氯离子浓度等值线慢慢地向混凝土深层推进。

针对不同的初始孔隙饱和度的海砂，分别计算混凝土内部氯离子含量随时间的发展情况，如图 10-10 所示。混凝土内部氯离子的含量随着距混凝土表面距离的增加呈指数减小，随着时间增长，氯离子含量缓慢增加。后 50 年氯离子含量的增长幅度比前 50 年时小。对比不同初始孔隙饱和度，当初始孔隙饱和度为 0.2~0.4 时，1 年的氯离子含量分布

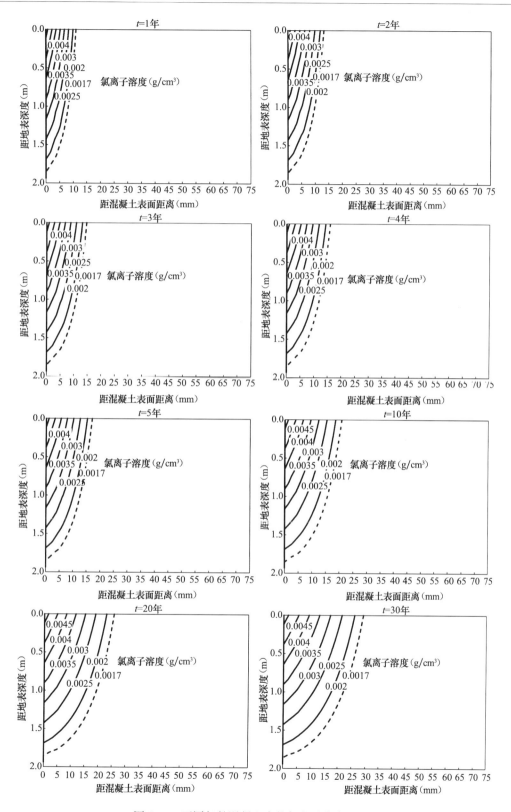

图 10-9　不同年份混凝土内的氯离子分布（一）

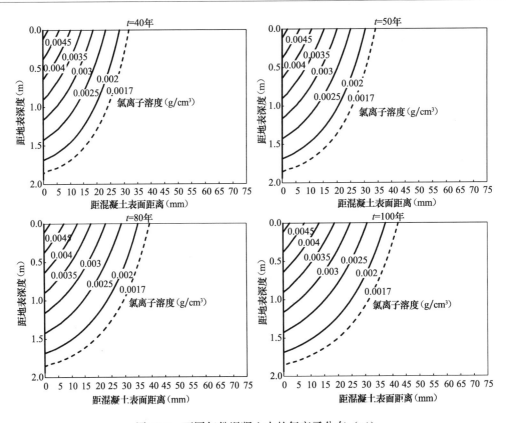

图 10-9　不同年份混凝土内的氯离子分布（二）

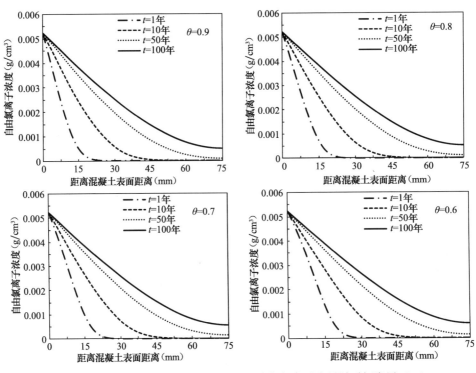

图 10-10　不同初始孔隙饱和度下混凝土内部氯离子含量随时间发展（一）

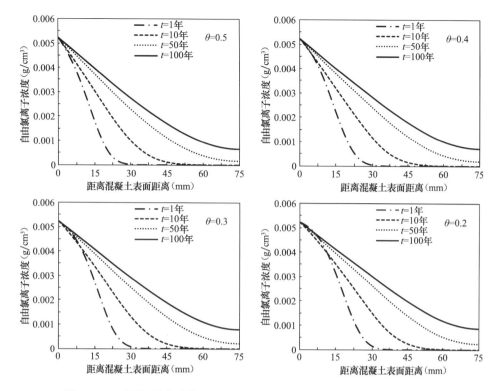

图 10-10　不同初始孔隙饱和度下混凝土内部氯离子含量随时间发展（二）

与 10 年的分布曲线交叉，1 年时混凝土内外达到水分平衡状态，毛细作用导致的氯离子在混凝土表层累积的现象仍然存在，1 年时混凝土表面 8mm 范围内的氯离子含量大于 10 年时的氯离子含量。随着时间的增长，氯离子在混凝土表层累积的现象逐渐消失，混凝土表面 8mm 范围内的氯离子含量经历先减小再逐渐增大的过程。

混凝土内部不同深度处的初始孔隙饱和度和时间与氯离子含量分布关系如图 10-11 和图 10-12 所示。初始孔隙非饱和状态导致侵入氯离子在混凝土表层累积，初始饱和度越小，累积区域越大。在图 10-11 和图 10-12 中，前期 15mm 深处初始孔隙饱和度不同导致的氯离子浓度差异非常明显。55mm 和 75mm 深处氯离子浓度差异较小，随着时间增长，

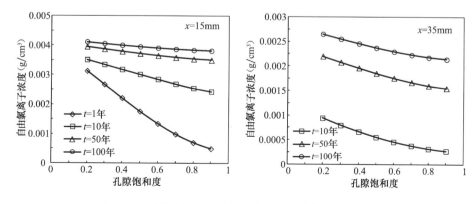

图 10-11　不同年份氯离子含量随初始孔隙饱和度的变化（一）

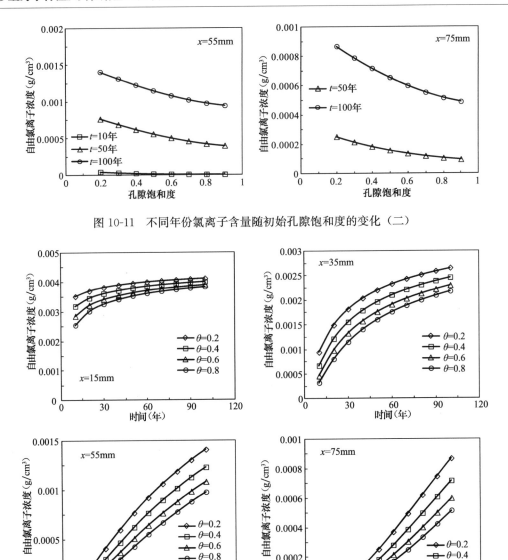

图 10-11 不同年份氯离子含量随初始孔隙饱和度的变化（二）

图 10-12 不同初始饱和度下氯离子含量随时间的变化

15mm 深度处孔隙饱和度造成的浓度差异逐渐减小，55mm 和 75mm 深处的氯离子浓度差异逐渐增大，毛细作用造成前期侵入的氯离子在混凝土表层累积，后期毛细作用影响混凝土深层的氯离子累积。

10.4 海砂中混凝土的寿命

混凝土中钢筋腐蚀过程大致可分为两个阶段（图 10-13）：

（1）预备阶段（即孕育期）：从浇注混凝土到混凝土碳化覆盖整个混凝土保护层，或者氯化物侵入到钢筋表面，钢筋表面的氯离子浓度达到腐蚀临界值，钢筋开始脱钝腐蚀时为止。这段时间称为无锈工作阶段的寿命，以 t_0 表示。

（2）发展阶段：从钢筋去钝化到严重腐蚀，以致结构破坏到不能被正常使用时为止，这段时间称为损伤破坏阶段的寿命，以 t_1 表示。发展阶段又可细分为下列三个时期：①中期，从钢筋开始腐蚀发展到混凝土表面因钢筋腐蚀肿胀而显示破坏现象

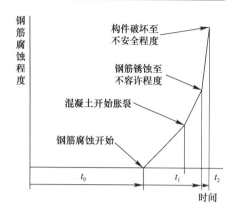

图 10-13　混凝土的破坏过程

（如顺筋胀裂、层裂或剥落）时为止；②后期，从混凝土表面因钢筋腐蚀肿胀开始破坏到混凝土普遍显示严重胀裂、剥落破坏，即已达到不可容忍程度，必须全面大修时为止；③晚期，钢筋腐蚀已扩大到使结构区域性破坏，致使结构不能安全使用。

对于普通钢筋混凝土结构，一般设计使用寿命 t 取 t_0+t_1。一旦混凝土内部钢筋发生腐蚀，整个钢筋混凝土结构即存在着使用安全隐患。因此，大多集中于分析预备阶段的寿命 t_0，钢筋混凝土结构劣化防治的目标就是保证结构物在设计使用年限内不发生腐蚀破坏。

南通海砂中主要含有氯离子，氯离子通过混凝土内部孔隙侵入到混凝土保护层深处，在钢筋表面聚集，造成钢筋去钝化，引发钢筋腐蚀，钢筋混凝土结构劣化。当钢筋表面的氯离子浓度达到一定程度，即临界氯离子浓度；去钝化的钢筋在氧气与水的共同作用下发生腐蚀。钢筋表面氯离子浓度是否达到临界氯离子浓度是判断钢筋是否发生腐蚀的重要标准。无锈工作阶段寿命 t_0 是从钢筋混凝土结构开始使用到钢筋脱钝发生腐蚀为止，即钢筋表面氯离子浓度达到临界氯离子浓度的时间。

交通运输工程的基础建设要求钢筋混凝土结构的服务寿命一般为 80~100 年。根据氯离子在混凝土中的扩散试验，确定氯离子的参考扩散系数，然后计算 100 年钢筋表面氯离子浓度，与钢筋腐蚀的氯离子临界浓度比较，判断钢筋 100 年时是否会发生腐蚀。采用张俊芝等（2009）提出的混凝土抗压强度与扩散系数的关系，推算 C30 混凝土的扩散系数，利用混凝土中氯离子迁移模型计算钢筋表面的氯离子浓度。混凝土结构表面氯离子浓度取地表和地下 1m 深处的氯离子浓度，计算参数列于表 10-6。

钢筋表面氯离子浓度计算参数　　　　　　　　　　　　表 10-6

C_0 (g/cm^3)	L (mm)	D_{ref} (m^2/s)	t_{ref} (d)
5.22×10^{-3}	75	5.35×10^{-12}	28
3.31×10^{-3}	75	5.35×10^{-12}	28

图 10-14 和图 10-15 分别表示了混凝土保护层内考虑结合作用和考虑扩散电场作用的自由氯离子浓度分布，地表和地下 1m 两个不同深度。氯离子浓度随距混凝土表面距离呈

下降趋势。随着时间增长，混凝土内的氯离子浓度在不断增加。但氯离子浓度梯度在减小，说明深层氯离子浓度累积速率要大于表层氯离子浓度累积速率，后 50 年的氯离子浓度分布线比前 50 年浓度分布线密集。图 10-14 和图 10-15 中水平线为钢筋混凝土结构发生腐蚀的临界氯离子浓度值。考虑结合作用和考虑离子扩散电场作用的氯离子分布，100 年时，混凝土的 75mm 深处的氯离子浓度均未达到腐蚀的临界值。考虑混凝土固相对侵入氯离子结合作用时，地表处的钢筋表面处的氯离子浓度为 $1.84 \times 10^{-4} \mathrm{g/cm^3}$；考虑电场作用后，氯离子浓度为达到 $4.75 \times 10^{-4} \mathrm{g/cm^3}$，明显增大。

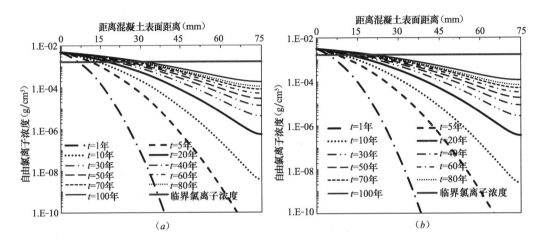

图 10-14　考虑结合作用混凝土内氯离子浓度分布

（a）地表处；（b）地下 1m 深处

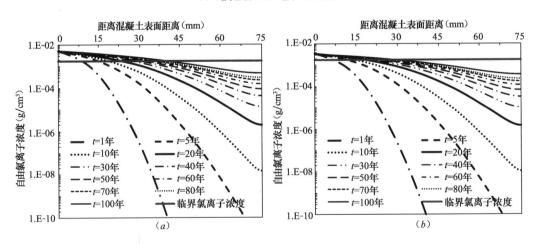

图 10-15　考虑电场作用混凝土内氯离子浓度分布

（a）地表处；（b）地下 1m 深处

混凝土初始状态的孔隙水含量对氯离子在孔隙内部迁移过程有显著影响。孔隙不饱和状态使氯离子在混凝土表层累积效果，等同于减小了混凝土保护层厚度，造成最终钢筋表面聚集的氯离子浓度增大，钢筋发生腐蚀的概率增大。混凝土孔隙初始饱和度 θ 为 0.8 时，混凝土内部氯离子浓度分布随时间变化如图 10-16 所示。混凝土与海砂环境的水分平衡过程非常迅速，氯离子长期侵蚀过程中，氯离子的迁移过程主要受浓度梯度和扩散电场控制。考虑非饱和渗流作用的氯离子浓度分布曲线形状与考虑结合作用和扩散电场作用的结果相似。初始非饱和状态明显造成了氯离子浓度增大，当初始饱和度 θ 为 0.8，100 年时，地表混凝土 75mm 深处的氯离子浓度已经达到 $5.14 \times 10^{-4} \, \text{g/cm}^3$；地下 1m 深处的氯离子浓度达到 $3.77 \times 10^{-4} \, \text{g/cm}^3$。

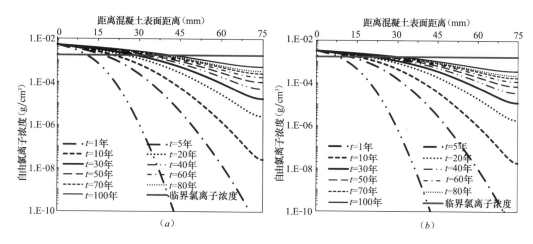

图 10-16　初始孔隙饱和度 0.8 时混凝土内氯离子浓度分布

（a）地表处；（b）地下 1m 深处

当混凝土初始时刻孔隙含水量更小，长期受到氯离子侵蚀后，钢筋表面的氯离子浓度进一步增大。图 10-17 列出了初始时刻孔隙饱和度 θ 为 0.5 时，混凝土内部氯离子浓度随时间的分布。与初始孔隙饱和度 0.8 相比，由于非饱和渗流作用增强，混凝土内部氯离子浓度增大。初始孔隙饱和度 θ 为 0.5 时，100 年时，地表混凝土 75mm 深处的氯离子浓度达到 $6.53 \times 10^{-4} \, \text{g/cm}^3$；地下 1m 深度混凝土 75mm 深处的氯离子浓度为 $4.46 \times 10^{-4} \, \text{g/cm}^3$。

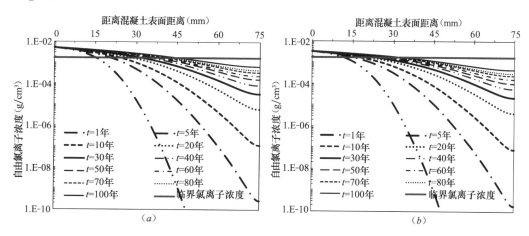

图 10-17　初始孔隙饱和度 0.5 时混凝土内氯离子浓度分布

（a）地表处；（b）地下 1m 深处

表 10-7 列出了 100 年钢筋表面氯离子浓度与初始孔隙饱和度的关系。随着初始孔隙饱和度减小,100 年时钢筋表面氯离子浓度明显增大。当混凝土保护层厚度为 75mm 时,即使初始孔隙饱和度降低到 0.2 时,100 年时钢筋表面氯离子浓度仍未达到临界氯离子浓度极限。南通海砂环境中,混凝土保护层厚度 75mm 可以满足 100 年内钢筋不发生腐蚀的要求。

100 年时不同初始孔隙饱和度的氯离子浓度   表 10-7

初始孔隙饱和度 θ	0.2	0.3	0.4	0.5	0.6	0.7	0.8	0.9	1
氯离子浓度 (10^{-4}g/cm^3)	8.67	7.87	7.16	6.53	5.98	5.51	5.13	4.87	4.75

10.5 混凝土的防腐措施分析

我国钢筋混凝土结构的劣化破坏现象十分严重,化学工业建筑安全使用期一般为 15~20 年,长期处于化工污染的工业建筑的安全使用期仅为 5~7 年。介质腐蚀性是导致钢筋混凝土结构耐久性失效的主要原因,海砂氯离子侵蚀是一个重要原因。交通部第四航务局对华南地区使用 7~27 年的 18 座海港码头的调查资料显示,混凝土梁、板底部钢筋严重腐蚀,引起破坏的达 89%,其中有几座已经不能正常使用。中国东南沿海使用年限为 8~32 年的 22 个港口中有 58.6% 存在明显的腐蚀现象。因此对于处在氯离子侵蚀环境中的钢筋混凝土结构,需要采取一定的防腐蚀措施以保证钢筋混凝土结构的正常使用功能。

10.5.1 增加保护层厚度

氯盐环境中,氯离子侵入钢筋混凝土结构内部引发钢筋发生腐蚀,需要外部环境中的氯离子穿透整个混凝土保护层,在钢筋表面聚集。混凝土保护层的厚度对钢筋表面氯离子累积达到临界氯离子浓度、引发腐蚀所需要时间起决定作用。初始混凝土内部孔隙不饱和,外部侵入的氯离子在毛细作用下在混凝土表层累积。累积区域的氯离子浓度近似等于外部海砂中氯离子浓度,等效地减小了混凝土保护层的厚度,最终导致钢筋表面氯离子浓度增大,构筑物的寿命减小。所以,混凝土保护层厚度对混凝土寿命是至关重要的。

不同混凝土保护层厚度的构筑物寿命   表 10-8

厚度（mm） 饱和度	40	50	60	70	80
0.2	27.78	54.65	94.98	151.57	227.2
0.4	32.04	63.04	109.56	174.81	262.03

续表

厚度（mm）饱和度	40	50	60	70	80
0.6	35.94	70.68	122.82	195.97	293.75
0.8	38.85	76.41	132.76	211.84	317.51
1	40.18	79.01	137.29	219.03	328.26

综合考虑氯离子在孔隙溶液内部的扩散、电迁移和毛细吸附作用，计算不同保护层厚度的混凝土结构物寿命，列于表 10-8。混凝土的强度等级取 C30，即抗压强度的标准值为30MPa，对应参考氯离子扩散系数为 $5.35\times10^{-12} m^2/s$；钢筋发生腐蚀的临界自由氯离子浓度取 $1.7\times10^{-3} g/cm^3$（以混凝土体积计算）。随着混凝土保护层厚度增加，结构物寿命明显提高。对比初始孔隙饱和度和混凝土保护层厚度对结构物寿命的影响，保护层厚度对结构物寿命的影响更大。当混凝土保护层厚度每增加 10mm，结构物的寿命成倍增长，例如混凝土保护层厚度为 50mm 的结构物寿命大约为保护层厚度为 40mm 的结构物的 2 倍。相比之下，随着初始孔隙饱和度增加，结构物寿命增加幅度小。

图 10-18 对比了不同孔隙饱和度的混凝土结构物的寿命，保护层厚度 40～70mm。当保护层厚度增大时，结构物寿命的增长幅度随之增大，且初始孔隙饱和度对结构物寿命的影响越来越大。当混凝土保护层厚度为 40mm 时，初始孔隙饱和度从 0.4 增加至 0.6 时，结构物寿命只增加了 4 年；当混凝土保护层厚度为 80mm 时，结构物的寿命增长了近 32年。海砂环境中，钢筋混凝土结构物寿命要满足 100 年内不发生腐蚀的服务年限要求时，混凝土保护层的厚度必须大于 60mm。

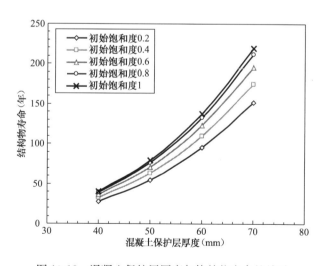

图 10-18　混凝土保护层厚度与构筑物寿命的关系

图 10-19 对比了普通混凝土保护层厚度对结构物寿命的影响。C30 的普通混凝土的保护层厚度对于防止结构物在使用年限内发生腐蚀至关重要。海砂中氯离子含量为 2.5% 时，结构物满足 80～100 年不发生腐蚀的要求下，普通混凝土保护层的厚度达到 70mm。海砂氯离子含量增加到 6.5%，普通混凝土保护层厚度为 80mm 的也不能保证 80 年内钢筋不发生腐蚀。

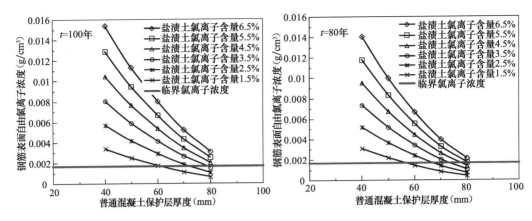

图 10-19　海砂环境中保护层厚度对结构物寿命的影响

10.5.2　提高混凝土等级

混凝土内部孔隙比例与分布影响着混凝土块体的抗压强度，同时孔隙分布与外部侵入氯离子在孔隙溶液中的迁移过程有着密切联系。提高混凝土等级，即增加混凝土的抗压强度，有效地减少混凝土内部的孔隙，降低氯离子的扩散系数，增加钢筋混凝土结构的寿命。

混凝土的强度等级以混凝土立方体抗压强度标准值划分，采用符号 C 与立方体抗压强度标准值的数值（MPa 计）表示。按照《混凝土结构设计规范》（GB 50010—2010）规定，普通混凝土分为 C7.5、C10、C15、C20、C25、C30、C35、C40、C45、C50、C55、C60 十二个等级。氯离子扩散系数采用张俊芝（2009）的经验公式［式（9-6）］推算，综合考虑扩散、电迁移和毛细吸附作用，分析混凝土抗压强度和初始孔隙饱和度对结构物寿命的影响，计算中混凝土保护层厚度取 75mm。

不同等级混凝土结构物的寿命列于表 10-9，混凝土保护层的厚度达到 75mm。不同等级混凝土结构物 C25～C45 的寿命远远超过 100 年，随着混凝土等级的提升，结构物的寿命明显增加。初始孔隙饱和度为 0.2 时，当混凝土抗压强度标准值从 30MPa 增长到 45MPa，结构物的寿命增长了 70 年。图 10-20 描述了不同初始孔隙饱和度下，混凝土抗压强度等级与结构物寿命的关系。混凝土结构的寿命随着混凝土抗压强度标准值增加呈线性增加。

不同等级混凝土保护层的构筑物寿命（保护层厚度为 75mm）　　　　　表 10-9

等级 饱和度	C25	C30	C35	C40	C45
0.2	162.45	186.85	210.37	233.58	256.29
0.4	187.77	215.48	241.98	267.94	293.19
0.6	211.43	241.57	270.19	298.10	325.12
0.8	229.53	261.11	291.00	320.05	348.14
1	237.87	269.96	300.30	329.78	358.23

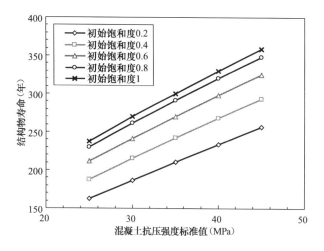

图 10-20　混凝土强度等级与构筑物寿命的关系

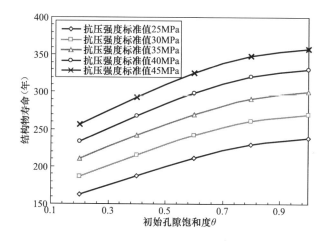

图 10-21　初始饱和度对不同等级混凝土结构物寿命的影响

图 10-21 是初始饱和度对混凝土结构物寿命的影响。初始孔隙饱和度对不同等级混凝土结构物寿命的影响近乎相同，随着初始孔隙饱和度增长，结构物寿命逐渐增大，但增长幅度逐渐地减小。当混凝土等级为 40MPa 时，初始孔隙饱和度从 0.6 增加至 0.8 时，结构物寿命增加了 20 年；初始孔隙饱和度从 0.8 增加至 1 时，结构物寿命只增加了 9 年。

10.5.3　添加粉煤灰

考虑到海砂的含盐量在地表下 2m 范围内波动大，且地表含盐量为最大值，建立尺寸为 75mm×2m 的有限元模型。为了保证混凝土孔隙溶液的电中性平衡，假定 Na^+ 与 K^+ 的初始浓度分别为 OH^- 浓度的 1/3 和 2/3；混凝土表面离子浓度设为海砂中离子浓度，其中 OH^- 浓度非常小，混凝土表面处 OH^- 浓度近似为 0。鉴于混凝土表面处与内部的离子浓度差异大，加密边界附近的网格。初始条件和边界条件分别为：

$$\begin{cases} t=0 \quad 0<x<L, C_i=C_{i,\text{init}} \quad V=0 \\ t>0 \quad x=0, C_i=C_{i,\text{b}} \quad V=0; x=L, \dfrac{\partial C_i}{\partial x}=0 \quad \dfrac{\partial V}{\partial x}=0 \end{cases} \tag{10-20}$$

式中，L 为有限元模型的宽度；$C_{i,\text{init}}$ 和 $C_{i,\text{b}}$ 分别为离子 i 在混凝土内的初始浓度和与海砂接触表面处的浓度。具体计算参数见表 10-10。

杨跃等（2008）拟合了粉煤灰混凝土中的氯离子扩散系数与抗压强度的相关关系，

$$D_{\text{ref}} = (-0.05424 f_c + 5.58686) \times 10^{-12} \tag{10-21}$$

根据张俊芝等（2009）经验公式推算的氯离子参考扩散系数列于表 10-11。

计算参数 表 10-10

	K^+	Cl^-	Na^+	OH^-
$D_i(\text{m}^2/\text{s})$	\	3.78×10^{-12}	2.66×10^{-12}	5.10×10^{-11}
初始浓度 $C_{i,\text{init}}(\text{g}/\text{cm}^3)$	0	0.018	0.009	0.024
边界浓度 $C_{i,\text{b}}(\text{g}/\text{cm}^3)$	0	0.024	0.024	0
m	普通硅酸盐混凝土 0.34，粉煤灰混凝土 0.64			
α	1.67			
β	0.48			

扩散系数 表 10-11

项目	C30	C40	C50	C60
普通硅酸盐混凝土 $D_{\text{ref}}(\text{m}^2/\text{s})$	5.35×10^{-12}	4.59×10^{-12}	4.07×10^{-12}	3.70×10^{-12}
粉煤灰混凝 $D_{\text{ref}}(\text{m}^2/\text{s})$	3.96×10^{-12}	3.42×10^{-12}	2.87×10^{-12}	2.33×10^{-12}

根据综合考虑扩散作用、结合作用和电场迁移作用的氯离子迁移耦合模型，地表处混凝土内部的氯离子浓度分布如图 10-22 所示。图 10-22（a）中，普通硅酸盐混凝土，当 $t=10$ 年时，C30 混凝土表面 50mm 深处，最大氯离子浓度为 $8.3 \times 10^{-3}\,\text{g}/\text{cm}^3$；C60 混凝土的最大氯离子浓度为 $4.8 \times 10^{-3}\,\text{g}/\text{cm}^3$，超过钢筋腐蚀的临界氯离子浓度。在 $t=20$ 年时，C30 和 C60 混凝土表面 75mm 深处的离子浓度分别为 $7.2 \times 10^{-3}\,\text{g}/\text{cm}^3$ 和 2.4×10^{-3}，超过钢筋腐蚀的临界氯离子浓度。因此，在海砂侵蚀环境中，即便采用 C60 抗压强度等级的普通硅酸盐混凝土，在保护层厚度为 75mm 的混凝土使用年限只有 20 年左右。在氯离子侵蚀环境，钢筋混凝土结构一般使用不到 20 年就出现严重的腐蚀破坏。因此，海砂中的钢筋混凝土结构，仅靠提高普通硅酸盐混凝土的强度等级及其保护层厚度，远远达不到结构要求的使用年限。图 10-22（b）中，当采用 C30 粉煤灰混凝土，在 $t=10$ 年时，距混凝土表面 75mm 深处的氯离子浓度几乎为 0；在 $t=100$ 年时，氯离子浓度为 $7.2 \times 10^{-5}\,\text{g}/\text{cm}^3$。采用 C60 粉煤灰混凝土时，在 $t=100$ 年时，氯离子浓度很小，$6.6 \times 10^{-8}\,\text{g}/\text{cm}^3$。在海砂侵蚀环境中，采用粉煤灰混凝土可极大的提高钢筋混凝土结构抗氯离子侵蚀的能力，这是因为粉煤灰自身有着很强的初始固化能力，粉煤灰中的火山灰反应生成 CSH 凝胶和钙矾石（AFt）等二次水化产物，不仅可以对氯离子有着较强的物理吸附能力，而且可以填充混凝土内的粉煤灰孔隙，降低了混凝土的孔隙率，减少孔隙间的连通，导致氯离子扩

散迁移速度降低。与此同时，粉煤灰中较高含量的无定形 Al_2O_3 与氯离子反应生成 Friedel 盐，改善了混凝土对氯离子的固化吸附能力。

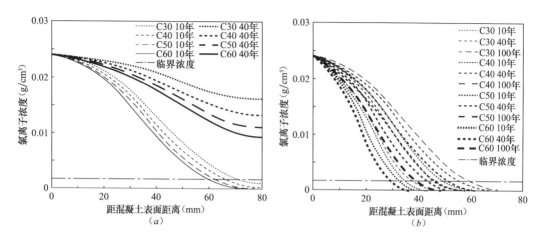

图 10-22　混凝土内部氯离子浓度分布规律

(a) 普通混凝土；(b) 掺粉煤灰

如图 10-23 所示，随着粉煤灰混凝土强度等级提高及其保护层厚度增加，混凝土的使用年限有很大提高，且保护层厚度对混凝土抗氯离子侵蚀的影响远大于混凝土强度等级。这是因为随着强度等级提高，水胶比逐级降低，孔隙率减小，氯离子扩散系数减小，混凝土的使用年限提高；随着氯离子侵入深度增加，氯离子浓度曲线呈下降趋势，混凝土保护层厚度的增加是提高混凝土使用年限的有效措施之一。例如，当钢筋混凝土结构保护层厚度取 40mm 时，C60 粉煤灰混凝土的使用寿命为 100 年；当保护层厚度取 55mm 时，C30 粉煤灰混凝土的使用寿命也已经达到 137.5 年。粉煤灰具有胶凝材料体系的活性效应，能够发挥减水作用降低水胶比，增强混凝土各个材料体系间的化学作用，填充混凝土孔隙，有效提高流动性，使混凝土匀质化，降低氯离子扩散系数，提高扩散系数的时间衰减性。氯离子侵蚀环境中，采用粉煤灰混凝土，能够极大地延长混凝土结构的使用年限。因此在

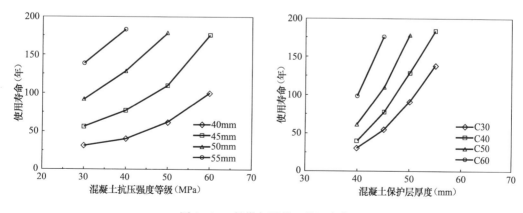

图 10-23　粉煤灰混凝土使用寿命

保证 100 年使用年限情况下，建议南通海砂环境中应采用粉煤灰混凝土，C30、C40、C50 和 C60 混凝土的保护层厚度最小分别为 55mm、50mm、45mm 和 40mm。

10.5.4　添加炉渣

为了改善混凝土性质，添加辅助胶凝材料，例如硅灰、粉煤灰、高炉渣和偏高岭土等。辅助胶凝材料对混凝土抵抗氯盐侵蚀的能力有巨大影响：一方面，合理使用这些辅助胶凝材料可以改善混凝土内部孔隙结构，减少孔隙、缩小孔隙内径，间接地减缓了离子的扩散过程；另一方面，辅助胶凝材料具有不同的化学组成和物理性质，改变了仅由波特兰水泥制成的混凝土的化学构成，影响水化产物的氯离子结合能力。混凝土本体对侵入氯离子的结合作用减缓了外部氯盐的侵蚀过程，对腐蚀发生的时间有重要影响。在预测钢筋混凝土结构寿命时，必须考虑到不同胶凝材料对氯离子的结合能力。

Arya 等（1990）将含 15％硅灰的水泥浆体暴露在 0.56mol/L 的氯化钠溶液中，发现用硅灰替代部分水泥后，水泥浆体的氯离子结合能力降低。因此，混凝土添加硅灰后，当从外部引入氯离子时，混凝土对氯离子的结合能力降低。用硅灰替代部分水泥对混凝土的化学构成带来了三个变化：

（1）增加了 C—S—H 含量。一般认为 C—S—H 含量增加将增大混凝土对氯离子的结合能力。但是 Beaudoin（1990）等指出 C—S—H 对氯离子的结合能力与钙硅比（C/S）相关，低硅钙比对应着低氯离子结合能力。添加硅灰后，C—S—H 含量增加，氯离子结合能力减小。

（2）降低 pH 值。混凝土对氯离子的结合作用主要是 C_3A 与氯离子发生化学反应形成 $C_3A \cdot CaCl_2 \cdot 10H_2O$，即 Friedel 盐。pH 值降低，引起 Friedel 盐减少。

（3）贫化 C_3A。减少 C_3A 含量，减弱混凝土对侵入氯离子的结合能力。

用粉煤灰替代部分水泥能提高混凝土的氯离子结合能力。Dhir（1997）指出，粉煤灰替代水泥比率最高达到 50％时，混凝土的氯离子结合能力都在增加；当粉煤灰替代比达到 67％时，氯离子结合能力开始减小。添加粉煤灰增加氯离子结合能力归功于粉煤灰中较高的铝含量有助于生成更多的 Friedel 盐。高炉渣和偏高岭土中铝的含量高，偏高岭土中 Al_2O_3 含量达到 45％，用这两种材料替代部分水泥将导致更多 Friedel 盐的形成，增强混凝土的氯离子结合能力。添加辅助胶凝材料改变混凝土的氯离子结合能力，高炉渣和偏高岭土改变了氯离子等温吸附方程。

描述结合氯离子与自由氯离子含量关系的等温吸附方程通常有线性、Freundlich 和 Langmuir 三种形式，如图 10-24 所示。自由氯离子与结合氯离子呈现非线性，若采用线性方程描述混凝土对侵入氯离子的结合能力，孔隙溶液中氯离子浓度较小时，将低估混凝土的结合能力；孔隙溶液中氯离子溶度较大时高估了结合能力。Tang 等（1993）认为孔隙溶液中氯离子浓度较小时，Langmuir 等温线方程适合描述混凝土的氯离子结合能力；当孔隙溶液中氯离子浓度较大时，Freundlich 等温线比较适合。Martín-Pérez 等（2000）通过试验发现当用高炉渣替代 40％的水泥时，Langmuir 等温吸附方程更加符合自由氯离子与结合氯离子的含量关系。Thomas 等（2012）系统分析了添加辅助胶凝材料后混凝土的氯离子结合能力，指出：Langmuir 等温吸附方程可以拟合试验数据，但采用 Freundlich 等温吸附方程可以得到更好的拟合结果。Freundlich 等温吸附方程更适合描述添加辅助胶凝材料后的混凝土的氯离子结合能力：

$$C_{\mathrm{b}} = \alpha C_{\mathrm{f}}^{\beta} \tag{10-22}$$

式中，C_{b} 为结合氯离子浓度（mg/g，以混凝土质量计算），C_{f} 为自由氯离子浓度（mol/L，以孔隙溶液体积计算）。Thomas 等（2012）给出了添加辅助胶凝材料的 Freundlich 方程的 α 和 β 值（表 10-12）。假定混凝土孔隙初始处于饱和状态，考虑氯离子扩散和电迁移过程，结合 Freundlich 等温吸附方程，计算海砂环境中 10 年后混凝土孔隙溶液中氯离子的分布，分析辅助胶凝材料对氯盐侵蚀的影响。

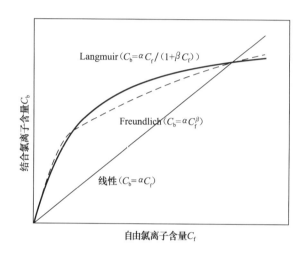

图 10-24　氯离子的结合方程

Freundlich 等温吸附方程的最佳拟合系数（Thomas，2012）　　　　　表 10-12

胶凝材料类型	α	β
普通混凝土	8.51	0.32
8％硅灰	6.11	0.37
8％偏高岭土	14.9	0.46
25％粉煤灰	10.0	0.41
25％高炉渣	10.5	0.39
25％粉煤灰 6％硅灰	7.83	0.47
25％高炉渣 6％硅灰	8.57	0.40

图 10-25 对比了不同辅助胶凝材料对混凝土内侵入氯离子分布的影响，在图 10-25（a）中，与波特兰水泥混凝土相比，添加了硅灰、粉煤灰、高炉渣等辅助胶凝材料后，混凝土孔隙溶液中的自由氯离子分布曲线形状没有变化，但是自由氯离子含量不同。只添加一种辅助胶凝材料时，当添加材料为偏高岭土、粉煤灰和高炉渣时，自由氯离子含量比不用辅助胶凝材料时要小。距混凝土表面 45mm 深处，与波特兰水泥相比，添加 8％的偏高

岭土后自由氯离子含量减小了 54％，添加 25％粉煤灰后自由氯离子含量减小了 17％，添加 25％高炉渣后自由氯离子含量减小了 22％，添加 8％硅灰后自由氯离子含量增加了 30％。添加偏高岭土、粉煤灰和高炉渣辅助胶凝材料后，混凝土与氯离子的结合能力增加，增加幅度依次为：偏高岭土＞高炉渣＞粉煤灰。提高混凝土氯离子结合能力的原因为渣辅助胶凝材料包含高含量的铝元素，添加铝含量最高的偏高岭土后，混凝土的结合能力最大。距混凝土表面 45mm 深处，自由氯离子含量增加了 30％，说明添加硅灰将引起混凝土的氯离子结合能力降低。图 10-25（b）为同时添加两种辅助胶凝材料后混凝土内部自由氯离子含量。与只使用波特兰水泥的对比，当添加材料为 25％粉煤灰加 6％硅灰时，自由氯离子含量明显增加，距混凝土表面 45mm 深处，自由氯离子含量相比增加了 10％；添加 25％高炉渣加 6％硅灰时，自由氯离子含量略微增加，距混凝土表面 45mm 深处，自由氯离子含量与只使用波特兰水泥时相近。与粉煤灰和高炉渣相比，硅灰对混凝土的氯离子结合能力的影响更大。

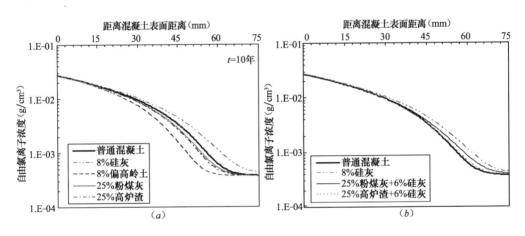

图 10-25　不同组成混凝土内部的侵入氯离子分布

10.5.5　表面防腐涂层

混凝土表面涂敷是延缓氯离子侵蚀混凝土的简单有效手段，Basheer 等（1997）总结了混凝土防腐涂料性能，硅烷对提高抗氯离子侵蚀能力的效果最显著；McCarter 等（1996）用干湿循环法和吸水法对涂敷硅烷和硅烷—硅氧烷的混凝土进行试验，经过 6 个干湿循环后，表面涂敷保护层混凝土的氯离子侵入深度仅为 5mm，表面未经涂敷混凝土的氯离子侵入深度达 20mm；Almusallam 等（2003）通过快速试验方法对丙烯酸、聚合物乳液、环氧树脂、聚氨酯和氯化橡胶 5 种防腐涂料进行评价，混凝土表面涂敷后，抵抗氯离子侵蚀能力显著提高，能延缓钢筋锈蚀，提高混凝土结构的耐久性。Ibrahim 等（1999）对混凝土表面涂敷硅烷、硅烷—硅氧烷和丙烯酸的效果进行了评估，硅烷—硅氧烷效果最好。

混凝土防腐蚀保护涂层的基本要求有：①不透水，阻止氯离子等水溶性侵蚀介质进入混凝土；②能透水蒸气，混凝土内部总是有湿气，湿气来自于地下或室内或水性涂料本身，如果不排除，容易造成混凝土本身破坏或涂层起泡；③二氧化碳的渗透性小；④足够的粘结强度；⑤搭接裂缝能力好；⑥耐碱。满足以上要求的混凝土防腐蚀涂料，按照所用材料分类主要有：环氧树脂体系、丙烯酸体系和无机硅酸体系。按照附着机理又可分为：①成模型；②渗透型；③复合型。如图 10-26 所示，成膜型防腐蚀涂料在混凝土本体表面聚合形成一层防水涂层，看作是混凝土表面的覆盖层。渗透型防腐蚀涂料渗透到混凝土本体内部，密实混凝土孔隙，未在混凝土表面形成覆盖层，复合型防腐蚀涂料具有在混凝土表面形成防水涂层和堵塞混凝土孔隙的双重功效。三种防腐蚀涂层处理方式都可以归一为在混凝土本体表面形成覆盖层。

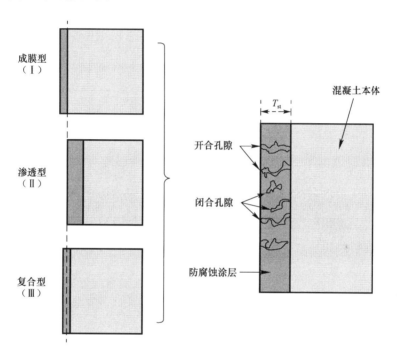

图 10-26　表面涂层的混凝土模型

1. 计算模型

氯离子在混凝土内部迁移以水作为载体，Zhang 等（1998）指出只有含水的开合孔隙才能在氯离子迁移过程中起作用。影响氯离子在防腐蚀涂层中迁移参数有：充水开合孔隙率 P_{st}、氯离子在防腐蚀涂层中的扩散系数 D_{st} 和涂层厚度 T_{st}。防腐涂层中的氯离子迁移过程可简化为 Fick 扩散定律，考虑结合作用时，普通混凝土与高性能混凝土中，自由氯离子 C_f 与结合氯离子 C_t 之间存在明显的比例关系，为 $0.77 \sim 0.89$，建议偏安全取值为 0.85。对于防腐蚀涂层，假定 $C_t = C_f$。混凝土内的氯离子迁移采用耦合模型描述，

$$\frac{\partial C_i}{\partial t} = 0.85 \nabla \left(K_0 D_0 \nabla C_i + \frac{s_i F}{RT} C_i D_i \nabla V \right) \tag{10-23}$$

式中，C_i 为离子溶度，D_i 为离子 i 的有效扩散系数，F 为法拉利常数，s_i 为离子 i 的电荷数，V 为离子迁移过程中产生的电势，由高斯静电理论定义为，

$$\begin{cases} \nabla^2 V + \dfrac{\rho}{\varepsilon} = 0 \\ \rho = F\left(\sum z_i C_i + \omega\right) \end{cases} \tag{10-24}$$

式中，ρ 为电荷密度，ω 为有效颗粒表面电荷密度，ε 为混凝土介电常数。初始条件和边界条件分别为：

$$C_f = 0, t = 0, x > 0 \tag{10-25}$$

$$\begin{cases} C_f = C_b \\ \dfrac{\partial C_f}{\partial t} = 0, x = L, t \geqslant 0 \end{cases} \tag{10-26}$$

式中，C_b 为模型外部环境的氯离子浓度，L 为有防腐蚀涂层混凝土的总厚度，$L = T_{su} + T_{st}$，T_{su} 为混凝土本体的厚度。氯离子穿过防腐蚀涂层与混凝土分界面时，在 $x = T_{st}$ 处添加连续性条件：

$$\begin{cases} P_{st} D_{st} \dfrac{\partial C_f}{\partial x}\Big|_{st} = P_{su} D_{su} \dfrac{\partial C_f}{\partial x}\Big|_{su} \\ C_{f,st} = C_{f,su} \end{cases} \tag{10-27}$$

式中，P_{su} 和 D_{st} 分别为混凝土的开合孔隙率和氯离子扩散系数。

2. 模型参数

海砂中氯盐含量的上限值，约为 1.5%，相当于 0.024g/cm^3。相比其他离子，海砂内 OH^- 的含量很小，模型边界上可取 0，K^+ 与 Na^+ 的初始浓度分别为 OH^- 浓度的 2/3 和 1/3，以满足孔隙溶液的初始电中性条件。计算参数列于表 10-13，氯离子在防腐蚀涂层中的扩散系数和其他计算参数列于表 10-14。

初始参数 表 10-13

	Cl^-	Na^+	K^+	OH^-
$D_{su}(\text{m}^2/\text{s})$	/	2.66×10^{-12}	3.78×10^{-12}	5.10×10^{-11}
初始浓度 $C_{i,init}(\text{g/cm}^3)$	0	0.018	0.012	0.024
边界浓度 $C_{i,b}(\text{g/cm}^3)$	0.024	0.024	0.012	0

计算参数 表 10-14

	环氧树脂体系（Epoxy)	丙烯酸体系（Acrylic)	硅烷（Silane)
$D_{st}(10^{-12}\text{m}^2/\text{s})$		2.9×10^{-1}	
$D_{su}(10^{-12}\text{m}^2/\text{s})$		5.35	
$T_{st}(\text{mm})$		1	
$T_{su}(\text{mm})$	2.1×10^{-2}	74	1.8×10^{-3}
P_{st}		0.01	
P_{su}		0.2	
$C_b(\text{g/cm}^3)$		0.027	

3. 计算结果

利用 Fick 扩散方程，结合防腐蚀涂层与混凝土本体接触面的连续性条件，计算不同阶段混凝土保护层内部侵入氯离子浓度的分布。图 10-27 对比了丙烯酸体系涂层的混凝土与未经表面处理的混凝土在海砂环境中暴露 5 年后的氯离子分布。存在防腐蚀涂层，氯离子含量相比未经表面处理有大幅度的减小。例如，距混凝土表面 15mm 深处，有丙烯酸体系防腐蚀涂层时，自由氯离子浓度为 6.26×10^{-5} g/cm³；表面未经处理的自由氯离子浓度为 5.47×10^{-3} g/cm³，处理前后的浓度相差近两个数量级，表面防腐蚀涂层对减小混凝土内部的氯离子含量有促进作用。对比氯离子浓度分布曲线形状，防腐蚀涂层与混凝土本体的氯离子扩散系数和开合孔隙率存在差异，氯离子穿透防腐蚀涂层后，开合孔隙率和氯离子扩散系数都变大，在距海砂接触面 1mm 处，即涂层与混凝土本体的接触面，曲线的斜率有明显变化。图 10-28 列举了丙烯酸体系防腐蚀涂层的混凝土内的氯离子含量分布。随着时间增加，防腐蚀涂层和混凝土本体内部的氯离子含量增加，氯离子含量分布曲线具有相同的特点：从防腐蚀涂层过渡到混凝土本体，曲线斜率发生转变，混凝土本体内的氯离子浓度分布曲线呈指数下降。

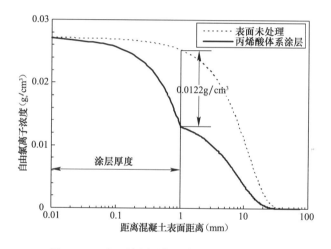

图 10-27　表面涂层对侵入氯离子分布的影响

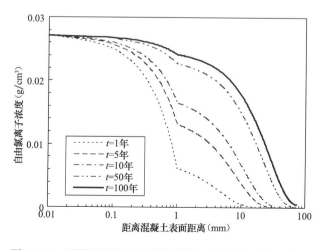

图 10-28　不同阶段表面处理的混凝土内部氯离子浓度分布

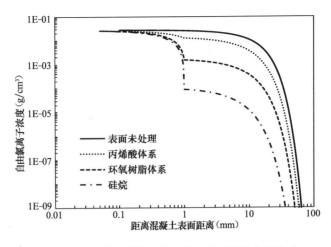

图 10-29　不同防腐蚀涂层对侵入氯离子分布的影响

图 10-29 对比了丙烯酸体系、环氧树脂体系和硅酸体系防腐蚀涂层对氯离子侵入过程的影响。在图 10-29 中，由于表面涂层的存在，氯离子浓度分布曲线斜率在 1mm 处不连续。防腐蚀涂层内的氯离子浓度分布曲线为线性减小，在后续的混凝土本体内部氯离子浓度分布曲线指数减小。

对比三种不同的防腐蚀涂层，由于氯离子在涂层内的扩散系数不同，氯离子含量分布也不同。距混凝土表面 15mm 深处，5 年时，自由氯离子浓度分别为 5.47×10^{-3} g/cm³（丙烯酸体系涂层）、1.36×10^{-4} g/cm³（环氧树脂体系涂层）、2.90×10^{-6} g/cm³（硅酸体系涂层）。表面防腐蚀涂层为硅烷时，混凝土保护层内的自由氯离子浓度最小。防腐蚀涂层降低氯离子迁移速率的效果依次为：硅酸体系涂层＞环氧树脂体系涂层＞丙烯酸体系涂层。

（1）环氧树脂涂层。如图 10-30 所示，未经表面处理的混凝土与涂覆环氧树脂体系的混凝土内氯离子随时间和空间的分布。相比较未经处理的混凝土，环氧树脂体系涂层大大

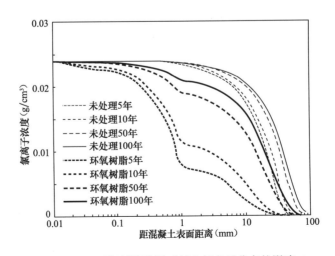

图 10-30　环氧树脂涂层对侵入氯离子分布的影响

降低了混凝土内的氯离子含量。环氧树脂体系涂层的混凝土内氯离含量随着氯离子侵入混凝土深度增加而降低，含量降低的速度从环氧树脂涂层进入混凝土内发生明显的变化；给定深度处，随着时间增加，氯离子含量逐渐增加，增加速度小于未经处理混凝土。

（2）丙烯酸涂层。如图 10-31 所示，与未经表面处理的混凝土相比，丙烯酸体系涂层降低了混凝土内的氯离子含量。但与环氧树脂体系涂层相比，丙烯酸体系涂层的抗氯离子侵蚀效果大大降低。混凝土内的氯离含量随氯离子侵入混凝土深度增加而降低，氯离子含量的降低速度在涂层界面处发生变化，但并不明显。

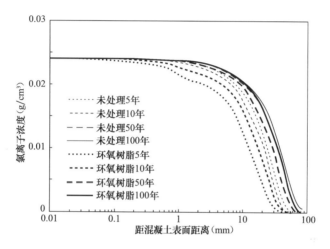

图 10-31　丙烯酸涂层对氯离子浓度分布的影响

（3）硅烷涂层。如图 10-32 所示，与未经表面处理的混凝土、丙烯酸体系和环氧树脂体系涂层相比，硅烷涂层对混凝土内氯离子含量的降低程度十分明显，硅烷涂层混凝土的抗氯离子侵蚀能力强。

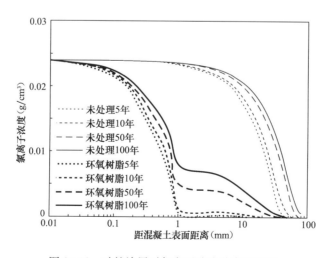

图 10-32　硅烷涂层对氯离子浓度分布的影响

10.5.6 电化学保护

钢筋混凝土结构内部钢筋腐蚀为电化学过程，阴极保护有效防止海砂环境中钢筋腐蚀。阴极保护措施主要分为牺牲阳极和外加电流两种。目前，牺牲阳极保护措施主要为修复暴露在氯盐环境中的已建钢筋混凝土结构措施，对新建构筑物一般不宜采用。外加电流保护相比牺牲阳极保护能够提供足够的保护电流，在防腐蚀措施中更为有效。

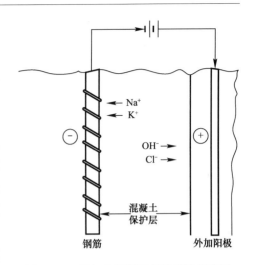

图 10-33 外加电流阴极保护措施原理图

图 10-33 表述了外加电流阴极保护措施的原理。当外加电流接通时，钢筋为整个反应装置的阴极，发生在阴极钢筋表面的化学反应有：

$$2H_2O + O_2 + 4e^- \Longrightarrow 4OH^- \tag{10-28}$$

$$2H_2O + 2e^- \Longrightarrow 2OH^- + H_2 \tag{10-29}$$

同时，发生在外加阳极表面的化学反应有：

$$4OH^- \Longrightarrow 2H_2O + O_2 + 4e^- \tag{10-30}$$

$$2H_2O \Longrightarrow O_2 + 4H^+ + 4e^- \tag{10-31}$$

氯离子在外加电场作用下的电迁移方向为朝着混凝土与外界盐环境接触面的方向，外加电流将减缓外界环境中的氯盐对混凝土保护层的侵蚀。阴极反应将生成氢氧根离子，增加了钢筋表面的碱度，确保了钢筋表面钝化层的完整。

Li 和 Page（2000）基于电场影响下离子在电解溶液中的迁移原理和多孔介质的毛细管模型，提出了混凝土电化学除盐的有限元模型：

$$\tau^2 \left(\frac{\partial C_i}{\partial t} + \frac{\partial S_i}{\partial t} \right) = \nabla(D_{ci} \nabla C_i) + z_i \nabla \left[D_{ci} \left(\frac{F}{RT} \nabla \phi \right) C_i \right] \tag{10-32}$$

$$\left(\frac{F}{RT} \nabla \phi \right) = - \frac{\left[(I\tau)/(\varepsilon^{2/3}F) \right] + \sum z_i D_{ci} \nabla C_i}{\sum z_i^2 D_{ci} C_i} \tag{10-33}$$

式中，τ 为混凝土的孔隙曲折度（$\tau > 1$），ε 为混凝土的孔隙率，D_{ci} 为离子 i 在混凝土内部的有效扩散系数（m^2/s），C_i 为离子 i 的自由离子浓度（mol/m^3，以孔隙溶液体积计算），S_i 为结合离子浓度（mol/m^3），z_i 为离子 i 的电荷数目，φ 为电势（V），I 为外加电流密度（A/m^2）。自由离子与结合离子的浓度关系可用 Langmuir 等温吸附方程描述：

$$S_i = \frac{\alpha C_i}{w(1 + \beta C_i)} \tag{10-34}$$

$$\frac{\partial S_i}{\partial t} = \frac{\alpha}{w(1 + \beta C_i)^2} \frac{\partial C_i}{\partial t} \tag{10-35}$$

式中，w 为混凝土孔隙水占混凝土的质量比。计算模型中只考虑混凝土对氯离子以及氢氧根离子的吸附与解吸作用。为了保证电中性平衡条件，氯离子的结合数量与氢氧根离子的释放数量相等。由于阴极钢筋表面的化学反应将产生氢氧根离子，生成氢氧根离子的流量应该与外加电流密度对应。阴极边界条件应设为流量边界：

$$J_{OH} = \frac{I}{z_{OH}F}, \quad J_i = 0 \quad i \neq OH^- \tag{10-36}$$

阳极表面的化学反应将消耗氢氧根离子并产生氢离子，外加电流应由氢氧根离子与氢离子共同分担：

$$J_H + J_{OH} = \frac{I}{z_{OH}F}, \quad J_i = 0 \quad i \neq OH^- \quad i \neq H^+ \tag{10-37}$$

阳极所处的海砂环境受外加电流的影响小，整个离子迁移过程并不能改变海砂中离子浓度，混凝土保护层与海砂接触的边界条件设为恒定浓度边界。

采用 Li 和 Page（2000）提出的电化学除盐模型模拟钢筋混凝土结构外加电流保护措施，分析了外加电流对氯离子侵蚀混凝土保护层过程的影响。采用有限元法，计算参数列于表 10-15，混凝土保护层厚度设为 75mm。

外加电流保护措施分析参数 　　表 10-15

	K^+	Na^+	Cl^-	OH^-
D_{ci}（$\times 10^{-12} m^2/s$）	3.78	2.66	5.35	51.0
孔隙溶液中初始浓度（mol/L）	0.3	0.15	0	0.45
边界初始浓度（mol/L）	0.34	0.46	0.76	0.04
τ		2		
ε		0.19		

图 10-34 说明了外加电流密度分别为 10mA/m² 和 50mA/m² 时，钢筋混凝土结构暴露在海砂环境中 1d、10d 和 20d 后，混凝土保护层内部自由氯离子浓度的分布情况。当外加电流密度为 0 时，即 $I=0$，混凝土保护层中的电势分布只由孔隙溶液中不同带电离子的分布决定。对比施加外加电流保护措施前后的氯离子浓度分布，外加电流并未改变氯离子浓度分布曲线形状，只是减小了混凝土孔隙溶液中氯离子的浓度。外加电流保护措施有效地减缓了氯离子对混凝土保护层的侵蚀作用。对比不同的外加电流密度，1d 时自由氯离子浓度的差异较小，随着时间增加，自由氯离子浓度的差异逐渐增大，说明外加电流密度对氯离子侵蚀过程的影响随时间增长而增大。距离混凝土表层 1mm 深处，外加电流密度为 50mA/m² 时，与外加电流密度为 10mA/m² 相比，1d 后自由氯离子浓度减小了 15.30%；10d 后，外加电流密度 50mA/m² 时自由氯离子浓度比 10mA/m² 时的减小了 16.62%；20d 后，自由氯离子浓度减小的幅度增大至 17.54%，提高外加电流密度将减缓氯离子侵蚀，有助于提高构筑物的寿命。

阴极保护的电化学保护措施（例如外加电流法）是提高钢筋混凝土结构抗腐蚀能力的有效手段。在地下深层，构筑物表面防腐涂料无法施工，只能采取电化学保护措施来提高混凝土的耐久性。海砂环境中氯离子侵入是构筑物内部钢筋腐蚀的主因，电化学保护是阻止氯盐对结构物腐蚀最为理想的措施。除了阴极保护法之外，采取电化学措施阻止氯离子向钢筋混凝土结构表面迁移富集也是一种行之有效的方法。在结构物上安装负极，阻止氯离子在构筑物表面集结。

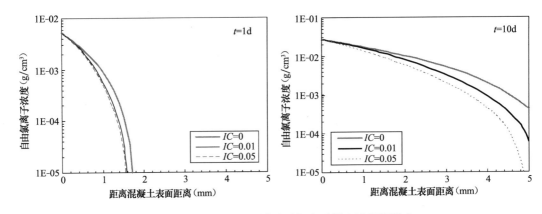

图 10-34　外加电流保护措施对氯离子侵入过程的影响

参 考 文 献

[1] Abernethy B, Rutherfurd I D. The distribution and strength of riparian tree roots in relation to riverbank reinforcement. Hydrol. Process, 2001, 15 (1): 63-79.

[2] Aitchison G D, Richards B G. A broad-scale study of moisture conditions in pavement subgrades throughout Australia [M] //Moisture Equilibria and Moisture Changes in Soils. Butterworths, Sydney, 1965: 184-236.

[3] Almusallam A A, Khan F M, Dulaijan S U, Al-Amoudi O S B. Effectiveness of surface coatings in improving concrete durability [J]. Cement and Concrete Composites, 2003, 25 (4): 473-481.

[4] Alonso C, Castellote M, Andrade C. Chloride threshold dependence of pitting potential of reinforcements [J]. Electrochimica Acta, 2002, 47 (21): 3469-3481.

[5] Angst U, Elsener B, Larsen C K. Critical chloride content in reinforced concrete-A review [R]. Cement and Concrete Research, 2009, 39: 1122-1138.

[6] Arya C, Buenfeld N R, Newman J B. Factors influencing chloride-binding in concrete [J]. Cement and Concrete research, 1990, 20 (2): 291-300.

[7] ASTM D5298-10. Standard Test Method for Measurement of Soil Potential (Suction) Using Filter Paper [S]. 2010.

[8] Bamforth P B. Spreadsheet model for reinforcement corrosion in structures exposed to chlorides [J]. Concrete under severe conditions, 1998, 2: 64-75.

[9] Basheer P A M, Basheer L, Cleland D J, Long A E. Surface treatments for concrete: assessment methods and reported performance [J]. Construction and Building Materials, 1997, 11 (7): 413-429.

[10] Beaudoin J J, Ramachandran V S, Feldman R F. Interaction of chloride and CSH [J]. Cement and Concrete Research, 1990, 20 (6): 875-883.

[11] Beck R E, Schultz J S. Hindered diffusion in microporous membranes with known pore geometry [J]. Science, 1970, 170 (3964): 1302-1305.

[12] Boddy A, Bentz E, Thomas M D A, Hooton R D. An Overview and Sensitivity Study of a Multi-mechanistic Chloride Transport Model [J]. Cement and Concrete Research, 1999, 29: 827-837.

[13] Briaud J L, Ting F C K, Chen H C, Cao Y, Han S W, Kwak K W. Erosion function apparatus for scour rate predictions [J]. Journal of Geotechnical & Geoenvironmental Engineering, 2001, 127 (2): 105-113.

[14] Briaud J-L, Ting F C K, Chen H C, Gudavalli R, Perugu S, Wei G. Sricos: prediction of scour rate in cohesive soils at bridge piers [J]. Journal of Geotechnical & Geoenvironmental Engineering, 1999, 125 (4): 237-246.

[15] Brooks R H, Corey A T. Properties of porous media affecting fluid flow [J]. ASCE, J Irrig Drain Div 1997, 92: 61-68.

[16] Bulut R, Lytton R L, Wray W K. Soil suction measurements by filter paper [M]. ASCE Geotechnical Special Publication, 2001, 115: 243-261.

[17] Burdine N T, Relative permeability calculations from pore-size distribution data [J]. Petr Trans Am

Inst Mining Metall Engrg 1953，198：71-77.

[18] Chai J C，Miura N. Traffic-load-induced permanent deformation of road on soft subsoil [J]. J. Geotech. Geoenviron. Eng.，2002，128：907-916.

[19] Chandler R J，Gutierrez C I. The filter paper method of suction measurement [J]. Geotechnique，1986，36：265-268.

[20] Chiang C T，Yang C C. Relation between the diffusion characteristic of concrete from salt ponding test and accelerated chloride migration test [J]. Materials Chemistry and Physics，2007，106（2）：240-246.

[21] Clarke E C W，Glew D N. Evaluation of the thermodynamic functions for aqueous sodium chloride from equilibrium and calorimetric measurements below 154℃ [J]. Journal of Physical and Chemical Reference Data，1985，14（2）：489-610.

[22] Climent M A，de Vera G，López J F，Viqueira E，Andrade C. A test method for measuring chloride diffusion coefficients through nonsaturated concrete：Part I. The instantaneous plane source diffusion case [J]. Cement and concrete Research，2002，32（7）：1113-1123.

[23] Conte E. Consolidation analysis for unsaturated soils [J]. Can. Geotech. J.，2004，41：599-612.

[24] Dadkhah M，Gifford G F. Influence of vegetation，rock cover and trampling on infiltration rates and sediment production [J]. Water Resources Bulletin，1980，16：979-986.

[25] De Baets S，Poesen J，A. Knapen A，Galindo P. Impact of root architecture on the erosion-reducing potential of roots during concentrated flow [J]. Earth Surf. Process and Landforms，2007，32：1323-1345.

[26] De Baets S，Torri D，Poesen J，Salvador M P，Meersmans J. Modelling increased soil cohesion due to roots with EUROSEM [J]. Earth Surf. Process and Landforms，2008，33：1948-1963.

[27] Dhir R K，El-Mohr M A K，Dyer T D. Developing chloride resisting concrete using PFA [J]. Cement and Concrete Research，1997，27（11）：1633-1639.

[28] Dirksen C. Unsaturated hydraulic conductivity [M] //Smith K A，Mullins C E（eds.）. Soil analysis physical methods. New York：Dekker；1991. p. 209-69.

[29] Dunn I S. Tractive Resistance of Cohesive Channels [J]. J of Soil Mech Foundations Division，ASCE，1959，85（SM3）：1-24.

[30] Dunne T. Hydrology，mechanics and geomorphic implications of erosion by subsurface flow [C] // Higgins C G and Coates D R eds，Groundwater geomorphology. The role of subsurface water in Earth-surface processes and landforms：Geological Society of merica Special Paper 252. 1990：1-28.

[31] Eldridge D J，Greene R S B. Assessment of sediment yield by splash erosion on a semi-arid soil with varying cryptogam cover [J]. Journal of Arid Environments，1994，26：221-32.

[32] Elwell H A. A soil loss estimation technique for southern Africa [M] // Morgan R P C（ed.）. Soil Conservation：Problems and Prospects. Chichester：John Wiley & Sons，1981：281-292.

[33] Fawcett R G，Collis-George N. A filter paper method for determining the moisture characteristics of soil [J]. Australian Journal of Experimental Agriculture，1967，7（25）：162-167.

[34] Francis C F，Thornes J B. Runoff hydrographs from three Mediterranean vegetation cover types

[M] //Thornes J B (ed.). Vegetation and Erosion: Processes and Environments. Chichester: John Wiley & Sons, 1980: 363-384.

[35] Fredlund D G, Rahardjo H. Soil mechanics for unsaturated soil mechanics [M]. New York: Wiley Inter, 1993.

[36] Fredlund D G, Xing A Q. Equations for the Soil-water characteristic curve [J]. Canadian Geotechnical Journal, 1994, 31: 521-532

[37] Garde R J, Ranga Raju K G. Mechanics of Sediment Transportation and Alluvial Stream Problems [M]. Daryaganj, New Delhi: Sandeep Press, 2000.

[38] Gardner R. A method of measuring the capillary tension of soil moisture over a wide moisture range [J]. Soil Science. 1937, 43: 227-283.

[39] Gaucher J, Marche C, Mahdi T F. Experimental investigation of the hydraulic erosion of noncohesive compacted soils [J]. Journal of Hydraulic Engineering, 2010, 136 (11): 901-913.

[40] Gimenez D, Perfect E, Rawls W J, Pacheoaky Ya, Fractal models for predicting soil hydraulic properties: a review [J]. Engineering Geology, 1997, 48 (3-4): 161-183.

[41] Gimenez R, Govers G. Flow detachment by concentrated flow on smooth and irregular beds [J]. Soil Science Society of America Journal, 2002, 66 (5): 1475-1483.

[42] Gospodinov P N, Kazandjiev R F, Partalin T A, Mironova M K. Diffusion of sulfate ions into cement stone regarding simultaneous chemical reactions and resulting effects [J]. Cement and Concrete Research, 1999, 29 (10): 1591-1596.

[43] Govindasamy A V. Simplified method for estimating future scour depth at existing bridges [D]. Texas A&M University, 2009.

[44] Gray D H, Leiser A T. Biotechnical Slope Protection and Erosion Control [M]. New York: Van Nostrand Reinhold, 1982.

[45] Gray D H, Sotir R B. Biotechnical and Soil Bioengineering Slope Stabilization: a Practical Guide for Erosion Control [M]. Toronto: Wiley, 1996.

[46] Halamickova P, Detwiler R J, Bentz D P, Garboczi E J. Water permeability and chloride ion diffusion in Portland cement mortars: relationship to sand content and critical pore diameter [J]. Cement and concrete research, 1995, 25 (4): 790-802.

[47] Hall C. Water sorptivity of mortars and concretes: a review [J]. Magazine of concrete research, 1989, 41 (147): 51-61.

[48] Helland S. Assessment and prediction of service life of marine structures tool for performance based requirements [C] //Workshop on Design of Durability of Concrete, Berlin, 1999.

[49] Hilf J W. An investigation of pore water pressure in compacted cohesive soils. US Bureau of Reclamation [R]. Technical Memo, Denver, Colorado. No. 654, 1956.

[50] Hsu J R C, Jeng D S. Wave-induced soil response in an unsaturated anisotropic seabed of finite thickness [J]. International Journal for Numerical and Analytical Methods in Geomechanics 1994, 18 (11): 785-807.

[51] Ibrahim M, Al-Gahtani A S, Maslehuddin M, Dakhil F H. Use of surface treatment materials to improve concrete durability [J]. Journal of Materials in Civil Engineering, 1999, 11 (1): 36-40.

[52] Jennings J E, Knight K. A guide to construction on or with materials exhibiting additional settlement due to collapse of grain structure [C] //Proceedings of the 6th regional conference for Africa on soil mechanics and foundation engineering, Durban, South Africa, 1975: 99-105.

[53] Julien P Y, Torres R. Hydraulic erosion of cohesive riverbanks [J]. Geomorphology, 2006, 76: 193-206.

[54] Kainz M. Runoff, erosion and sugar beet yields in conventional and mulched cultivation: results of the 1988 experiment [J]. Soil Technology Series, 1989, 1: 103-114.

[55] Kamphuis J W, Hall K R. Cohesive material erosion by unidirection current [J]. Journal of Hydraulic Engineering, 1983, 109 (1): 49-61.

[56] Kim J M. A fully coupled model for saturated-unsaturated fluid flow in deformable porous and fractured media [D]. Pennsylvania: The Pennsylvania State University, 1996.

[57] Kothyari U C, Jai R K. Influence of cohesion on the incipient motion condition of sediment mixtures [J]. Water Res Res, 2008, 44, W04410.

[58] Krishnamurthy M, Incipient motion of cohesive soils [M] //Shen H T (ed.). Proceedings of the Conference on Frontiers in Hydraulic Engineering. New York: American Society of Civil Engineers, 1983, 96-101

[59] Lang A R G. Osmotic coefficients and water potentials of sodium chloride solutions from 0 to 40°C [J]. Aust. J. Chem., 1967, 20: 2017-2023.

[60] Lang R D. The effect of ground cover on runoff and erosion from plots at Scone [D]. New South Wales: Macquarie University, 1990.

[61] Laursen E M. Scour at bridge crossings [J]. Trans., ASCE, Reston Va., 1962, 127 (94): 166-209.

[62] Leonard J, Richard G. Estimation of runoff critical shear stress for soil erosion from soil shear strength [J]. Catena, 2004, 57: 233-249.

[63] Leong E C, He L, Rahardjo H. Factors affecting the filter paper method for total and matric suction measurements [J]. Geotechnical Testing Journal, 2002, 25 (3): 1-12.

[64] Leung C K Y, Hou D. Numerical Simulation of Chloride-Induced Corrosion Initiation in Reinforced Concrete Structures with Cracks [J]. Journal of Materials in Civil Engineering, 2014, 27 (4): 91-100.

[65] Li L Y, Page C L. Finite element modelling of chloride removal from concrete by an electrochemical method [J]. Corrosion Science, 2000, 42 (12): 2145-2165.

[66] Mandelbrot B B. The Fractal Geometry of Nature [M]. San Francisco, CA: W. H. Freeman; 1982.

[67] Mangat P S, Molloy B T. Prediction of long term chloride concentration in concrete [J]. Materials and Structures, 1994, 27 (6): 338-346.

[68] Mantz P A. Incipient transport of fine grains and flakes by fluids: Extended shields diagram [J]. Journal of the Hydraulics Division, 1977, 103: 601-615.

[69] Martin-Pérez B, Zibara H, Hooton R D, Thomas M D A. A study of the effect of chloride binding on service life predictions [J]. Cement and Concrete Research, 2000, 30 (8): 1215-1223.

［70］ McCarter W J. Assessing the protective qualities of treated and untreated concrete surfaces under cyclic wetting and drying ［J］. Building and Environment, 1996, 31 (6): 551-556.

［71］ Mei C C. Applied Dynamics of Ocean Surface Waves ［M］. Singapore: World Scientific, 1989.

［72］ Miller D J, Nelson J D. Osmotic suction in unsaturated soil mechanics ［C］//Proceedings of the Fourth International Conference on Unsaturated Soils. Carefree, Arizona. April, 2006, 1382-1393

［73］ Miller M C, McCave I N, Komar P D. Threshold of sediment motion under unidirectional currents ［J］. Sedimentology, 1977, 24: 507-527.

［74］ Mitchell J K, Soga K. Fundamentals of Soil Behavior ［M］. 3rd edition. New Jersey: John Wiley & Sons, 2005.

［75］ Moore T R, Thomas D B, Barber R G. The influence of grass cover on runoff and soil erosion from soils in the Machacos area, Kenya ［J］. Tropical Agriculture, 1979, 56: 339-344.

［76］ Mualem Y. A new model for predicting the hydraulic conductivity of unsaturated porous media ［J］. Water Resources Res 1976, 12: 513-522.

［77］ Neill C R. Mean velocity criterion for scour of coarse, uniform bed material ［C］//Internat. Assoc. Hydraulic Res., 12th Congress Proc.. Fort Collins, Colorado, 1967, 3: 46-54.

［78］ Nilsson L O. A numerical model for combined diffusion and convection of chloride in non-saturated concrete ［C］//Second International RILEM Workshop on Testing and Modelling the Chloride Ingress into Concrete. 2000: 261-275.

［79］ Nokken M, Boddy A, Hooton R D, Thomas, M D A. Time dependent diffusion in concrete-three laboratory studies ［J］. Cement and Concrete Research, 2006, 36 (1): 200-207.

［80］ Osborn B. Effectiveness of cover in reducing soil splash by raindrop impact ［J］. Journal of Soil and Water Conservation, 1997, 9: 70-76.

［81］ Rauws G, Govers G. Hydraulic and soil mechanic aspects of rill generation on agricultural soils ［J］. Journal of Soil Science, 1988, 39, 111-124.

［82］ Renard K G, Foster G R, Weesies G A, McCool D K, Yoder D C. Predicting soil erosion by water: a guide to conservation planning with the revised universal soil loss equation (RUSLE) ［R］. Washington, DC: US Department of Agriculture-Agricultural Research Service, Agriculture Handbook 703, 1997.

［83］ Renkin E M. Filtration, diffusion, and molecular sieving through porous cellulose membranes ［J］. The Journal of General Physiology, 1954, 38 (2): 225-243.

［84］ Rickson R J, Morgan R P C. 1988. Approaches to modelling the effects of vegetation on soil erosion by water ［M］// Morgan R P C, Rickson R J (eds.). Agriculture Erosion Assessment and Modelling. CEE: Luxembourg: 237-253.

［85］ Sergi G, Yu S W, Page C L. Diffusion of chloride and hydroxyl ions in cementitious materials exposed to a saline environment ［J］. Magazine of Concrete Research, 1992, 44: 63-69.

［86］ Sheppard D M, Bloomquist D, Slagle P M. Rate of erosion properties of rock and clay ［R］. University of Florida, 2006.

［87］ Sidorchuk A, Grigorev V. Soil erosion on the Yamal Peninsula (Russian Arctic) due to gas field exploitation ［J］. Advances in GeoEcology, 1998, 31: 305-811.

[88] Smerdon E T, Beasley R P. Critical tractive forces in cohesive soils [J]. Agric Eng, 1961, 421: 26-29

[89] Snelder D J, Bryan R B. The use of rainfall simulation test to asses the influence of vegetation density on soil loss on degraded rangelands in the Baringo District, Kenya [J]. Catena, 1995, 25: 105-116.

[90] Sreenivas L, Johnston J R, Hill H O. Some relationships of vegetation and soil detachment in the erosion process [J]. Soil Science Society Proceedings, 1947, 12: 471-74.

[91] Tang L, Nilsson L O. Chloride binding capacity and binding isotherms of OPC pastes and mortars [J]. Cement and Concrete Research, 1993, 23 (2): 247-253.

[92] Thomas M D A, Hooton R D, Scott A, Zibara H. The effect of supplementary cementitious materials on chloride binding in hardened cement paste [J]. Cement and Concrete Research, 2012, 42 (1): 1-7.

[93] Torri D, Sfalanga M, Del Sette F. Splash detachment: runoff depth and soil cohesion. Catena, 1987, 14 (1-3): 149-155.

[94] van Damme H, Scale invariance and hydric behaviour of soils and clays [J]. CR Acad Sci Paris, 1995, 320: 665-681.

[95] Van Genuchten, M. Th. 1980. A closed form equation predicting the hydraulic conductivity of unsaturated soils [J]. Soil Science Society of America Journal, 1980, 44: 892-898.

[96] Vanoni V, Brooks N. Laboratory studies of the roughness and suspended load of alluvial channels [R]. Californian Institute of Technology. USA. Report E-68, 1957.

[97] Verruijt A. Elastic Storage of Aquifers [M] //De Wiest R J M (ed.). Flow through porous Media. New York: Academic Press, 1969: 331-376.

[98] Wan C F, Fell R. Investigation of rate of erosion of soils in embankment dams [J]. Journal of Geotechnical & Geoenvironmental Engineering, 2004, 130 (4): 373-380.

[99] White S J. Plane bed Molds of fine-groined sediments [J]. Nature, 1971, 228: 152-153.

[100] Wilcock P R. Critical shear stress of natural sediments [J]. Journal of Hydraulic Engineering, 1993, 119 (4): 491-505.

[101] Xu Y F, Xiang G S, Jiang H. Role of osmotic suction in volume change of clays in salt solution [J]. Applied Clay Science, 2014, 101 (4): 354-361.

[102] Xu Y F. Fractal approach to unsaturated shear strength [J]. Journal of Geotechnical & Geoenvironmental Engineering, 2004, 130 (3): 264-273.

[103] Yang C C, Cho S W. An electrochemical method for accelerated chloride migration test of diffusion coefficient in cement-based materials [J]. Materials Chemistry and Physics, 2003, 81 (1): 116-125.

[104] Yu Y, Zhang Y X, Khennane A. Numerical modelling of degradation of cement-based materials under leaching and external sulfate attack [J]. Computers Structures, 2016, 158: 1-14.

[105] Zhang J Z, McLoughlin I M, Buenfeld N R. Modelling of chloride diffusion into surface-treated concrete [J]. Cement and Concrete Composites, 1998, 20 (4): 253-261.

[106] Zienkiewicz O C, Chang C T, Bettess P. Drained, undrained, consolidating and dynamic behav-

iour assumptions in soils [J]. Geotechnique, 1980, 30 (4): 385-395.

[107] 邓学钧. 车辆-地面结构系统动力学研究 [J]. 东南大学学报, 2002, 32 (3): 475-479.

[108] 方生, 陈秀玲. 关于海河平原土壤水盐动态调控指标的探讨 [J]. 地下水, 1990 (1): 44-50.

[109] 梁咏宁, 王佳, 孔海新, 等. 混凝土硫酸根离子扩散系数的研究 [J]. 混凝土, 2011 (3): 11-13.

[110] 尉庆丰, 王益权. 无机盐和有机质对毛细管水上升高度的影响 [J]. 土壤学报, 1989 (2).

[111] 杨进波, 赵铁军, 阎培渝. 混凝土氯离子扩散系数试验研究 [J]. 建筑材料学报, 2007, 10 (2): 223-229.

[112] 杨跃, 袁杰, 王晓博. 粉煤灰高性能混凝土氯离子渗透性研究 [J]. 低温建筑技术, 2008, 124 (4): 13-15.

[113] 余红发, 孙伟, 麻海燕, 等. 混凝土在多重因素作用下的氯离子扩散方程 [J]. 建筑材料学报, 2002, 5 (3): 240-247.

[114] 张俊芝, 王建泽, 孔德玉. 水工混凝土渗透性与氯离子扩散性及其相关性的试验研究 [J]. 水力发电学报, 2009, 28 (6): 188-192.

[115] 赵耕毛. 海水灌溉条件下滨海盐渍土水盐运动及生物肥力特征的研究 [D]. 南京: 南京农业大学, 2003.

[116] 周佩华, 武春龙. 黄土高原土壤抗冲性的试验研究方法探讨 [J]. 水土保持学报, 1993, 7 (1): 29-34.